全国本科院校机械类创新型应用人才培养规划教材

互换性与技术测量

主　编　周哲波
副主编　姜志明　戴雪晴　李　君
　　　　袁长颂　杨　丽　汤多良

北京大学出版社
PEKING UNIVERSITY PRESS

内 容 简 介

本书为高等工科院校机械类各专业技术基础课教材，是以国家最新颁布的产品几何技术规范标准和制造技术、检测技术为主线，结合现代企业对人才培养的需要编写的。本书共分 12 章，分别为绪论；极限与配合；几何公差及检测；表面粗糙度及其检测；机械精度设计；测量技术的基础知识；光滑工件尺寸检验与量规设计；滚动轴承的公差与配合；圆锥的公差配合及检测；平键、花键联接的公差与检测；螺纹结合的公差与检测；渐开线圆柱齿轮公差及检测；书中的案例丰富，每章均配有适量的复习思考题。

本书可作为高等院校机械类和近机类各专业的本科和高职高专的教材，也可供一般工程技术人员参考使用。

图书在版编目(CIP)数据

互换性与技术测量/周哲波主编. —北京：北京大学出版社，2012.7
（全国本科院校机械类创新型应用人才培养规划教材）
ISBN 978-7-301-20848-9

Ⅰ.①互… Ⅱ.①周… Ⅲ.①零部件—互换性—高等学校—教材②零部件—技术测量—高等学校—教材 Ⅳ.①TG801

中国版本图书馆 CIP 数据核字(2012)第 132351 号

书　　　名：	**互换性与技术测量**
著作责任者：	周哲波　主编
策 划 编 辑：	童君鑫　宋亚玲
责 任 编 辑：	宋亚玲
标 准 书 号：	ISBN 978-7-301-20848-9/TH·0299
出 版 者：	北京大学出版社
地　　　址：	北京市海淀区成府路 205 号　100871
网　　　址：	http://www.pup.cn　http://www.pup6.cn
电　　　话：	邮购部 62752015　发行部 62750672　编辑部 62750667　出版部 62754962
电 子 邮 箱：	pup_6@163.com
印 刷 者：	北京鑫海金澳胶印有限公司
发 行 者：	北京大学出版社
经 销 者：	新华书店
	787 毫米×1092 毫米　16 开本　18.25 印张　419 千字
	2012 年 7 月第 1 版　2014 年 7 月第 2 次印刷
定　　　价：	35.00 元

前　言

为适应世界市场一体化的发展，近年来，我国相继颁布和实行了《产品几何技术规范 (GPS)》等一系列新标准，它们大多都涉及机械产品的众多相关技术标准和规范，这就要求全国工业企业对其产品的技术标准和规范作出重大变化与转换，其中包括产品的设计、制造、生产计划与管理、质量保证与服务等整个产品活动领域。为适应我国机械制造业迅速发展和增强世界市场竞争能力的需要，解决企业急需大批具有高素质、应用与实践能力强的应用综合型人才的矛盾，特编写了此书。本教材是在总结多年来专业教学、为适应现代企业的发展对人才专业技能的要求编写而成的。

本书在编写过程中，注重所选内容的系统性和实用性，取材新颖，结构严谨。编排原则是由浅入深、循序渐进，既讲述基本原理、贯彻最新国家标准，又注重现代最新应用技术与生产实际需要相联系。在突出专业技术应用方面，本书具有较强的针对性和实用性，尽可能以实际应用为例；既考虑本课程的教学对象为刚上专业基础课的学生，又为了避免部分内容的重复教学，本书有意删除了尺寸链一章，使得教学目的性更强；在文字叙述上力求通俗易懂、表达准确。本书适合于"教"与"学"，每章均编写了"教学目标"、"特别提示"和"本章小结"来突出重点和难点，并介绍了相应的学习方法；每章的内容注重理论联系实际，尽量多举现场实例；各章均配有适量的复习与思考题，以便于所学知识的巩固。

本书共有 12 章内容：第 1 章重点阐述了互换性的发展与现状、互换性作用与条件及标准的有关内涵；第 2 章全面论述了极限与配合常用术语与定义、公差与基本偏差的制定原则与应用；第 3 章详细分析了几何公差的定义与公差带的含义、评价与检测方法、公差原则及应用原理；第 4 章综合概述了表面粗糙度轮廓的基本概念、评价参数及检测原理；第 5 章应用实例较综合地枚举了尺寸公差与配合、几何公差、表面粗糙度轮廓的应用方法；第 6 章较为全面地介绍了测量的基本原理与方法、常用测量仪器的分类与功用、测量数值的处理理论与应用；第 7 章较为全面地探讨了光滑工件尺寸检验原则及专用量规的设计方法；第 8 章具体剖析了国家标准制定滚动轴承的公差与配合的基本原理和方法；第 9 章简要介绍了圆锥的公差配合及检测主要评定参数；第 10 章综述性介绍了平键、花键联接的公差选用与检测方法；第 11 章概括性描述了螺纹结合的公差与检测的原理；第 12 章重点总结了渐开线圆柱齿轮各项加工误差产生的原因和防止措施、渐开线圆柱齿轮精度的评定参数与检测方法。其中第 1 章、第 7 章、第 8 章由李君编写，第 2 章、第 6 章由戴雪晴编写，第 3 章、第 5 章由姜志明编写，第 4 章、第 11 章由袁长颂编写，第 9 章、第 10 章由杨丽编写，第 12 章由汤多良、周哲波编写，另外，梁海珍、张同杰、尹超、陈靓、徐建参加了本书的部分内容的修订和图形的绘制工作。全书由周哲波教授主编并统稿，在编写中参阅了有关的教材、资料和文献，在此表示衷心的感谢！

由于编者水平有限，书中难免存在疏漏之处，恳请读者批评指正。

编　者

2012 年 2 月

目 录

第 1 章
绪 论

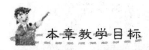 本章教学目标

能力培养	知识要点
掌握互换性的含义及作用	互换性的概念、作用、分类和意义
了解互换性与标准化的关系及其在现代化生产中的重要意义	公差与检测的概念、作用；标准及标准化的概念、作用、分类和意义
了解优先数系的基本原理及其应用	优先数系的基本原理、特点及应用
了解质量工程概念	质量工程的发展阶段及发展趋势

导入案例

机械零件是机械产品的基础，例如大多数手表（图1.0）的各种零、部件均是由不同地方、不同企业生产加工出来的，使它们具有不同尺寸、不同形状、不同要求，批量生产，最后组装而成满足设计的功能。这些机械零件是依据什么原理和规则来进行设计、制造以及快速维修的呢？

图1.0　手表

1.1　互换性的发展简介

互换性这门技术科学的产生与发展，始终与生产方式紧密相关。机械制造初期，对于互相配合的零件都是按"配作"的方式制造的。如一对有一定配合要求的孔、轴，在制造时，先制造好孔或轴，然后以此孔或轴为基准件，配制与其相配合的轴或孔，进行试装，若太紧则进行修配，直到符合要求为止。显然，这种方式的生产，完全没有互换性，生产效率极低。

后来，发现具有一定间隙的配合工件，工作时工作性能会很好，为得到这种大小合适的间隙配合，就把其中的孔、轴当做标准，按照其尺寸分别制造精确的塞规和卡规（或环规），后称为标准量规。在诞生了标准量规以后，互配零件便可分开单独制造。加工时，只要使每一个孔恰好为塞规通过，使每一个轴恰好为卡规（环规）通过，即可保证一批中的任一孔、轴装配在一起都能得到所要求的配合性质，不仅生产效率大为提高，更重要的是使得这类零件具备了互换性。但标准量规有一突出的缺点，即零件精度要求过高（量规要恰好紧密地通过零件），故当时仅应用于兵器工业。经使用经验表明：对其提出如此高的精度要求也是不太必要，配合间隙略有变动，工作情况也会良好。即允许间隙在一定范围内变动，也就是允许孔、轴实际尺寸在一定范围内变化。于是就可按孔、轴允许的最大尺寸和最小尺寸，分别制成两套量规，称为极限量规——通规与止规。只要工件能被通规通过，而止规通不过，就被判定是合格件，可保证配合要求，具有互换性。

极限量规的出现，使零件不必按理论正确尺寸来加工，而只需按极限尺寸的范围来制造就能满足使用要求，即按公差加工。这对零件精度的要求就为合理，不再像标准量规那么苛刻。在19世纪末，当极限量规应用于生产后，互换性的发展就更加迅速，由兵器工业快速扩大到一般机器制造业。19世纪末和20世纪，在一定程度上它促成了公差与配合制度诞生。如今，通过标准化及对几何参数有效地检测与控制，各类机械零件均可按成批大量制造，使互换性生产方式应用得极为广泛，已从狭义的几何参数的互换性发展到广义的功能参数的互换性。

从互换性的发展历程来看，不论是国内，还是国外早期的互换性生产方式均源于军工制造业。古代我国用互换性进行生产方式来制造兵器，更是史上鲜见，遥遥领先于世界。

如西安秦始皇兵马俑坑中出土的用青铜制造的弩机(即弓上射箭的扳机),研究表明:弩机上多处的孔、轴结合都具有很好的互换性能。再如从出土的大量青铜镞(箭头)的研究结果来看,不仅每一个镞的3个刃口的等分尺寸和刃口长度尺寸差别都很小,且一批镞之间的尺寸差别也不太大,制造精度、表面粗糙度同样达到相当高的水平。还有我国出土的古代装配式的铜人和铜车马(马的装饰带就由成百个铜销等零件构成),研究人员发现其各个部件或零件均具有良好的互换性。

近代互换性生产始于18世纪后半期,如沙皇俄国的最早记载是在1760—1770年期间,土里斯基兵工厂就已经按互换性原理的生产方式来制造军火;1798年美国也确立了按互换性原理来进行大批量步枪制造;稍晚一些时候,日本在引进步枪技术后,也开始在军工及机械行业着力推广互换性原理的生产方式,大大地增强了日本的军事装备力量,使日本军火工业与机械工业得到了空前的发展;我国1931年的沈阳兵工厂和1937年的金陵兵工厂,也已经采用互换性原理来进行兵器制造。随着人们对军工业采用互换性原理的生产方式所带来的巨大效益的认识与反思,这种生产方式便一步一步地被应用于民用产品中。

目前,从广义上讲,现代制造业中,无论是大批量生产还是单件生产,无不遵循这一原则。任何产品,无论是在设计过程中,还是在制造过程中,互换性的原则一直被贯穿始终。

1.2　互换性概念及作用

1. 互换性的定义

互换性广义上的定义是:"一种产品、过程或服务代替另一种产品、过程或服务能满足同样要求的能力"。在机械工业中,互换性是指同一规格的一批零件或部件中,任取其一,不需作任何挑选或附加修配(如钳工修配)就能装在机器上,且达到规定的功能要求。这样的一批零件或部件就称为具有互换性的零、部件。

在日常生活中,互换性的应用实例随处可见。如汽车、手表、家用电器、计算机及其外部设备等,在使用过程中任一零件或部件受到损坏,只需将同一规格的一零件或部件更换上,便能恢复原有功能照样继续使用。之所以这么方便,就是因为这些零件或部件均具有能够彼此互相替换的性能,即具有"互换性"。

2. 互换性分类

(1) 按互换参数范围或使用要求,互换性可分为以下两类。

① 几何参数互换性。通过对零件几何要素的形状、大小及相对位置提出适当要求,以保证零件在装配中的互换,这种互换性又称狭义互换性,即通常所讲的互换性。为本课程讨论的内容。

② 功能互换性。除了对零件几何要素规定要求外,还对零件的物理、化学性能和机械性能等方面的参数提出互换要求。故功能互换性又称广义互换性。

(2) 按互换程度,互换性可分为以下两类。

① 完全互换性。它是指零、部件在装配或更换时,不需挑选、辅助加工或修配就能

顺利装在机器上并满足使用的性能。如常用的、大批量生产的标准联接件和紧固件等都具有完全互换性。

②不完全互换性。它是指零、部件在装配时允许有附加条件的选择或调整，才能达到装配精度的要求，又称有限互换性。如内燃机活塞销与活塞销孔装配时的分组法装配、减速器轴承盖装配时的垫片厚度调整法装配等。此外不完全互换性还包括概率法装配、修配法装配等。

（3）对标准部件或机构来说，互换性可分为以下两类。

①内互换。是指部件或机构内部组成零件间的互换性，如滚动轴承内、外圈滚道与滚珠（滚柱）的配合。

②外互换。是指部件或机构与其相配件的互换性，如滚动轴承内圈内径与轴的配合、外圈外径与轴承座孔的配合。

在高精度时，内互换可采用不完全互换，而外互换一定要采用完全互换。

在产品设计的过程中，设计者究竟采用何种互换性，必须要在对产品精度和复杂程度、生产规模、生产设备、技术水平等因素的综合评价之后，才能确定。只要具备完全互换性原则的生产方式，就应优先采用完全互换原则。当产品结构复杂，装配精度要求较高，且采用完全互换性原则有困难、不经济时，在局部范围内可选用不完全互换。概率法原理主要是用于因零件数量较多而影响装配精度的生产过程；分组互换最适合于批量较大，且使用精度要求较高的结合件生产中；调整互换应用最为普遍；为保证装配精度所采用的修配法，一般只用于单件或小批量的生产过程中。一般而言，对于厂际协作应采用完全互换，不完全互换仅限于厂内的生产装配。

特别提示

　　决定互换性的条件是产品精度、批量、工艺，在产品设计时就应考虑。当产品结构复杂、装配精度高时，局部采用不完全互换，装配时，还需要附加修配的零件，不具有互换性。

3. 互换性的作用

互换性原则在机械制造业中的作用十分突出，被广泛应用于产品设计、零件加工和装配、机器的使用和维修等各方面。

在设计方面，按照互换性进行设计，就可最大限度地采用标准件、通用件，大大减少设计、计算、绘图等工作量，缩短设计周期，并有利于产品品种的多样化和计算机辅助设计。对保证产品品种的多样化和结构性能的及时改进，具有重要意义。

特别提示

　　设计者在产品的设计过程中，应尽可能选用标准件和通用件，同时还要做到自己所设计的零、部件也能被他人方便选用。

在加工和装配方面，按互换性进行生产，可实现分散加工，集中装配。有利于组织跨地域的专业化厂际协作；有利于先进工艺和高效率的专用装备或计算机辅助制造的应用，实现生产过程的自动化、机械化。在装配过程中，由于零部件具有互换性，可在按同一标准制成的零部件中，任取一件进行装配，保证装配过程连续、顺利地进行，可实行流水线或自动线组织生产，减轻劳动强度、缩短装配周期、保证装配质量。

互换性生产是随着大批量生产而发展和完善起来的，它不仅在大批量生产中广为采用，而且从单一品种的大批量生产，逐步向多品种、小批量生产推广，由传统的生产方式向现代化的数字控制(NC)、计算机辅助设计与制造(CAD/CAM)及柔性制造系统(FMS)和更先进的计算机集成制造系统(CIMS)的逐步过渡。科学技术越发展，对互换性的要求就越高、越严格。如根据市场需求来随时调整生产线上生产的产品型号和种类的柔性制造系统，当生产线上的某些工序发生变动时，可将这些信息传送给多品种控制处理单元，由控制处理单元接收并对机器人或机械手下达相应指令，确保机器人或机械手正确选择将要进行装配的零件，进行对位装配，经校核后送到下一执行工序。库存零件被提取后，中控计算机就会及时告知加工站补充零件。此生产系统内的每一环节均对互换性的要求非常严格。

在使用和维修方面，互换性有其不可替代的优势。当机器的零、部件突然损坏或按计划定期维修时，若零、部件具有互换性，就可保证能迅速选用到同规格的零、部件来进行更换，使维修时间和费用显著减少，提高机器使用效率，延长产品使用寿命。在某些情况下，互换性所起的作用难以用经济价值来衡量。如在对国民经济和财产生命安全影响重大的设备中(电厂设备、消防设备等)，必须采用互换性好的零、部件，才能保证设备安全、持久运转；再如军工产品的易损、易耗件，如子弹、炮弹等具有互换性也是相当重要的。

另外，从机械设备管理上来看，无论是技术和物资供应，还是计划管理，只有很好地贯彻零、部件具有互换性的生产理念，才能实现科学化管理。互换性原则是机械工业生产的基本技术经济原则，是设计、制造中必须遵循的原理。即使是单件、小批生产，零件不具有互换性，也应很好地贯彻其基本思想，因为不论采用什么样的生产方式，都不可避免地要采用具有互换性的刀具、夹具及量具等工艺装备，更何况在整台产品中一定会用到大量具有互换性的标准零、部件。

不仅如此，现代社会生产活动一定是建立在先进技术装备、严密分工、广泛协作基础上的社会化大生产。产品的互换性生产，无论是从深度来讲，还是从广度来看，采用互换性原理来组织生产都已进入了一个新的发展阶段，远超出机械工业的范畴，早已扩展到国民经济各个行业和领域。

1.3 标准与标准化基础

1.3.1 公差与检测

为满足互换性要求，最理想的是将同一规格零部件的几何参数制造成完全一致，但在实际中是不可能实现的，也是不必要的。零件在加工过程中，无论设备精度和操作工人的技术水平多么高，被加工零、部件的几何参数不可避免地会产生各种误差，这些误差被称为几何量误差。尽管几何量误差可能会影响零、部件的互换性能，但实践证明：只要将同规格的零、部件的几何参数控制在一定的范围内就能保证它们之间的互换性。

人们将允许零件尺寸和几何参数的变动范围称为"公差"。它包括尺寸公差、形状公

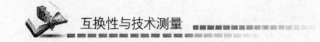

差、位置公差等，用来控制加工中的误差，以保证互换性的实现。

为保证互换性要求，确保全国范围内企业间协作和国际技术合作，设计者不可任意规定公差数值，而应按一定的精度要求和标准规定，合理选用标准的公差数值。因此，建立各种几何参数的公差标准是实现对零件误差控制和保证互换性的基础。

加工后的零件是否满足公差要求，只有通过技术测量即检测才能判定。检测包含检验与测量。几何量的检验是指确定零件的几何参数是否在规定的极限范围内，并做出合格与否的判断，而不必得出被测量的具体数值；测量是将被测量与作为计量单位的标准量进行比较，以确定被测量具体数值的过程。检测不仅用来评定产品质量，而且可用于分析产品不合格的原因，从而及时调整生产，改进工艺过程，预防废品产生。产品质量的提高，除设计和加工精度的提高外，检测精度的提高也至关重要。

特别提示

合理确定几何参数的公差、正确进行检测，是保证产品质量、实现互换性生产的必不可少的条件和手段。

1.3.2　标准和标准化

现代生产的特点是品种多、规模大、分工细和协作广。为使社会生产有序地进行，必须通过标准化使产品规格、品种简化，使分散的、局部的生产环节相互协调和统一，从而保证产品具有互换性。

标准是对重复性事物和概念所做的统一规定。重复性事物和概念是指在人类实践过程中重复发生的事物。如零件的批量生产，某种零、部件在不同产品中得到应用，设计中反复使用的图形、符号、概念、计算公式和计算方法等。标准是以科学、技术和实践经验的综合成果为依据的，经有关方面协商一致，由主管机构批准，以特定形式发布，作为共同遵守的准则和依据。

标准按不同的级别颁发。我国的标准分为国家标准、行业标准、地方标准和企业标准。

国家标准(代号 GB，其中 GB/T 为推荐性国家标准代号)是指对全国经济、技术发展有重大意义，必须在全国范围内统一执行的标准。它由国家质量技术监督局委托有关部门起草，经审批后由国家质量技术监督局颁布；对没有国家标准而又需要在全国某个行业范围内统一的技术规范，可制定行业标准，如机械标准(JB)、煤炭行业标准(MB)等；对没有国家标准和行业标准而又需要在某个范围内统一的技术规范，可制定地方标准或企业标准，它们的代号分别用 DB、QB 表示。有的企业为了提高产品质量，强化竞争力，制订出高于国家标准的"内控标准"。

标准化是指在经济、技术、科学及管理等社会实践中，对重复性事物和概念通过制定、发布和实施标准，达到统一，以获得最佳秩序和社会效益的全部活动过程。标准化不是一个孤立的概念，而是一个活动过程，该过程包括制定、贯彻、修订标准，循环往复，不断提高。制定、贯彻、修订标准是标准化的主要任务，在标准化的全部活动中，贯彻标准是核心环节。同时，标准化在深度上是没有止境的，无论是一个标准，还是整个标准系统，都在不断提高、不断完善，向更深的层次发展。

特别提示

标准和标准化是两个不同的概念，但又有着不可分割的联系。没有标准，就没有标准化；反之，没有标准化，标准也就没有意义。

在科学技术蓬勃发展的今天，标准化的必要性和效益越来越明显。标准化水平已成为衡量一个国家科技水平和管理水平的尺度之一，是现代化程度的一个重要标志，它已超出工厂的范围，跨过国家疆界，走向全世界。

在国际上，由国际标准化组织(ISO)和国际电工委员会(IEC)等国际组织负责制订和颁布国际标准。此外，还有区域标准，是指世界某区域标准化团体颁布的标准或采用的技术规范，如欧洲标准化委员会(EN)、经济互助委员会标准化常设委员会(DB)所颁布的区域标准。国际标准属于推荐和指导性标准。

采用国际标准已成为各国技术经济工作的普遍发展趋势。其主要有以下几个原因。

(1) 由于产品的质量和数量的提高，要依靠科学的进步，国外许多已解决了的技术问题及先进科技成果，常集中反映在国际标准和国外先进标准中。采用国际标准乃是一种廉价的技术引进。经认真分析，把它们作为依据，有计划、有目标地改进设计和制造工艺，配置一定的生产设备、工艺装备和检测手段，必将促进企业管理，建立正常的生产秩序，确保产品质量的不断提高。

(2) 当前国际市场竞争十分激烈，如不采用国际上普遍认同的技术标准，就制造不出高标准的产品，就很难在国际市场上拥有竞争力。

(3) 现代化生产的发展趋势是专业化协作替代一厂或一企业全能式生产。协作范围已冲破国家之间的界线，形成了全世界范围内的专业分工和生产协作。各国都遵循和采用国际标准，这是在国际交流中消除技术壁垒的基本条件。

我国是ISO的成员国，参照国际标准制定和修订我国的国家标准，是我国重要的技术政策，从而为加快我国工业进步奠定了基础。

1.3.3 优先数和优先数系(GB/T 321—1980)

工程上各种技术参数的简化、协调和统一是标准化的重要内容。

各种产品的性能参数和尺寸规格参数都需要通过数值来表达，这些参数在生产各环节中往往不是孤立的，当选定一个数值作为某种产品(或零、部件)的参数指标后，这个数值就会按照一定规律，向一切有关参数传播。如螺栓尺寸一旦确定，将影响螺母以及加工它们所使用的丝锥和板牙的尺寸，也会影响检验的量规的尺寸，还有螺栓孔和垫圈孔的尺寸以及紧固螺母用的工具扳手尺寸；纸张的大小将影响印刷、打印设备的相关参数。这种技术参数的传播扩散在实际生产中是极为普遍的现象。

由于参数值如此不断关联、不断传播，所以参数值不能随意确定，否则将会导致相应产品尺寸规格繁多、杂乱，给生产协作及使用维修带来困难。为使产品的参数选择能遵守统一的规律，使参数选择一开始就纳入标准化轨道，必须对各种技术参数的数值做出统一规定。优先数和优先数系就是国际上统一的对各种技术参数进行简化、协调的一种科学的数值制度。

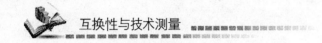

1. 优先数系的构成

GB/T 321—1980 中规定优先数系由一系列十进制等比数列构成，代号 Rr（$r=5$、10、20、40、80 等）。$R5$、$R10$、$R20$、$R40$ 这 4 个常用系列称为基本系列，$R80$ 称为补充系列。优先数系中的每个数都是一个优先数。

将十进制区间 0.1～1～10～100～1000（两边可延伸）中按一定公比 q 插入一些数，得到如下优先数系列，见表 1-1。各优先数系列的公比为 $\sqrt[r]{10}$，例如 $R5$ 系列的公比 $q_5=\sqrt[5]{10}\approx1.60$；其余各系列的公比分别为 $q_{10}\approx1.25$；$q_{20}\approx1.12$；$q_{40}\approx1.06$；$q_{80}\approx1.03$。

按公比计算出的优先数的理论值一般都是无理数，工程上不能直接应用，实际应用的是经过圆整后的常用值和计算值。常用值是经常使用的通常所称的优先数，取三位有效数字，计算值取五位有效数字，供精确计算用。表 1-1 中列出了 1～10 范围内基本系列的常用值。将这些值乘以 10，100，…，或乘以 0.1，0.01，…，即可向 >1 和 <1 两边无限延伸，得到大于 10 或小于 1 的优先数。每个优先数系中，相隔 r 项的末项与首项相差 10 倍；每个十进制区间中各有 r 个优先数，例如 $R5$ 系列在 1～10 这个十进制区间有 1、1.6、2.5、4、6.3 这 5 个优先数。

表 1-1　优先数系基本系列的常用值（摘自 GB/T 321—1980）

R5	R10	R20	R40	R5	R10	R20	R40	R5	R10	R20	R40
1.00	1.00	1.00	1.00			2.24	2.24		5.00	5.00	5.00
			1.06				2.36				5.30
		1.12	1.12	2.50	2.50	2.50	2.50			5.60	5.60
			1.18				2.65				6.00
	1.25	1.25	1.25			2.80	2.80	6.30	6.30	6.30	6.30
			1.32				3.00				6.70
		1.40	1.40		3.15	3.15	3.15			7.10	7.10
			1.50				3.35				7.50
1.60	1.60	1.60	1.60			3.55	3.55		8.00	8.00	8.00
			1.70				3.75				8.50
		1.80	1.80	4.00	4.00	4.00	4.00			9.00	9.00
			1.90				4.25				9.50
	2.00	2.00	2.00			4.50	4.50	10.00	10.00	10.00	10.00
			2.12				4.75				

2. 优先数的派生系列和复合系列

由于生产需要，优先数系 Rr 还有变形系列，即派生系列和复合系列。

（1）派生系列：在 Rr 系列中，按一定的项差 P 取值所构成的系列，即 Rr/P 系列。若在 $R10$ 系列中按项差 $P=3$（每隔两项）取值，则构成 $R10/3$ 系列，其公比 $q_{10/3}=(\sqrt[10]{10})^3=2$。如 1，2，4，8，…；1.25，2.5，5，10，…等均属于该系列，它即是常用的倍数系列。

（2）复合系列：由若干公比系列混合构成的多公比系列，如 10、16、25、35.5、50、71、100、125、160 这一系列，它们分别由 $R5$、$R20/3$、$R10$ 这 3 种系列构成混合系列。

3．优先数系的应用举例

（1）用于产品几何参数、性能参数的系列化。通常，一般机械的主要参数按 $R5$ 或 $R10$ 系列，如立式车床主轴直径、专用工具的主要参数尺寸都按 $R10$ 系列；通用形材、零件及工具的尺寸和铸件壁厚等按 $R20$ 系列；锻压机床吨位采用 $R5$ 系列。

（2）用于产品质量指标分级。如本课程所涉及的有关标准里，诸如尺寸分段、公差分级及表面粗糙度参数系列等，基本上采用优先数。

国家标准规定的优先数系分档合理、疏密均匀、运算方便、简单易记。在同一系列中，优先数的积、商、乘方仍为优先数。

特别提示

设计任何产品时，主要尺寸及参数应优先采用优先数，使其在刚开始时就纳入标准化轨道。

1.3.4 质量工程简介

自从 20 世纪 20 年代初提出质量管理的概念以来，质量工程理论就伴随着企业管理的实践不断发展和完善，现在已成为一门独立的学科。质量工程（Quality Engineering，QE）是关于如何创成和提高全面质量的科学，是管理与工程的交叉学科，是现代质量管理的理论及实践与现代科学和工程技术相结合的产物。它是以创成、控制、保证、改进产品和服务质量为目标的一种工程学科的分支，其特点是技术与经济的统一。保证产品质量是以实现零、部件具有互换性为基本目的的，零、部件的互换性与质量工程的联系非常紧密。

1．质量工程发展史

概括来讲，质量工程的发展大致经历 4 个阶段，具体如下。

1）质量检验阶段

20 世纪初，美国工程师泰勒（F. W. Taylor）在总结工业革命以来经验的基础上，结合大工业管理的实践，提出了"科学管理思想"，主张企业内实现计划职能和执行职能的分离，首次将质量检验作为一种管理职能从生产职能中分离出来，建立了专职质量检验制度。后来，在一些工厂中也就相继建立了所谓的"三权分立"制度，即有人专职制定标准，有人负责实施标准，有人负责按标准进行检验。为此在企业管理中诞生了一支专职检验队伍，出现了专职检验部门。专职质量检验对保证产品质量有着极其重要的意义，但专职检验纯属事后把关，只能分离出不合格品，对既成事实的质量状况，无法起到控制作用。且它的另一致命的缺陷是要求对制造的产品实行全数检查，在大量生产的情况下，成本和损失巨大。

2）统计质量控制阶段

随着大批量生产的进一步发展，如何才能用更经济的方法来解决质量检验问题显得更加突出，事先能防止成批废品的产生变得更为重要。1924 年，美国贝尔实验室的工程师休哈特（W. A. Sheuhart）提出了"事先控制，预防废品"的质量管理新思路，并运用概率论和数量统计理论，发明了"质量控制图"，来积极主动地预防废品的发生，从此实现了将质量工程学从检验阶段推进到统计质量控制阶段（Statistical Quality Control，SQC）。休哈特认为：产品质量不是检验出来的，而应是生产制造出来的，应将质量控制的重点放在制造阶段。多年的应用实践证明：统计质量控制方法是制造过程中保证产品质量、预防不合格品的一种有效工具。采用统计质量控制方法来控制产品质量会给企业带来巨额利润，后来这一先进的质量管理手段也逐渐被其他国家所采用。

3) 全面质量管理阶段

全面质量管理阶段(Total Quality Management，TQM)大约起源 20 世纪 60 年代，有资料显示，美国通用电器公司的费根堡姆(Feigenbaum)和朱兰(Juran)最早提出全面质量管理的概念和理论，不久就被全世界范围的企业普遍接受和应用，一直延续到今天。如第二次世界大战以后，日本丰田汽车制造公司掌门人丰田英二就是在企业内部推行全面质量管理最忠诚的倡导者和受益者，使丰田汽车制造公司一跃发展成为世界汽车制造业巨头，一度因产品质量高度稳定，享誉全球。1961 年，美国通用电气公司质量总经理费根堡姆(A. V. Feigenbaum)正式出版《全面质量管理》一书，当时提出的全面质量管理概念主要包括以下几个方面的含义。

(1) 产品质量单纯依靠数理统计方法控制生产过程和事后检验是不够的。强调解决质量问题的方法和手段是多种多样的，应综合运用。除此以外，还需要做好一系列的组织工作。

(2) 将质量控制向管理领域扩展，要管理好质量形成的全过程，要实现整体性的质量管理。

(3) 产品质量是同成本联系在一起的，离开成本谈质量是没有任何意义的，应强调质量成本的重要性。

(4) 提高产品质量是公司全体成员的责任，应当使全体人员都具有质量意识和承担质量责任的精神。

自从 20 世纪 60 年代以来，全面质量管理的概念已逐步被人们所接受，并在实践中得到丰富和发展，形成一套完整的理论、技术和方法。

1981 年，国际标准化组织 ISO 正式发布了 ISO 9000 系列质量标准，可大致认为 ISO 9000 质量标准是全面质量管理理论的规范化和标准化。当然，两者在内含和表述方式上还是存在一定区别的。

质量检验、统计质量控制、全面质量管理的各个阶段具有各自的特征，表 1-2 对这 3 个阶段的特征进行了比较。

表 1-2 质量检验、统计质量控制、全面质量管理的比较

比较项目	质量检验	统计质量检验	全面质量管理
管理对象	产品和零件质量	工序质量	产品寿命循环全工程质量
管理范围	产品及零部件	工艺系统	全过程和全体人员
管理重点	制造结果	制造过程	一切过程要素
评价标准	产品技术标准	设计标准	用户满意程度
涉及技术	检验技术	数理统计技术及控制图	各种质量工程技术综合应用
管理方式	事后把关	制造过程预防废品	寿命循环全过程预防
管理职能	剔除不合格品	消除产生不良品的工艺原因	零缺陷
涉及人员	检验人员	质量控制人员	全体员工

4）计算机辅助质量管理阶段

20 世纪 80 年代以来，随着计算机技术的飞速发展及其在企业管理和生产中的广泛应用，人们开始将计算机技术引入到质量管理和质量控制过程中，先后产生了计算机辅助质量管理 CAQ，计算机集成信息系统 CIQLS 和 CIMS 环境下的质量信息系统 QIS，当前处于计算机辅助质量工程阶段。

5）我国质量工程的发展概况

在 20 世纪 50 年代，我国质量管理与控制的方法主要是学习原苏联的模式。从 1960 年代起，我国曾开始在个别企业推行使用数理统计方法进行质量管理，但应用并不普遍。1978 年后，我国陆续从日本、西方工业国家引进全面质量管理的理念和方法。1980 年，国家经贸委正式颁布了"工业企业全面质量管理暂行办法"，力促全国工业企业中大力贯彻执行，大大加快了推行工业企业全面质量管理的步伐。在随后的应用实践中，我国全面落实以质量为重点，以产品质量和消耗水平分别达到国际水平、国内先进水平和地区先进水平三级目标为突破口，全面开展产品质量的检查与验收。在全国范围内持续开展"质量万里行"和"3.15 消费者权益日"等活动。极大地提高了全民质量意识。

2. 质量工程技术的发展趋势

随着科学技术的不断发展，人们对质量的要求也越来越高。新管理模式和新生产方式的不断涌现，对质量工程技术提出了更高的挑战，要求其应以更快的发展和完善速度来与新管理模式和新生产方式相适应。概括起来，现代质量工程技术具有以下几种发展趋势。

（1）大力研究并推广应用并行的、实时的、面向中小批量生产的质量控制理论和技术。

21 世纪市场是动态多变的，顾客需求是多种多样的，因此，今后的生产将会是顾客订货的多品种、小批量生产。把并行工程技术和在线实时控制技术引入质量控制实践中，将是中小批量生产中质量控制的主要发展方向。

（2）着力于产品设计阶段的质量控制，采用可信性设计、健壮设计和质量功能配置等新技术。

根据现代质量工程理论，产品质量首先是设计出来的，其次才是制造出来的，质量检验只能剔除废品，并不能提高产品质量。为提高产品设计质量，除对设计结果进行评审外，更重要的是采用各种现代设计技术，如可信度设计、健壮设计、质量功能配置、动态设计、有限元分析和仿真技术等。

（3）制造阶段质量控制的重点应放在在线实时监测和反馈控制技术上。

（4）高度重视管理对质量控制的重要作用。

（5）特别注重提高人的素质，加强培训和教育。

（6）大力倡导生产第一线工人积极参与质量控制。

（7）积极推广计算机在质量管理和控制中的应用。

1.4 本课程的性质与特点

本课程是机械类各专业必修的一门实践性很强的技术基础课程，它包含几何量精度设计与误差检测两方面的知识，主要讲授几何量精度设计与误差检测以及与其相关国家标准的主要内容。它与机械设计、机械制造、质量控制等方面知识密切相关，是联系《机械设计》、《机械制造工艺学》、《机械制造装备设计》等课程及其课程设计等学科的纽带，是从基础课学习过渡到专业课学习的桥梁。

本课程的特点是：术语及定义多、代号符号多、具体标准与规定多、叙述性内容多、经验总结和应用实例多，而逻辑性与推理性较少。往往使学生感到内容多、难记忆、容易听懂、不会应用。这就要求学生事先应对本课程的内容、特点和要求有清晰的了解和认识，在心理上做好充分准备。要求教师在讲授此课程时，应以基础标准、测量技术为核心，精度设计应用能力培养为目标，进行各章讲授；要理论教学与实验教学并重，培养学生的主动学习与实际动手能力。学生学完本课程以后，应达到如下基本要求。

(1) 掌握标准化和互换性的基本概念。

(2) 基本掌握几何量公差标准的主要内容、特点和应用原则。

(3) 能够查用本课程讲授的公差表格。

(4) 初步学会根据机器和零件的功能要求，选用公差与配合，并能正确标注图样。

(5) 建立技术测量的基本概念，了解基本测量原理与方法，初步学会使用常用计量器具，知道分析测量误差与处理测量结果，会设计检验圆柱形零件的量规。

总之，本课程是从理论课教学到工程技术实践的转折性课程，也是工程技术人员形成工程思维方式的开端，随着后续课程的学习深入和工作实际锻炼，将会使学生更进一步加深理解和逐渐熟练掌握本课程的内容。

本 章 小 结

(1) 简单地说，互换性就是同一规格的零件或部件具有能够彼此互相替换的性能。零件具有互换性，可在产品的设计、制造、使用中发挥巨大作用。互换性可分为完全互换和不完全互换、内互换和外互换。互换性原则是机械工业生产的基本技术经济原则，是在设计、制造中必须遵循的。即便是采用修配法保证装配精度的单件或小批量生产的产品(此时零、部件没有互换性)也应遵循互换性原则。

(2) 实现互换性的条件是产品精度、批量、工艺，标准化是实现互换性的前提。只有按一定的标准进行设计和制造，并按一定的标准进行检验，互换性才能实现。

(3) 优先数系是由一系列十进制等比数列构成的，代号为 Rr。优先数系中的每个数都是一个优先数。每个优先数系中，相隔 r 项的末项与首项相差 10 倍；每个十进制区间中各有 r 个优先数；优先数系 Rr 还有派生系列和复合系列；在同一系列中，优先数的积、商、乘方仍为优先数。

(4) 质量工程是管理与工程的交叉学科，是现代质量管理的理论及实践与现代科学和工程技术相结合，以创成、控制、保证、改进产品和服务质量为目标的一个工程分支，其特点是技术与经济的统一。

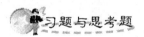习题与思考题

一、判断题

1. 对大批量生产的同规格零件要求有互换性，单件生产则不必遵循互换性原则。（　　）

2. 遵循互换性原则将使设计工作简化，生产效率提高，制造成本降低，使用维修方便。（　　）

3. 不需要选择、调整和修配，就能互相替换装配的零件就是具有互换性的零件。（　　）

二、选择题

1. 保证互换性生产的基础是（　　）。

　　A. 标准化　　　　　B. 生产现代化　　　C. 大批量生产　　　D. 协作化生产

2. 优先数系中 $R40/5$ 系列是（　　）。

　　A. 补充系列　　　　B. 基本系列　　　　C. 等差系列　　　　D. 派生系列

三、问答题

1. 完全互换和不完全互换有什么区别？各应用于什么场合？

2. 什么是标准、标准化？按标准颁发的级别分，我国有哪几种？

3. 公差、检测、标准化与互换性有什么关系？

4. 什么是优先数？我国标准采用了哪些系列？

5. 下面两列数据属于哪种系列？

（1）电动机转速（单位为 r/min）：375，750，1500，3000，…

（2）摇臂钻床的主参数（最大钻孔直径，单位为 mm）：25，40，63，80，100，125 等。

第2章
极限与配合

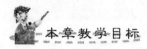 本章教学目标

能力培养	知识要点
掌握《产品几何技术规范(GPS)极限与配合》标准中的基本术语和定义	有关尺寸、公差、偏差及配合的术语和定义；公差和偏差的区别；公差带图解；三类配合的特征参数计算公式，配合公差的计算公式、配合制
掌握《产品几何技术规范(GPS)极限与配合》标准中有关标准公差的规定，掌握标准公差的应用	标准公差等级划分、标准公差的代号、标准公差数值计算、标准公差数值表
掌握《产几何技术规范(GPS)极限与配合》标准中有关基本偏差的规定，了解轴的基本偏差计算方法，掌握孔的基本偏差的换算规则，掌握基本偏差的应用	基本偏差的代号、特点、基本偏差数值表；尺寸公差和极限偏差关系的计算公式；同名配合、孔的基本偏差的通用规则和特殊规则
掌握公差、极限偏差、配合在图样上的表达方法	公差带和配合的标注
了解《产品几何技术规范(GPS)极限与配合》标准中有关一般、常用和优先的公差带的推荐及常用和优先配合的选用	一般、常用和优先的孔、轴公差带；常用和优先配合
了解《产品几何技术规范(GPS)极限与配合》标准中有关未注公差尺寸的规定，掌握未注公差尺寸的标注	未注公差尺寸、未注公差的数值与代号

导入案例

　　汽车发动机是汽车的心脏，是为汽车行走提供动力的动力源，对汽车的重要性不言而喻。从其结构可知：不论是有相对运动部件，如为实现将多列往复直线运动转变成回转运动的曲柄连杆机构、在可燃混合气体点燃后的燃烧爆发力作用下产生周期性往复运动的活塞汽缸组件等，还是保证确定位置的固定联接，如曲轴上实现将运动和动力传递所固定联接的键之间配合、支持曲轴连杆部件的轴承与曲轴支持轴颈、机体之间的配合等。上述各配偶件之间为实现设计预定的使用功能，都必须严格保证各组成元件的尺寸精度、制定科学合理的尺寸控制范围。尤其是活塞汽缸组件，从工作环境来看，装配时为常温，工作时却要经受气体燃烧发出的几百度的高温；针对运动副选材而言，缸体为保证强度、使用寿命和耐磨性多选用高性能合金钢，而活塞为减小惯性力的影响和具有良好的导热性常采用铝合金。其受装配与工作时的温差极大和配偶材料热线胀系数大不同的影响，尺寸精度设计、制造及检测更为关键和重要。

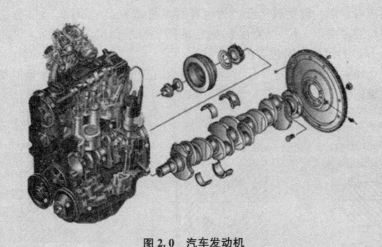

图 2.0　汽车发动机

　　由此可见，通常机械产品设计除要进行产品的方案设计、运动设计、结构设计、强度和刚度设计计算外，还须进行产品的精度设计。其中几何量精度设计是机械产品精度设计的核心内容。几何量精度设计是否正确、合理，对机械产品的使用性能和制造成本，对企业生产的经济效益和社会效益都有着重要的影响，有时甚至起决定性作用。尺寸精度设计是几何量精度设计的核心，是机械类工程技术人员最基本的技能之一。尺寸精度设计涉及的多为圆柱和两平行平面的线性尺寸公差与配合，与其相关的国家标准主要有以下几种。

　　GB/T 1800.1—2009《产品几何技术规范(GPS)极限与配合 第1部分：公差偏差和配合的基础》

　　GB/T 1800.2—2009《产品几何技术规范(GPS)极限与配合 第2部分：标准公差等级和孔轴极限偏差表》

　　GB/T 1801—2009《产品几何技术规范(GPS)极限与配合 公差带和配合的选择》

　　GB/T 1804—2000《一般公差 未注公差的线性和角度尺寸的公差》

2.1 极限与配合的常用术语与定义

2.1.1 有关尺寸的术语与定义

（1）尺寸：以特定单位表示线性尺寸值的数值，如直径、宽度、高度、中心距等。

（2）尺寸要素：由一定大小的线性尺寸或角度尺寸确定的几何形状。

（3）孔和轴：孔通常指工件的圆柱形内尺寸要素，也包括非圆柱形的内尺寸要素（由两平行平面或切面形成的包容面）。轴通常指工件的圆柱形外尺寸要素，也包括非圆柱形的外尺寸要素（由两平行平面或切面形成的被包容面）。

由定义可知：孔和轴具有广泛的含义，它们不仅是指圆柱形的内、外表面，且也表示其他几何形状的内、外表面中由单一尺寸确定的部分，如键槽由单一尺寸（宽度 B）确定的两平行平面组成内表面，键槽属于孔，为包容面。图 2.1(a)、图 2.1(b)分别为轴用键槽和轮毂用键槽；键是由单一尺寸（宽度 b）确定的两平行平面组成外表面，键属于轴，为被包容面。图 2.1(c)为键被键槽包容的配合状况。

但椭圆形孔和轴则不能由单一尺寸确定。从加工过程来看，随着余量的切除，孔的尺寸由小变大，轴则相反。

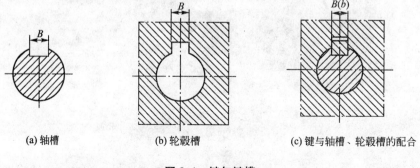

(a) 轴槽　　　　　　　　(b) 轮毂槽　　　　　　(c) 键与轴槽、轮毂槽的配合

图 2.1 键与键槽

（4）公称尺寸：由图样规范确定的理想形状要素的尺寸，如图 2.2 所示。通过它结合上、下极限偏差便可计算出极限尺寸，它可为整数或小数值，如 32、15、8.75、0.5 等。孔和轴的公称尺寸分别用 D 和 d 表示。

公称尺寸是在设计时，由设计者根据零件的强度、刚度等使用与结构要求，通过计算或类比法来确定，并经圆整后得到的，一般应符合标准尺寸系列，以减少定值刀具、量具的规格。

（5）实际（组成）要素：由接近实际（组成）要素所限定的工件实际表面的组成要素部分。

（6）提取组成要素的局部尺寸。一切提取组成要素上两对应点之间距离的统称。提取组成要素的局部尺寸可简称为提取要素的局部尺寸。

提取圆柱面的局部尺寸的两对应点之间的连线应通过拟合圆圆心，横截面应垂直于由提取表面得到的拟合圆柱面的轴线。提取内圆柱面和提取外圆柱面的局部尺寸分别用 D_a 和 d_a 表示。

由于存在测量误差，所以提取要素的局部尺寸并非尺寸的真值。同时，由于形状误差等影响，同一提取圆柱面的局部尺寸在不同部位往往并不相等。

(7) 极限尺寸：尺寸要素允许的尺寸的两个极端。提取组成要素的局部尺寸应位于其中，也可达到极限尺寸。尺寸要素允许的最大尺寸称为上极限尺寸；尺寸要素允许的最小尺寸称为下极限尺寸，如图 2.2 所示。提取内圆柱面和提取外圆柱面的上极限尺寸分别用 D_{max} 和 d_{max} 表示，下极限尺寸分别用 D_{min} 和 d_{min} 表示。

极限尺寸以公称尺寸为基数，也是在设计时确定的，它可能大于、等于或小于公称尺寸。

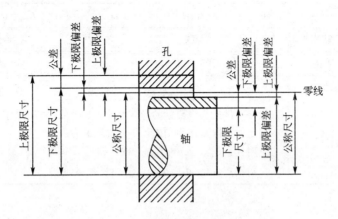

图 2.2　极限与配合示意图

特别提示

　　组成要素是指面或面上的线，有实际意义。提取组成要素是指按规定方法，由实际(组成)要素提取有限数目的点所形成的实际(组成)要素的近似替代。拟合组成要素是按规定的方法由提取组成要素形成的并具有理想形状的组成要素。国家标准中规定：包容面，即孔，其所表达的几何要素所有特征参数均用大写的英文字母来表达；被包容面，即轴，其所表达的几何要素所有特征参数均用小写的英文字母来表达。

2.1.2　有关公差与偏差的术语及定义

1. 偏差

某一尺寸减其公称尺寸所得的代数差。

(1) 极限偏差：极限尺寸减其公称尺寸所得的代数差。上极限尺寸减其公称尺寸所得的代数差称为上极限偏差；下极限尺寸减其公称尺寸所得的代数差称为下极限偏差。孔的上极限偏差代号用"ES"表示，下极限尺寸代号用"EI"表示。轴的上极限偏差代号用"es"表示，下极限偏差代号用"ei"表示。

(2) 提取偏差：提取要素的局部尺寸减其公称尺寸所得的代数差。孔的提取偏差用

"E_a"表示，轴的提取偏差用"e_a"表示。

2. 尺寸公差（简称公差）

上极限尺寸与下极限尺寸之差，或上极限偏差与下极限偏差之差。它是允许尺寸的变动量，是一个没有符号的绝对值。孔的公差用"T_D"表示，轴的公差用"T_d"表示。公差与偏差的计算公式及尺寸合格条件见表2-1。

表2-1 公差、偏差的计算公式及尺寸合格条件

公差与偏差术语			代号及计算公式	
			孔	轴
公差			$T_D = \lvert D_{max} - D_{min} \rvert = \lvert ES - EI \rvert$	$T_d = \lvert d_{max} - d_{min} \rvert = \lvert es - ei \rvert$
偏差	极限偏差	上极限偏差	$ES = D_{max} - D$	$es = d_{max} - d$
		下极限偏差	$EI = D_{min} - D$	$ei = d_{min} - d$
	提取偏差		$E_a = D_a - D$	$e_a = d_a - d$
尺寸合格条件			合格零件的提取要素的局部尺寸应在极限尺寸的范围内或提取偏差应在规定的极限偏差范围内，用公式表示为： 对孔：$D_{min} \leqslant D_a \leqslant D_{max}$ 或 $EI \leqslant E_a \leqslant ES$ 对轴：$d_{min} \leqslant d_a \leqslant d_{max}$ 或 $ei \leqslant e_a \leqslant es$	

特别提示

偏差反映的是几何量的极限状态，有正负之分，可以为零；公差是几何量的变动范围，不能表达具体的几何量极值状态，没有正负之分，是绝对值，不能为零。它反映的是加工难易程度。

当公称尺寸一定时，公差大小反映制造精度，即反映一批零件尺寸的均匀程度，用来控制加工误差。它是工件精度的指标，用来衡量某种工艺水平或成本高低。不可用误差小于或等于公差来判断零件尺寸的合格性。

极限偏差是设计给定的，不反映制造精度，极限偏差大，并不意味公差就大，公差等级一定低。它反映工件尺寸允许变化的极限值，可作为判断合格的依据。提取偏差是零件上实际存在的，大小取决于加工时的进刀量，可测出其大小，对一批实际零件而言提取偏差是一个随机变量。

3. 零线与公差带

图2.2所示是极限与配合的示意图，它能表明两相互结合的孔、轴的公称尺寸、极限尺寸、极限偏差与公差的相互关系。在实用中，为简单起见，一般用极限与配合图解来表示，如图2.3所示。极限与配合图解（简称公差带图解）由两个部分组成：零线和公差带。

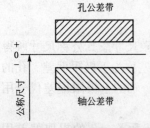

图 2.3 极限与配合图解

（1）零线：在极限与配合图解中，表示公称尺寸的直线，以其为基准来确定偏差和公差，如图2.3所示。通常零线沿水平方向绘制，正偏差位于其上，负偏差位于其下。

（2）公差带：在公差带图解中，由代表上极限偏差和下极限偏差或上极限尺寸和下极限尺寸的两条直线所限定的区域。它由公差大小和其相对零线的位置来确定。公差带在垂直零线方向的宽度代表公差值，上线表示上极限偏差，下线表示下极限偏差。

（3）公差带图解的画法。具体步骤如下。

① 画出"零线"，标注出相应的符号"0"、"＋"和"－"号，在其下方画上带单箭头的尺寸线并给出公称尺寸值。

② 确定公差带大小和位置，画出公差带。公差带沿零线方向的长度可适当选取。如图2.4所示，通常孔公差带是用由右上角向左下角的斜线表示的区域，轴公差带是用由左上角向右下角的斜线表示的区域，在公差带里标注出"孔"、"轴"字样或孔、轴公差带代号。

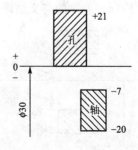

图2.4　例2-1公差带图解

③ 在代表上极限偏差和下极限偏差的两条直线的位置上标注出上极限偏差和下极限偏差的数值，并注明"＋"、"－"。

④ 公差带图解中，尺寸单位为毫米(mm)，偏差及公差的单位也可用微米(μm)表示，单位省略不写。

特别提示

公称尺寸相同的孔、轴公差带才能画在一张图上，作图比例应一致。

【**例2-1**】　已知孔、轴的公称尺寸为30mm，孔的上极限尺寸 $D_{max}=30.021$mm、下极限尺寸 $D_{min}=30$mm；轴的上极限尺寸 $d_{max}=29.993$mm、下极限尺寸 $d_{min}=29.980$mm，求孔和轴的极限偏差和公差，并画出孔、轴公差带图解。

解：（1）求孔和轴的极限偏差和公差。

孔的上极限偏差：$ES=D_{max}-D=30.021$mm-30mm$=+0.021$mm

孔的下极限偏差：$EI=D_{min}-D=30$mm-30mm$=0$

孔的公差：$T_D=|D_{max}-D_{min}|=|30.021mm-30mm|=0.021$mm

$$T_D=|ES-EI|=|+0.021\text{mm}-0|=0.021\text{mm}$$

轴的上极限偏差：$es=d_{max}-d=29.993$mm-30mm$=-0.007$mm

轴的下极限偏差：$ei=d_{min}-d=29.980$mm-30mm$=-0.020$mm

轴的公差：$T_d=|d_{max}-d_{min}|=|29.993mm-29.980mm|=0.013$mm

或　　　　$T_d=|es-ei|=|-0.021$mm$-(-0.007$mm$)|=0.013$mm

（4）画孔、轴公差带图解。因孔和轴的公称尺寸相同，故可画在一张图上，如图2.4所示。

4．极限制

经标准化的公差与偏差制度。

公差带有两个参数：一是公差带的大小(即宽度)；二是公差带相对于零线的位置。国家标准已将它们标准化，形成标准公差和基本偏差两个系列。

5. 标准公差(IT)

在国家标准(GB/T 1800.1—2009)极限与配合制中，所规定的任一公差。字母"IT"为"国际公差"的英文缩略语，标准公差规定了公差带的大小。

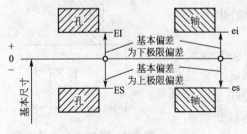

图 2.5　基本偏差

6. 基本偏差

在国家标准(GB/T 1800.1—2009)极限与配合制中，确定公差带相对于零线位置的那个极限偏差。一般为靠近零线的极限偏差。公差带位于零线上方时，其下极限偏差为基本偏差；公差带位于零线下方时，其上极限偏差为基本偏差，如图 2.5 所示。

2.1.3　有关"配合"的术语与定义

(1) 间隙或过盈。孔的尺寸减去相配合轴的尺寸所得的代数差，当差值为正时是间隙(用 X 表示)，当差值为负时是过盈(用 Y 表示)。

(2) 配合。是指公称尺寸相同且相互结合的孔和轴公差带之间的关系。

按照孔、轴公差带相对位置的不同，配合可分为间隙配合、过盈配合和过渡配合三类。

① 间隙配合：孔的公差带位于轴的公差带上方，如图 2.6 所示。对一批零件而言，所有孔的尺寸均大于或等于轴的尺寸(包括最小间隙为零)。

间隙配合特性参数为：最大间隙 X_{max}、最小间隙 X_{min}，如图 2.6 所示。间隙的作用主要有：储存润滑油，补偿温度引起的尺寸变化，补偿弹性变形及制造与安装误差。间隙配合常用于孔、轴间要求有相对运动的场合，包括旋转运动和轴向滑动。

② 过盈配合：孔的公差带位于轴的公差带下方，如图 2.7 所示。对一批零件而言，所有孔的尺寸均小于或等于轴的尺寸。

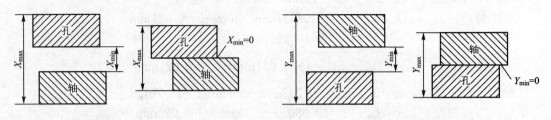

图 2.6　间隙配合　　　　　　　　　　图 2.7　过盈配合

过盈配合特性参数为：最小过盈 Y_{min}、最大过盈 Y_{max}，如图 2.7 所示。过盈配合主要用于孔、轴的紧固结合，不允许两者有相对运动。靠孔、轴表面在结合时的变形，来实现紧固联接。过盈较大时，不加紧固件就可承受一定的轴向力或传递转矩。装配时，要外加作用力；或采用热胀冷缩法。

③ 过渡配合：孔公差带与轴公差带相互交叠，如图 2.8 所示，它是介于间隙配合与

过盈配合之间的一类配合，但其间隙或过盈一般都较小。

过渡配合特性参数为：最大间隙 X_{max}、最大过盈 Y_{max}，如图 2.8 所示。过渡配合大多用于孔、轴间既要装拆方便，又要定位精确（对中性好）的相对静止的联接。

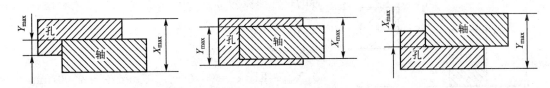

图 2.8 过渡配合

三类配合的特性参数的计算式如下：

$$X_{max} 或 (Y_{min}) = D_{max} - d_{min} = ES - ei$$

$$X_{min} 或 (Y_{max}) = D_{min} - d_{max} = EI - es$$

（3）配合公差（T_f）。组成配合的孔与轴公差之和。它是允许间隙或过盈的变动量，是一个没有符号的绝对值。配合公差表示配合精度，是评定配合质量的一个重要综合指标。其计算式如下：

对于间隙配合：$$T_f = |X_{max} - X_{min}|$$
对于过盈配合：$$T_f = |Y_{min} - Y_{max}|$$
对于过渡配合：$$T_f = |X_{max} - Y_{max}|$$

将最大、最小间隙和过盈分别用孔、轴极限尺寸或极限偏差换算后代入以上配合公差计算式，则得三类配合的配合公差均为

$$T_f = |D_{max} - d_{min} - (D_{min} - d_{max})|$$

$$= |ES - ei - (EI - es)|$$

$$= T_D + T_d$$

 特别提示

配合公差是使用要求，当公称尺寸一定时，配合公差的大小反映了配合精度的高低，而孔公差和轴公差则表示孔、轴的加工精度。配合精度或配合公差取决于相互配合的孔和轴的尺寸精度或尺寸公差。在设计时，可根据配合公差来确定孔和轴的尺寸公差，应满足 $T_D + T_d \leqslant T_f$ 的关系。若要提高配合精度，使配合后间隙或过盈变化范围减小，则应减小零件的尺寸公差，即需要提高零件的加工精度。

【例 2-2】 孔 $\phi 25^{+0.021}_{0}$ mm 分别与轴 $\phi 25^{-0.007}_{-0.020}$ mm、轴 $\phi 25^{+0.048}_{+0.035}$ mm、轴 $\phi 25^{+0.028}_{+0.015}$ mm 形成配合，试画出配合的孔和轴公差带图解，说明配合类别，并求出特征参数及配合公差。

解：（1）画孔和轴公差带图解，如图 2.9 所示。

（2）由 3 种配合的孔和轴的公差带的关系可知：

孔 $\phi 25^{+0.021}_{0}$ mm 与轴 $\phi 25^{-0.007}_{-0.020}$ mm、轴 $\phi 25^{+0.048}_{+0.035}$ mm、轴 $\phi 25^{+0.028}_{+0.015}$ mm 分别形成间隙配

合、过盈配合、过渡配合。

（3）计算特性参数及配合公差。

孔 $\phi25^{+0.021}_{0}$ mm 与轴 $\phi25^{-0.007}_{-0.020}$ mm 形成的间隙配合的特性参数为

$$X_{max}=ES-ei=0.021mm-(-0.020mm)$$
$$=+0.041mm$$

$$X_{min}=EI-es=0-(-0.007mm)=+0.007mm$$

配合公差为

$$T_f=|X_{max}-X_{min}|=0.034mm$$

孔 $\phi25^{+0.021}_{0}$ mm 与轴 $\phi25^{+0.048}_{+0.035}$ mm 形成过盈配合的特征参数为

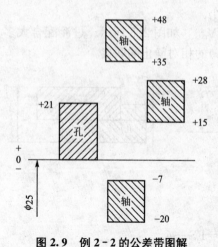

图 2.9　例 2-2 的公差带图解

$$Y_{min}=ES-ei=0.021mm-0.035mm=-0.014mm$$
$$Y_{max}=EI-es=0-0.048mm=-0.048mm$$

配合公差为

$$T_f=|Y_{min}-Y_{max}|=0.034mm$$

孔 $\phi25^{+0.021}_{0}$ mm 与轴 $\phi25^{+0.028}_{+0.015}$ mm 形成过渡配合的特性参数为

$$X_{max}=ES-ei=+0.021mm-0.015mm=+0.006mm$$

$$Y_{max}=EI-es=0-0.028mm=-0.028mm$$

配合公差为

$$T_f=|X_{max}-Y_{max}|=0.034mm$$

例 2-2 中，将孔的公差带位置固定（即孔的基本偏差一定），改变轴的公差带位置（即改变轴的基本偏差），构成了不同配合性质的配合；同样，如果将轴的公差带位置固定（即轴的基本偏差一定），改变孔的公差带位置（即改变孔的基本偏差），也可构成不同配合性质的配合。

（4）配合制：同一极限制的孔和轴组成的一种配合制度。国家标准 GB/T 1800.1—2009 中规定了两种并行的配合制：基孔制配合和基轴制配合。

（5）基孔制配合：基本偏差为一定的孔公差带，与不同基本偏差的轴公差带形成一系列配合的一种制度，如图 2.10（a）所示。基孔制配合中的孔称为基准孔，是配合的基准件，轴为非基准件。标准规定：基准孔下极限偏差 EI 为基本偏差，其数值为零，代号为 H。

（6）基轴制配合：基本偏差为一定的轴公差带与不同基本偏差的孔公差带形成一系列配合的一种制度，如图 2.10（b）所示。基轴制配合中的轴称为基准轴，是配合的基准件，孔为非基准件。标准规定：基准轴上极限偏差 es 为基本偏差，其数值为零，代号为 h。

如图 2.10 所示，公差带中的水平实线代表孔和轴的基本偏差，虚线代表另一极限偏差，表示孔与轴之间可能的不同组合与各自的公差等级有关。

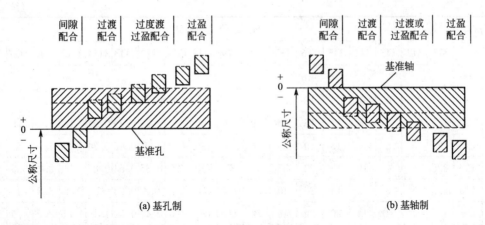

图 2.10　基准制

2.2　标准公差系列

标准公差系列是国家标准制定出的一系列标准公差数值，它包含两项内容：标准公差等级和标准公差数值。

2.2.1　标准公差等级与代号

在极限与配合制中，确定尺寸精确程度的等级称为标准公差等级。规定和划分公差等级的目的是简化和统一公差要求，使规定的等级既能满足不同的使用要求，又能大致代表各种加工方法的精度，为零件设计和制造带来方便。

国家标准(GB/T 1800.1—2009)规定：标准公差等级代号由符号"IT"和数字组成，如 IT7。当其与代表基本偏差的字母一起组成公差带时，省略字母"IT"，如 h7。

公称尺寸至 500mm 内规定了 20 个标准公差等级，表示为 IT01，IT0，IT1，IT2，…，IT18。公称尺寸为 500～3150mm 内规定了 IT1～IT18 共 18 个标准公差等级。从 IT01～IT18，等级依次降低，对应的标准公差值依次增大。公称尺寸至 500mm 的 IT1～IT18 的标准公差数值，见表 2-2。

表 2-2　标准公差数值(摘自 GB/T 1800.1—2009 表 1)

公称尺寸/mm		标　准　公　差　等　级																
		IT1	IT2	IT3	IT4	IT5	IT6	IT7	IT8	IT9	IT10	IT11	IT12	IT13	IT14	IT15	IT16	IT17	IT18
大于	至	μm											mm						
—	3	0.8	1.2	2	3	4	6	10	14	25	40	60	0.1	0.14	0.25	0.4	0.6	1	1.4
3	6	1	1.5	2.5	4	5	8	12	18	30	48	75	0.12	0.18	0.30	0.48	0.75	1.2	1.8
6	10	1	1.5	2.5	4	6	9	15	22	36	58	90	0.15	0.22	0.36	0.58	0.9	1.5	2.2
10	18	1.2	2	3	5	8	11	18	27	43	70	110	0.18	0.27	0.43	0.7	1.1	1.8	2.7

(续)

公称尺寸/mm		标准公差等级																	
		IT1	IT2	IT3	IT4	IT5	IT6	IT7	IT8	IT9	IT10	IT11	IT12	IT13	IT14	IT15	IT16	IT17	IT18
大于	至	μm											mm						
18	30	1.5	2.5	4	6	9	13	21	33	52	84	130	0.21	0.33	0.52	0.84	1.3	2.1	3.3
30	50	1.5	2.5	4	7	11	16	25	39	62	100	160	0.25	0.39	0.62	1	1.6	2.5	3.9
50	80	2	3	5	8	13	19	30	46	74	120	190	0.3	0.46	0.74	1.2	1.9	3	4.6
80	120	2.5	4	6	10	15	22	35	54	87	140	220	0.35	0.54	0.87	1.4	2.2	3.5	5.4
120	180	3.5	5	8	12	18	25	40	63	100	160	250	0.4	0.63	1	1.6	2.5	4	6.3
180	250	4.5	7	10	14	20	29	46	72	115	185	290	0.46	0.72	1.15	1.85	2.9	4.6	7.2
250	315	6	8	12	16	23	32	52	81	130	210	320	0.52	0.81	1.3	2.1	3.2	5.2	8.1
315	400	7	9	13	18	25	36	57	89	140	230	360	0.57	0.89	1.4	2.3	3.6	5.7	8.9
400	500	8	10	15	20	27	40	63	97	155	250	400	0.63	0.97	1.55	2.5	4	6.3	9.7

注：1. 公称尺寸小于或等于 1mm 时，无 IT14 至 IT18 级；

    2. IT01 级和 IT0 级的公差数值在标准附录 A.2 中给出；

    3. GB/T 1800.1—2009 表 1 中还包括公称尺寸＞500～3150mm 的标准公差数值。

同一公差等级(如 IT7)对所有公称尺寸的一组公差被认为具有同等精确程度，即公差等级相同，尺寸的精确程度相同。

2.2.2 标准公差数值

在机械制造业中，常用尺寸为小于或等于 500mm 的尺寸，该尺寸段在生产实践中应用最广。在此重点介绍该尺寸段。

国家标准中规定了标准公差数值，见表 2-2。它是由表 2-3 所示的计算公式计算得出的。

表 2-3 中的高精度等级：IT01、IT0、IT1，主要是考虑测量误差的影响，所以标准公差与公称尺寸呈线性关系。IT2～IT4 是在 IT1 与 IT5 之间插入三级，使 IT1、IT2、IT3、IT4、IT5 成一等比数列，其公比为 $q=(IT5/IT1)^{1/4}$。

表 2-3　标准公差的计算公式

公差等级	公式	公差等级	公式	公差等级	公式
IT01	$0.3+0.008D$	IT6	$10i$	IT13	$250i$
IT0	$0.5+0.012D$	IT7	$16i$	IT14	$400i$
IT1	$0.8+0.020D$	IT8	$25i$	IT15	$640i$
IT2	$(IT1)(IT5/IT1)^{1/4}$	IT9	$40i$	IT16	$1000i$
IT3	$(IT1)(IT5/IT1)^{2/4}$	IT10	$64i$	IT17	$1600i$
IT4	$(IT1)(IT5/IT1)^{3/4}$	IT11	$100i$	IT18	$2500i$
IT5	$7i$	IT12	$160i$		

特别提示

公称尺寸栏的尺寸分段的上限值是指小于或等于该值，如30就不属于30~50的尺寸分段，而属于18~30的尺寸分段。对于同一尺寸段，即同一横行，从左向右，说明公差等级不同，公差值不同，精度由高变低，加工难度下降。对于同一公差等级，即同一纵行，自上而下，尺寸段范围不同，公差值不同，加工难易程度相同。加工难度是一相对概念，与被选公差等级相关，与公差大小无关。

IT5~IT18级的标准公差 IT=a·i，其中，a 是公差等级系数，每一等级有一确定的公差等级系数。除IT5的公差等级系数 a=7 外，从IT6开始，公差等级系数采用 R5 优先数系，即公比 $q=\sqrt[5]{10}\approx1.6$ 的等比数列。每隔5级，公差数值增加10倍；i 称为标准公差因子，是以公称尺寸为自变量的函数。

1. 标准公差因子 i

公差因子是国家标准极限与配合制中，用以确定标准公差的基本单位。它是制定标准公差数值的基础。根据生产实际经验和科学统计分析表明：尺寸≤500mm 时，加工误差与尺寸的关系基本上呈立方抛物线关系，即尺寸误差与尺寸的立方根成正比。而随着尺寸增大，测量误差的影响也会增大，所以在确定标准公差值时应考虑上述两个因素。国家标准总结出了公差因子的计算公式。

对公称尺寸≤500mm 时，IT5~IT18 的标准公差因子 i 的计算公式如下：

$$i=0.45\sqrt[3]{D}+0.001D \quad (\mu m) \tag{2-1}$$

式中

D——公称尺寸段的几何平均值，单位为 mm。

在式(2-1)中，第一项反映的是加工误差的影响；第二项反映的是与直径成正比的误差，主要是因测量时偏离标准温度及测量误差的影响。当直径很小时，第二项所占比例就小；当直径较大时，第二项比例增大，造成公差因子 i 值也相应增大。

2. 公称尺寸分段

根据表2-3所列的标准公差计算式可知：一个公称尺寸就应有一个对应的公差值。由于在生产实践中的公称尺寸众多，这样就会形成一个庞大的公差数值表，使用起来极为不便。为减少公差值的数目、统一公差值和使用方便，国家标准对公称尺寸进行了分段。经尺寸分段后，在同一尺寸段内的所有公称尺寸，公差等级相同，标准公差就相同。

公称尺寸分段见表2-2。公称尺寸至500mm 的尺寸范围分成13个尺寸段，为主段。为满足使用要求，又将部分主段中的一段分成2~3段的中间段。在公差表格中，一般使用主段，而在极限偏差表中，对过盈或间隙等较敏感的一些配合才使用中间段。

在标准公差及基本偏差的计算式中，公称尺寸 D 一律以所属尺寸分段内的首尾两个尺寸(D_1、D_2)的几何平均值来进行计算，即：

$$D=\sqrt{D_1 D_2}$$

因此在一个尺寸段内只有一个公差数值，极大地简化了公差表格(对于公称尺寸≤3mm 的尺寸段，$D=\sqrt{1\times3}=1.732mm$)。

【例 2-3】 公称尺寸为 $\phi30\text{mm}$，求标准公差 IT6、IT7 的数值。

解： $\phi30\text{mm}$ 属于 $>18\sim30\text{mm}$ 的尺寸分段。

尺寸的几何平均值 $D=\sqrt{18\times30}\approx23.24\text{mm}$

标准公差因子 $i=0.45\sqrt[3]{D}+0.001D=0.45\sqrt[3]{23.24}+0.001\times23.24$

$\qquad\qquad\approx1.31\mu\text{m}$

$$\text{IT6}=10\times i=10\times1.31\approx13\mu\text{m}, \quad \text{IT7}=16\times i=16\times13.1\approx21\mu\text{m}$$

表 2-2 中的公差数值就是经过这样的计算，并按规定的尾数化整规则进行圆整后得出的。为避免因计算时尾数化整方法不一致而造成计算结果的差异，国家标准对尾数圆整也作了相关规定。

**特别提示**

不论是公称尺寸至 500mm 常用尺寸段，还是公称尺寸 $>500\sim3150\text{mm}$ 的大尺寸段，其公差等级、公差值及计算原理和方法在 GB/T 1800.1—2009 的标准中均作了规定，不同的是前者为满足实际生产需要划分成 20 个公差等级，后者由于大尺寸段使用大尺寸较多，只规定为 18 个精度等级。工程技术人员在实际应用时，均可直接选用，非特殊需要不必直接计算。

2.3 基本偏差系列

2.3.1 基本偏差代号

基本偏差是用来确定公差带相对于零线位置的。不同的公差带位置与基准件将形成不同的配合。基本偏差的数量将决定配合种类的数量。

为满足各种不同松紧程度的配合需要，尽量减少配合种类，保证互换要求，国家标准 (GB/T 1800.1—2009)对孔和轴分别规定了 28 种基本偏差，其中孔用大写字母 A，…，ZC 表示，轴用小写字母 a，…，zc 表示。28 种基本偏差代号，由 26 个字母中去掉 5 个易与其他参数相混淆的字母 I、L、O、Q、W(i、l、o、q、w)，剩下的 21 个字母加上 7 个双写字母 CD、EF、FG、JS、ZA、ZB、ZC(cd、ef、fg、js、za、zb、zc)组成。28 种基本偏差代号反映出 28 种公差带的位置，构成了基本偏差系列，如图 2.11 所示。

基本偏差系列图中仅绘出了公差带的一端，未绘出公差带的另一端，是因为公差等级与基本偏差的组合不同。由图 2.11 可见，基本偏差系列具有以下特征。

(1) 在孔的基本偏差中，A~H 的基本偏差是下极限偏差 EI(除 H 以外，皆为正值)，J~ZC(JS除外)的基本偏差是上极限偏差 ES(除 J、K 及 M8 外，其余皆为负值)；在轴的基本偏差中，a~h 的基本偏差是上极限偏差 es(除 h 以外，皆为负值)；j~zc 的基本偏差是下极限偏差 ei(除 j 外，其余皆为正值)。

(2) JS(js)的上下极限偏差是对称的，上极限偏差值为 $+\text{IT}/2$，下极限偏差值为 $-\text{IT}/2$。基本偏差可以是上极限偏差或下极限偏差。J(j) 则与 JS(js)不同，形成的公差带一般是不对称的，当其与某些公差等级(高精度)组成公差带时，其基本偏差不是靠近零线的那一偏差。J 的基本偏差为上极限偏差(ES)，其数值为正值；j 的基本偏差为下极限偏差(ei)，其数值为负值。因 J(j)数值与 JS(js)相近，在图 2.11 中，这两种基本偏差代号放在同一位置。

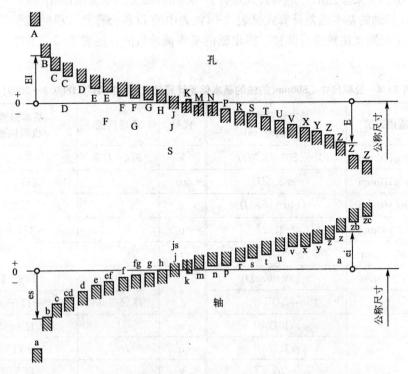

图 2.11 基本偏差系列

（3）基本偏差是公差带位置标准化的唯一参数，除去 JS(js)和 J(j)(严格说两者无基本偏差)及 K(k)、M(m)和 N(n)(由于公差等级的不同，公差带有两种位置，如图 2.11 所示)以外，原则上基本偏差和公差等级无关。

J(j)、K(k)、M(m)和 N(n)的基本偏差值与公差等级的关系详见表 2-7 和表 2-8。

（4）"A～ZC"(a～zc)除 J(j)以外，标准公差等级齐全(即它们分别能与 20 种公差等级组成公差带)。对于 J(j)，孔只有 J6、J7、J8，轴只有 j5、j6、j7、j8，逐步将被 JS(js)取代。

（5）a～h 与 H(基准孔)，A～H 与 h(基准轴)形成间隙配合；j、js、k、m、n 与 H，J、JS、K、M、N 与 h，基本上形成过渡配合；p～zc 与 H，P～ZC 与 h，基本上形成过盈配合。

基本上的意义在于：n、p、r 与 H，P、R、N 与 h，有时形成过渡配合，有时形成过盈配合，形成什么配合性质与公称尺寸及公差等级有关。如 H6/n5、H7/p6 在公称尺寸≤3mm 时为过渡配合，H8/r7 在公称尺寸≤100mm 时也为过渡配合。而此类配合在其他尺寸范围均又为过盈配合。

2.3.2 基本偏差数值

在国家标准(GB/T 1800.1—2009)中规定了各基本偏差的数值，见表 2-7 和表 2-8。

1. 轴的基本偏差数值

它是以基孔制为基础,根据各种配合的要求,结合生产实践和在大量试验的基础上,依据统计分析的结果整理出一系列公式经计算得来的(参见国家标准的相关内容)。公称尺寸至 500mm 的轴的基本偏差计算式见表 2-4,表中的 D 是公称尺寸段的几何平均值。计算结果按一定规则将尾数进行圆整,得出轴的基本偏差数值,见表 2-7。在实际使用时可直接查表。

表 2-4　公称尺寸≤500mm 的轴的基本偏差计算公式(摘自 GB/T 1800.1—2009)

代号	适用范围	基本偏差为上极限偏差(es)	代号	适用范围	基本偏差为下极限偏差(ei)
a	$D \leqslant 120\text{mm}$	$-(265+1.3D)$	k	IT4~IT7	$+0.6\sqrt[3]{D}$
	$D > 120\text{mm}$	$-3.5D$	m		$+(\text{IT7}-\text{IT6})$
b	$D \leqslant 160\text{mm}$	$-(140+0.85D)$	n		$+5D^{0.34}$
	$D > 160\text{mm}$	$-1.8D$	p		$+\text{IT7}+(0\sim5)$
c	$D \leqslant 40\text{mm}$	$-52D^{0.2}$	r		$+\sqrt{p \cdot s}$
	$D > 40\text{mm}$	$-(95+0.8D)$	s	$D \leqslant 50\text{mm}$	$+\text{IT8}+(1\sim4)$
cd		$-\sqrt{c \cdot d}$		$D > 50\text{mm}$	$+\text{IT7}+0.4D$
d		$-16D^{0.44}$	t		$+\text{IT7}+0.63D$
e		$-11D^{0.41}$	u		$+\text{IT7}+D$
ef		$-\sqrt{e \cdot f}$	v		$+\text{IT7}+1.25D$
f		$-5.5D^{0.41}$	x		$+\text{IT7}+1.6D$
fg		$-\sqrt{f \cdot g}$	y		$+\text{IT7}+2D$
g		$-2.5D^{0.34}$	z		$+\text{IT7}+2.5D$
h		0	za		$+\text{IT8}+3.15D$
j	IT5~IT7	经验数据	zb		$+\text{IT9}+4D$
k	≤IT3 及≥IT8	0	zc		$+\text{IT10}+5D$
		$\text{js}=\pm\ \text{IT}n/2$			

注:表中 D 为公称尺寸的分段计算值,单位为 mm;基本偏差的计算结果以 μm 记。

当轴的基本偏差确定后,另一极限偏差可根据轴的基本偏差数值和标准公差值按下式计算

$$\text{ei}=\text{es}-\text{IT},\quad \text{es}=\text{ei}+\text{IT}$$

2. 孔的基本偏差数值

当公称尺寸≤500mm 时,孔的基本偏差是由轴的基本偏差经一定的换算规则计算得出的。

用同一字母表示孔和轴的基本偏差所组成的公差带,按照基孔制形成的配合和按照基轴制形成的配合,称为同名配合。孔与轴基本偏差换算的原则是:使孔、轴同级或孔

比轴低一级的同名配合的配合性质相同。如 $\phi30H9/d9$ 与 $\phi30D9/h9$ 为两组基准制不同的配合，前者为基孔制，后者为基轴制。它们的配合件的基本偏差字母相同，同是 D（d），故它们为同名配合；同理：$\phi50H7/p6$ 与 $\phi50P7/h6$ 也为同名配合。配合性质相同，即 $\phi30$ H9/d9 的极限间隙与 $\phi30$ D9/h9 的极限间隙相等；$\phi50$ H7/p6 与 $\phi50$ P7/h6 极限过盈相等。

基于上述原则，在孔的基本偏差换算时，需按以下两种规则进行计算。

1）通用规则

用同一字母表示的孔、轴的基本偏差数值的绝对值相等，符号相反。孔的基本偏差与轴的基本偏差相对于零线对称分布，即呈"倒影"关系。孔的基本偏差与轴的基本偏差之间的换算关系见表 2-5。

表 2-5　通用规则的孔的基本偏差与轴的基本偏差之间的换算关系

孔的基本偏差代号	孔的公差等级	孔的基本偏差与轴的基本偏差的换算关系
A～H	所有等级	EI＝－es
K～N	低于 8 级（＞IT8）	ES＝－ei
P～ZC	低于 7 级（＞IT7）	

该种规则适用于所有的基本偏差，但以下情况例外。

（1）公称尺寸大于 3～500mm，标准公差等级大于 IT8（精度等级低于 8 级）的孔的基本偏差 N，其数值（ES）等于零。

（2）公称尺寸大于 3～500mm，不论采用基孔制还是基轴制，当要求配合精度较高时，由于孔比同级的轴加工困难，因此，国家标准从工艺等价性考虑，采用孔比轴低一级的配合。即给定某一公差等级的孔要与更精一级的轴相配，（例如 H7/p6 和 P7/h6），并要求具有同等的间隙或过盈，如图 2.12 所示。此时，计算的孔的基本偏差应采用特殊规则。

2）特殊规则

用同一字母表示孔、轴的基本偏差时，孔的基本偏差 ES 和轴的基本偏差 ei 符号相反，而数值的绝对值相差一 Δ 值，见表 2-6。

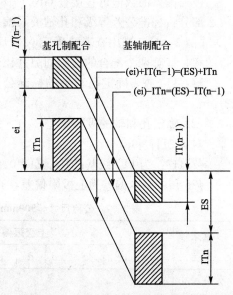

图 2.12　特殊规则的公差带图解

表 2-6　特殊规则的孔的基本偏差与轴的基本偏差之间的换算关系

孔的基本偏差代号	孔的公差等级	孔的基本偏差与轴的基本偏差的换算关系
K～N	不低于 8 级（≤IT8）	$ES＝－ei＋\Delta,\ \Delta＝ITn－IT(n-1)$
P～ZC	不低于 7 级（≤IT7）	

如公称尺寸段 18～300mm 的 P7：

$$\Delta = ITn - IT(n-1) = IT7 - IT6 = 21 - 13 = 8\mu m$$

此规则仅适用于公称尺寸大于 3mm、标准公差等级小于或等于 IT8（精度等级高于或等于 8 级）的孔的基本偏差 K、M、N 和标准公差等级小于或等于 IT7（精度等级高于或等于 7 级）的孔的基本偏差 P～ZC。

 **特别提示**

表中的 Δ 为公称尺寸至 500mm 的尺寸段内给定的某一标准公差等级 ITn 与更精一级的标准公差等级 IT(n-1) 的公差值之差，它只有精度不低于 IT8 级的 K～N 和不低于 IT7 级的 P～ZC 孔的基本偏差与轴的基本偏差的换算关系时才会出现。

用上述公式计算出孔的基本偏差按一定规则化整，编制出孔的基本偏差表，见表 2-8。实际使用时，可直接查此表，不必计算。孔的另一个极限偏差可根据下列公式计算：

$$ES = EI + IT$$

$$EI = ES - IT$$

极限偏差的数值可直接查 GB/T 1800.2—2009《产品几何技术规范（GPS）极限与配合 第 2 部分：标准公差等级和孔轴极限偏差表》。

【例 2-4】 试用查表法确定 $\phi 25H7/f6$ 和 $\phi 25F7/h6$ 的孔和轴的极限偏差，画出公差带图解，计算两个配合的极限间隙并比较。

解：（1）查表确定孔和轴的标准公差。查表 2-2 得：$\phi 25mm$ 的 IT6 = 13μm，IT7 = 21μm。

（2）确定孔和轴的极限偏差。

对 $\phi 25H7/f6$

$\phi 25H7$：为 IT7 级基准孔，EI = 0、ES = EI + IT7 = +21μm

$\phi 25 f6$：基本偏差为上极限偏差，查表 2-7 得

表 2-7 公称尺寸 ≤500mm 轴的基本偏差（摘自 GB/T 1800.1—2009） （μm）

基本偏差		上极限偏差 es											js[2]	下极限偏差 ei		
	a[1]	b[1]	c	cd	d	e	ef	f	fg	g	h		j		k
公称尺寸 /mm	公差等级															
大于	至	所有的级											5、6	7	8	4～7 ≤3 >7
—	3	−270	−140	−60	−34	−20	−14	−10	−6	−4	−2	0	偏差等于±IT/2	−2	−4	−6	0 0
3	6	−270	−140	−70	−46	−30	−20	−14	−8	−6	−4	0		−2	−4	—	+1 0
6	10	−280	−150	−80	−56	−40	−25	−18	−13	−8	−5	0		−2	−5	—	+1 0
10	14	−290	−150	−95	—	−50	−32	—	−16	—	−6	0		−3	−6	—	+1 0
14	18																

(续)

基本偏差		上极限偏差 es											js[②]	下极限偏差 ei				
		a[①]	b[①]	c	cd	d	e	ef	f	fg	g	h		j			k	
公称尺寸/mm		公差等级																	
大于	至	所有的级												5、6	7	8	4~7	≤3 >7
18	24	−300	−160	−110	—	−65	−40	—	−20	—	−7	0	偏差等于±IT/2	−4	−8	—	+2	0
24	30																	
30	40	−310	−170	−120	—	−80	−50	—	−25	—	−9	0		−5	−10	—	+2	0
40	50	−320	−180	−130														
50	65	−340	−190	−140	—	−100	−60	—	−30	—	−10	0		−7	−12	—	+2	0
65	80	−360	−200	−150														
80	100	−380	−220	−170	—	−120	−72	—	−36	—	−12	0		−9	−15	—	+3	0
100	120	−410	−240	−180														
120	140	−460	−260	−200	—	−145	−85	—	−43	—	−14	0		−11	−18	—	+3	0
140	160	−520	−280	−210														
160	180	−580	−310	−230														
180	200	−660	−340	−240	—	−170	−100	—	−50	—	−15	0		−13	−21	—	+4	0
200	225	−740	−380	−260														
225	250	−820	−420	−280														
250	280	−920	−480	−300	—	−190	−110	—	−56	—	−17	0		−16	−26	—	+4	0
280	315	−1050	−540	−330														
315	355	−1200	−600	−360	—	−210	−125	—	−62	—	−18	0		−18	−28	—	+4	0
355	400	−1350	−680	−400														
400	450	−1500	−760	−440	—	−230	−135	—	−68	—	−20	0		−20	−32	—	+5	0
450	500	−1650	−840	−480														

基本偏差		下极限偏差 ei													
		m	n	p	r	s	t	u	v	x	y	z	za	zb	zc
公称尺寸/mm		公差等级													
大于	至	所有的级													
—	3	+2	+4	+6	+10	+14	—	+18	—	+20	—	+26	+32	+40	+60
3	6	+4	+8	+12	+15	+19	—	+23	—	+28	—	+35	+42	+50	+80
6	10	+6	+10	+15	+19	+23	—	+28	—	+34	—	+42	+52	+67	+97

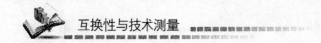

(续)

基本偏差	下极限偏差 ei													
	m	n	p	r	s	t	u	v	x	y	z	za	zb	zc
公称尺寸 /mm	公差等级													
大于　至	所有的级													
10　14	+7	+12	+18	+23	+28	—	+33	—	+40	—	+50	+64	+90	+130
14　18	+7	+12	+18	+23	+28	—	+33	+39	+45	—	+60	+77	+108	+150
18　24	+8	+15	+22	+28	+35	—	+41	+47	+54	+63	+73	+98	+136	+188
24　30	+8	+15	+22	+28	+35	+41	+48	+55	+64	+75	+88	+118	+160	+218
30　40	+9	+17	+26	+34	+43	+48	+60	+68	+80	+94	+112	+148	+200	+274
40　50	+9	+17	+26	+34	+43	+54	+70	+81	+97	+114	+136	+180	+242	+325
50　65	+11	+20	+32	+41	+53	+66	+87	+102	+122	+144	+172	+226	+300	+405
65　80	+11	+20	+32	+43	+59	+75	+102	+120	+146	+174	+210	+274	+360	+480
80　100	+13	+23	+37	+51	+71	+91	+124	+146	+178	+214	+258	+335	+445	+585
100　120	+13	+23	+37	+54	+79	+104	+144	+172	+210	+254	+310	+400	+525	+690
120　140	+15	+27	+43	+63	+92	+122	+170	+202	+248	+300	+365	+470	+620	+800
140　160	+15	+27	+43	+65	+100	+134	+190	+228	+280	+340	+415	+535	+700	+900
160　180	+15	+27	+43	+68	+108	+146	+210	+252	+310	+380	+465	+600	+780	+1000
180　200	+17	+31	+50	+77	+122	+166	+236	+284	+350	+425	+520	+670	+880	+1150
200　225	+17	+31	+50	+80	+130	+180	+258	+310	+385	+470	+575	+740	+960	+1250
225　250	+17	+31	+50	+84	+140	+196	+284	+340	+425	+520	+640	+820	+1050	+1350
250　280	+20	+34	+56	+94	+158	+218	+315	+385	+475	+580	+710	+920	+1200	+1550
280　315	+20	+34	+56	+98	+170	+240	+350	+425	+525	+650	+790	+1000	+1300	+1700
315　355	+21	+37	+62	+108	+190	+268	+390	+475	+590	+730	+900	+1150	+1500	+1900
355　400	+21	+37	+62	+114	+208	+294	+435	+530	+660	+820	+1000	+1300	+1650	+2100
400　450	+23	+40	+68	+126	+232	+330	+490	+595	+740	+920	+1100	+1450	+1850	+2400
450　500	+23	+40	+68	+132	+252	+360	+540	+660	+820	+1000	+1250	+1600	+2100	+2600

注：1. 公称尺寸小于 1mm 时，各级的 a 和 b 均不采用。

2. js 的数值，对 IT7 至 IT11。若 ITn 的数值（μm）为奇数，则取 $js=\pm(ITn-1)/2$。

上极限偏差 $es=-20\mu m$

下极限偏差 $ei=es-IT6=-33\mu m$

对 $\phi25F7/h6$

$\phi 25F7$：基本偏差为下极限偏差，查表2-8得

下极限偏差 $EI=+20\mu m$

上极限偏差 $ES=EI+IT7=+41\mu m$

$\phi 25h6$：为IT6级基准轴，$es=0$、$ei=es-IT6=-13\mu m$

（3）画公差带图解，如图2.13所示。

（4）确定配合的极限间隙。

对 $\phi 25H7/f6$：

表2-8 公称尺寸≤500mm孔的基本偏差(摘自 GB/T 1800.1—2009)　(μm)

基本偏差		下极限偏差 EI											JS②	上极限偏差 ES							
公称尺寸/mm		A①	B①	C	CD	D	E	EF	F	FG	G	H		J			K		M③		N①	
		公差等级											偏差＝±ITn/2，式中ITn是IT数值									
大于	至	所有的级												6	7	8	≤8	>8	≤8	>8	≤8	>8
—	3	+270	+140	+60	+34	+20	+14	+10	+6	+4	+2	0		+2	+4	+6	0	0	−2	−2	−4	−4
3	6	+270	+140	+70	+46	+30	20	+14	+10	+6	+4	0		+5	+6	+10	−1+Δ	—	−4+Δ	−4	−8+Δ	0
6	10	+280	+150	+80	+56	+40	+25	+18	+13	+8	+5	0		+5	+8	+12	−1+Δ	—	−6+Δ	−6	−10+Δ	0
10	14	+290	+150	+95	—	+50	+32	—	+16	—	+6	0		+6	+10	+15	−1+Δ	—	−7+Δ	−7	−12+Δ	0
14	18																					
18	24	+300	+160	+110	—	+65	+40	—	+20	—	+7	0		+8	+12	+20	−2+Δ	—	−8+Δ	−8	−15+Δ	0
24	30																					
30	40	+310	+170	+120	—	+80	+50	—	+25	—	+9	0		+10	+14	+24	−2+Δ	—	−9+Δ	−9	−17+Δ	0
40	50	+320	+180	+130																		
50	65	+340	+190	+140	—	+100	+60	—	+30	—	+10	0		+13	+18	+28	−2+Δ	—	−11+Δ	−11	−20+Δ	0
65	80	+360	+200	+150																		
80	100	+380	+220	+170	—	+120	+72	—	+36	—	+12	0		+16	+22	+34	−3+Δ	—	−13+Δ	−13	−23+Δ	0
100	120	+410	+240	+180																		
120	140	+460	+260	+200	—	+145	+85	—	+43	—	+14	0		+18	+26	+41	−3+Δ	—	−15+Δ	−15	−27+Δ	0
140	160	+520	+280	+210																		
160	180	+580	+310	+230																		
180	200	+660	+340	+240	—	+170	+100	—	+50	—	+15	0		+22	+30	+47	−4+Δ	—	−17+Δ	−17	−31+Δ	0
200	225	+740	+380	+260																		
225	250	+820	+420	+280																		
250	280	+920	+480	+300	—	+190	+110	—	+56	—	17	0		+25	+36	+55	−4+Δ	—	−20+Δ	−20	−34+Δ	0
280	315	+1050	+540	+330																		
315	355	+1200	+600	+360	—	+210	+125	—	+62	—	+18	0		+29	+39	+60	−4+Δ	—	−21+Δ	−21	−37+Δ	0
355	400	+1350	+680	+400																		
400	450	+1500	+760	+440	—	+230	+135	—	+68	—	+20	0		+33	+43	+66	−5+Δ	—	−23+Δ	−23	−40+Δ	0
450	500	+1650	+840	+480																		

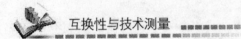

（续）

公称尺寸/mm 大于	至	P到ZC ≤IT7	P	R	S	T	U	V	X	Y	Z	ZA	ZB	ZC	Δ[④]/μm 3	4	5	6	7	8
			上极限偏差 ES（>IT7 标准公差等级）												标准公差等级					
—	3	在大于IT7的相应数值上增加一个Δ值	−6	−10	−14	—	−18	—	−20	—	−26	−32	−40	−60	0					
3	6		−12	−15	−19	—	−23	—	−28	—	−35	−42	−50	−80	1	1.5	1	3	4	6
6	10		−15	−19	−23	—	−28	—	−34	—	−42	−52	−67	−97	1	1.5	2	3	6	7
10	14		−18	−23	−28	—	−33	—	−40	—	−50	−64	−90	−130	1	2	3	3	7	9
14	18							−39	−45	—	−60	−77	−108	−150						
18	24		−22	−28	−34	—	−41	−47	−54	−63	−73	−98	−136	−188	1.5	2	3	4	8	12
24	30					−41	−48	−55	−64	−75	−88	−118	−160	−218						
30	40		−26	−35	−43	−48	−60	−68	−80	−94	−112	−148	−200	−274	1.5	3	4	5	9	14
40	50					−54	−70	−81	−97	−114	−136	−180	−242	−325						
50	65		−32	−41	−53	−66	−87	−102	−122	−144	−172	−226	−300	−405	2	3	5	6	11	16
65	80			−43	−59	−75	−102	−120	−146	−174	−210	−274	−360	−480						
80	100		−37	−51	−71	−91	−124	−146	−178	−214	−258	−335	−445	−585	2	4	5	7	13	19
100	120			−54	−79	−104	−144	−172	−210	−254	−310	−400	−525	−690						
120	140		−43	−63	−92	−122	−170	−202	−248	−300	−365	−470	−620	−800	3	4	6	7	15	23
140	160			−65	−100	−134	−190	−228	−280	−340	−415	−535	−700	−900						
160	180			−68	−108	−146	−210	−252	−310	−380	−465	−600	−780	−1000						
180	200		−50	−77	−122	−166	−236	−284	−350	−425	−520	−670	−880	−1150	3	4	6	9	17	26
200	225			−80	−130	−180	−258	−310	−385	−470	−575	−740	−960	−1250						
225	250			−84	−140	−196	−284	−340	−425	−520	−640	−820	−1050	−1350						
250	280		−56	−94	−158	−218	−315	−385	−475	−580	−710	−920	−1200	−1550	4	4	7	9	20	29
280	315			−98	−170	−240	−350	−425	−525	−650	−790	−1000	−1300	−1700						
315	355		−62	−108	−190	−268	−390	−475	−590	−730	−900	−1150	−1500	−1900	4	5	7	11	21	32
355	400			−114	−208	−294	−435	−530	−660	−820	−1000	−1300	−1650	−2100						
400	450		−68	−126	−232	−330	−490	−595	−740	−920	−1100	−1450	−1850	−2400	5	5	7	13	23	34
450	500			−132	−252	−360	−540	−660	−820	−1000	−1250	−1600	−2100	−2600						

注：1. 公称尺寸小于或等于1mm时，基本偏差A和B及大于IT8的N均不采用。公差带JS7至JS11，若ITn的数值为奇数，则取偏差= $\pm(ITn-1)/2$；

2. 对小于或等于IT8的K、M、N和小于或等于IT7的P至ZC，所需Δ值从表内右侧选取。例如：18～30mm段的K7，$\Delta=8\mu m$，所以ES=$-2+8=6\mu m$；18～30mm段的S6，$\Delta=4\mu m$，所以ES=$-35+4=-31$。特殊情况，250～315mm段的M6，ES等于$-9\mu m$(代替$-11\mu m$)。

$$X_{max} = ES - ei = +21\mu m - (-33\mu m)$$
$$= +54\mu m$$
$$X_{min} = EI - es = 0 - (-20\mu m) = +20\mu m$$

对 $\phi 25F7/h6$：

$X_{\max}=ES-ei=+41\mu m-(-13\mu m)=$
$+54\mu m$

$X_{\min}=EI-es=+20\mu m-0=+20\mu m$

（5）比较。由查表知：基本偏差 F 和基本偏差 f 的关系为 $EI=-es$。

由计算结果可知：$\phi 25H7/f6$ 和 $\phi 25F7/h6$ 这两个配合的极限间隙分别相等。说明同名的孔、轴的基本偏差若是按通用规则换算得出的，当孔、轴公差等级不同时，

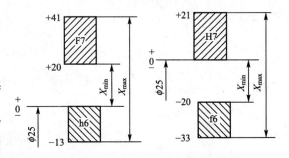

图 2.13　例 2 - 4 公差带图解

不论采用基孔制或基轴制只要形成的是间隙配合，则它们的配合性质相同。

【**例 2 - 5**】　试用查表法确定 $\phi 25H7/r6$ 和 $\phi 25R7/h6$ 的孔和轴的极限偏差，画出公差带图解，计算两配合的极限间隙并比较。

解：（1）查表确定孔和轴的标准公差。查表 2 - 2 得：$\phi 25mm$ 的 $IT6=13\mu m$，$IT7=21\mu m$。

（2）确定孔和轴的极限偏差。

对 $\phi 25H7/r6$

$\phi 25H7$：为 IT7 级基准孔，$EI=0$、$ES=EI+IT7=+21\mu m$

$\phi 25r6$：基本偏差为下极限偏差，查表 2 - 7 得

下极限偏差 $ei=+28\mu m$

上极限偏差 $es=ei+IT6=+41\mu m$

对 $\phi 25R7/h6$

$\phi 25R7$：基本偏差为上偏差，查表 2 - 8 得

上极限偏差 $ES=-ei+\Delta=-28\mu m+8\mu m$
$\qquad\qquad\qquad =-20\mu m$

下极限偏差 $EI=ES-IT7=-20\mu m-21\mu m$
$\qquad\qquad\qquad =-41\mu m$

$\phi 25h6$：为 IT6 级基准轴，$es=0$

$$ei=es-IT6=-13\mu m$$

（3）画公差带图解，如图 2.14 所示。

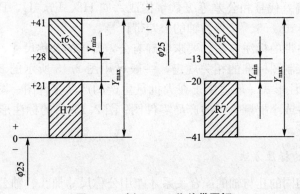

图 2.14　例 2 - 5　公差带图解

（4）确定配合的极限过盈。

对 $\phi 25H7/r6$

$$Y_{min}=ES-ei=+21\mu m-(+28\mu m)=-7\mu m$$

$$Y_{max}=Ei-es=0-(+41\mu m)=-41\mu m$$

对 $\phi 25R7/h6$

$$Y_{min}=ES-ei=-20\mu m-(-13\mu m)=-7\mu m$$

$$Y_{max}=EI-es=-41\mu m-0=-41\mu m$$

（5）比较。

由查表知：公差等级≤IT7 的基本偏差 R 和基本偏差 r 的关系为 $ES=-ei+\Delta$。

由计算结果可知：$\phi 25H7/r6$ 和 $\phi 25R7/h6$ 两者配合的极限过盈分别相等。

特别提示

一般而言，对于高精度 K、M、N(标准公差≤IT8)和 P～ZC(标准公差≤IT7)，同名字母代号的孔、轴的基本偏差若按特殊规则换算，当孔的公差等级比轴低一级时，不论选用基孔制还是基轴制，其配合的配合性质相同；低精度的 K、M、N(标准公差＞IT8)和 P～ZC(标准公差＞IT7)同名字母代号的孔、轴的基本偏差若按通用规则换算，当孔、轴的公差等级同级时，不论选用基孔制还是基轴制，其配合的配合性质相同；对于间隙配合，只要为基准制的同名配合，其配合性质相同。

表 2-7 中公差等级"≤"表示所选的公差等级高于或等于指定公差等级，"＞"表示所选的公差等级低于指定公差等级。如"≤3"的公差等级是指公差等级高于或等于IT3，为IT3、IT2、IT1 等，"＞7"是指公差等级低于IT7，为IT8、IT9、IT10 等。

2.3.3 公差带与配合的标注

1. 公差带的表示

（1）用公差带代号来表达：轴或孔公差带由公差带宽度和公差带相对零线的位置构成。由于公差带相对零线的位置由基本偏差确定，公差带的宽度由公差等级得到，因此，公差带代号由基本偏差代号和公差等级数字构成。如 H8、F7、J7、P7、U7 等为孔的公差带代号；h7、g6、r6、p6、s7 等为轴的公差带代号。

（2）图样中公差带的标注方法。要求明确有公差要求的公称尺寸，在图样上标注尺寸公差带时，依据国家制图标准的相关规定，一般可用图 2.15 所示的 3 种形式中的一种。其中图 2.15(a)的标注形式一般适用于在大批量生产的产品零件图；图 2.15(b)的标注形式一般适用于在单件或小批量生产的产品零件图；图 2.15(c)的标注形式常用于中、小批量生产的产品零件图。

2. 图样中配合的标注方法

只有公称尺寸相同的孔与轴的配合关系才能用公称尺寸加孔、轴公差带来标注，其中孔、轴公差带可写成分数形式，分子为孔公差带，分母为轴公差带。装配图有以下 3 种表

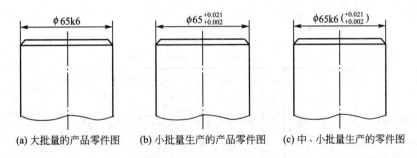

(a) 大批量的产品零件图　　(b) 小批量生产的产品零件图　　(c) 中、小批量生产的零件图

图 2.15　公差尺寸的公差带表示

示方法：

$$\phi 55\,\frac{\mathrm{H7}}{\mathrm{h6}}\ \text{或}\ \phi 55\mathrm{H7/h6};\ \phi 55\,\frac{\mathrm{H7}(^{+0.030}_{\ \ \ 0})}{\mathrm{h6}(^{\ \ \ 0}_{-0.019})}\ \text{或}\ \phi 55\mathrm{H7}(^{+0.030}_{\ \ \ 0})/\mathrm{h6}(^{\ \ \ 0}_{-0.019});\ \text{或}\ \phi 55\,\frac{(^{+0.030}_{\ \ \ 0})}{(^{\ \ \ 0}_{-0.019})}\ \text{或}$$

$$\phi 55(^{+0.030}_{\ \ \ 0})/(^{\ \ \ 0}_{-0.019})。$$

在上述的 3 种标注方法中，前一种应用最广，后两种分别应用于批量生产和单件小批生产。

2.4　一般、常用和优先的公差带与配合

按照国家标准中提供的标准公差及基本偏差系列，除 J 限用于 3 种公差等级、j 限用于 4 种公差等级外，只要将任一基本偏差与任一标准公差组合，就可得到大小与位置不同的一系列公差带，其中，孔公差带共有 $20\times27+3=543$ 个，轴的公差带共有 $20\times27+4=544$ 个。它们又可组成大量配合关系。如此众多的公差带和配合若都使用，必然会导致定值刀具和量具规格的繁多。为此，在 GB/T 1801—2009 中，推荐了公称尺寸至 500mm 的孔、轴公差带和配合的选择；对于尺寸>500～3150mm 的轴公差带给出了推荐（大尺寸段推荐采用基孔制的同级配合）；另外，根据精密机械和钟表制造业的特点，在 GB/T 1803—2003 中对尺寸≤18mm 的孔、轴公差带给出了规定。

在此仅介绍标准中推荐的常用尺寸段的公差带与配合。

1. 一般、常用和优先的孔、轴公差带介绍

GB/T 1801—2009 规定了公称尺寸≤500mm 的一般用途轴的公差带 116 个、孔的公差带 105 个，从中又筛选出常用轴的公差带 59 个、孔的公差带 44 个，最终挑选出轴和孔的优先用途公差带各 13 个，如图 2.16 和图 2.17 所示。图中带方框的公差带为常用公差带，用圆圈圈起的公差带为优先公差带。

2. 常用、优先配合介绍

在上述推荐的轴、孔公差带的基础上，国家标准还推荐了孔、轴公差带的组合。对基孔制，规定有 59 种常用配合，其中优先配合 13 种，见表 2-9；对基轴制，规定有 47 种常用配合，其中优先配合也为 13 种，见表 2-10。

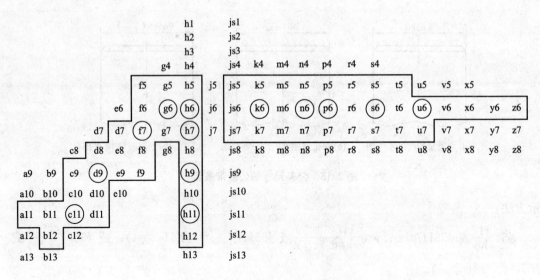

图 2.16　一般、常用和优先轴的公差带

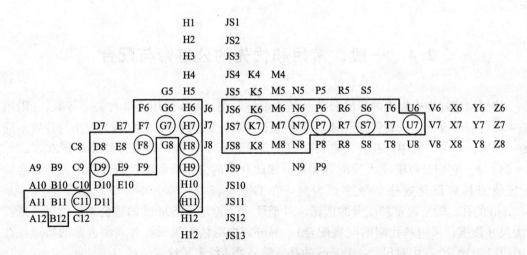

图 2.17　一般、常用和优先孔的公差带

表 2-9　基孔制优先、常用配合(摘自 GB/T 1801—2009)

基准孔	轴																				
	a	b	c	d	e	f	g	h	js	k	m	n	p	r	s	t	u	v	x	y	z
	间隙配合								过渡配合				过盈配合								
H5						$\dfrac{H6}{f5}$	$\dfrac{H6}{g5}$	$\dfrac{H6}{h5}$	$\dfrac{H6}{js5}$	$\dfrac{H6}{k5}$	$\dfrac{H6}{m5}$	$\dfrac{H6}{n5}$	$\dfrac{H6}{p5}$	$\dfrac{H6}{r5}$	$\dfrac{H6}{s5}$	$\dfrac{H6}{t5}$					
H6						$\dfrac{H7}{f6}$	$\dfrac{H7}{g6}$	$\dfrac{H7}{h6}$	$\dfrac{H7}{js6}$	$\dfrac{H7}{k6}$	$\dfrac{H7}{m6}$	$\dfrac{H7}{n6}$	$\dfrac{H7}{p6}$	$\dfrac{H7}{r6}$	$\dfrac{H7}{s6}$	$\dfrac{H7}{t6}$	$\dfrac{H7}{u6}$	$\dfrac{H7}{v6}$	$\dfrac{H7}{x6}$	$\dfrac{H7}{y6}$	$\dfrac{H7}{z6}$
H7					$\dfrac{H8}{e8}$	$\dfrac{H8}{f7}$	$\dfrac{H8}{g7}$	$\dfrac{H8}{h7}$	$\dfrac{H8}{js7}$	$\dfrac{H8}{k7}$	$\dfrac{H8}{m7}$	$\dfrac{H8}{n7}$	$\dfrac{H8}{p7}$	$\dfrac{H8}{r7}$	$\dfrac{H8}{s7}$	$\dfrac{H8}{t7}$	$\dfrac{H8}{u7}$				

(续)

基准孔	轴																				
	a	b	c	d	e	f	g	h	js	k	m	n	p	r	s	t	u	v	x	y	z
	间隙配合								过渡配合				过盈配合								
H8				H8/d8	H8/e8	H8/f8		H8/h8													
H9			H9/c9	H9/d9	H9/e9	H9/f9		H9/h9													
H10				H10/d10	H10/e10			H10/h10													
H11	H11/a11	H11/b11	H11/c11	H11/d11				H11/h11													
H12		H12/b12						H12/h12													

注：1. H6/n5、H7/p6 在基本尺寸小于或等于 3mm 和 H8/r7 在小于或等于 100mm 时，为过渡配合；

2. 标注▟的配合为优先配合。

表 2－10　基轴制常用和优先配合(摘自 GB/T 1801—2009)

基准轴	孔																				
	A	B	C	D	E	F	G	H	JS	K	M	N	P	R	S	T	U	V	X	Y	Z
	间隙配合								过渡配合				过盈配合								
h5						F6/h5	G6/h5	H6/h5	JS6/h5	K6/h5	M6/h5	N6/h5	P6/h5	R6/h5	S6/h5	T6/h5					
h6						F7/h6	G7/h6	H7/h6	JS7/h6	K7/h6	M7/h6	N7/h6	P7/h6	R7/h6	S7/h6	T7/h6	U7/h6				
h7					E8/h7	F8/h7		H8/h7	JS8/h7	K8/h7	M8/h7	N8/h7									
h8				D8/h9	E8/h9	F8/h9		H8/h9													
h9				D9/h9	E9/h9	F9/h9		H9/h9													
h10				D10/h10				H10/h10													
h11	A11/h11	B11/h11	C11/h11	D11/h11				H11/h11													
h12		B12/h12						H12/h12													

注：标注▟的配合为优先配合。

 **特别提示**

当轴的标准公差不低于 IT7 级时，采用与低一级的孔相配合；低于 IT8 级时，与同级基准孔相

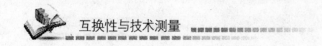

配。当孔的标准公差高于IT8级或等于IT8级时，采用与高一级的基准轴相配，其余与孔轴同级相配。

2.5 一般公差(线性尺寸的未注公差)

1. 定义

线性尺寸和角度尺寸的一般公差(未注公差)是指在普通工艺条件下，生产设备可保证的公差。在正常维护和操作情况下，它代表通常的加工精度。采用一般公差的尺寸，在该尺寸后不需注出其极限偏差数值。一般公差主要用于精度较低的非配合尺寸。采用一般公差，可带来以下好处。

(1) 简化制图，图面清晰易读。可高效地进行信息交换。

(2) 节省图样设计时间。设计人员不必逐一考虑或计算公差值，只需了解某要素在功能上是否允许采用大于或等于一般公差的公差值。

(3) 图样明确哪些要素可由一般工艺水平保证，可简化检验要求，有助于质量管理。

(4) 突出图样上注出公差的尺寸，此类尺寸大多是重要且需控制的，可引起加工与检验人员的重视及做好计划安排。

(5) 由于签订合同前就已掌握工厂"通常车间精度"，买方和供方间能更方便地进行订货谈判与协商；可使图样表达得更加完整，避免交货时买方和供方间的争议。

2. 数值与代号

GB/T 1804—2000 对线性尺寸采用大间隔分段，将一般公差分为精密级、中等级、粗糙级和最粗级 4 个公差等级，分别用字母 f、m、c 和 v 表示。各公差等级的具体公差值见表 2-11。

由表 2-11 可知，不论是孔、轴几何尺寸，还是长度尺寸，其极限偏差的取值均采用对称分布的公差带。标准同时还对倒圆半径与倒角高度尺寸以及角度尺寸的一般公差的极限偏差的数值作了规定。

表 2-11　线性尺寸的未注极限偏差的数值(摘自 GB/T 1804—2000)　　　　(mm)

公差等级	尺寸分段							
	0.5～3	>3～6	>6～30	>30～120	>120～400	>400～1000	>1000～2000	>2000～4000
f(精密级)	±0.05	±0.05	±0.1	±0.15	±0.2	±0.3	±0.5	—
m(中等级)	±0.1	±0.1	±0.2	±0.3	±0.5	±0.8	±1.2	±2
c(粗糙级)	±0.2	±0.3	±0.5	±0.8	±1.2	±2	±3	±4
v(最粗级)	—	±0.5	±1	±1.5	±2.5	±4	±6	±8

采用一般公差的尺寸在正常加工精度保证的条件下，一般可不检测。除另外规定外，超出一般公差的工件却未达到损害其功能要求，通常不判定为拒收。

采用标准规定的一般公差，应在标题栏附近或技术要求、技术文件（如企业标准）中，用标准号和公差等级代号做出总的说明。如当选用中等级 m 时，则表示为 GB/T 1804—m。

当零件的功能要求允许比一般公差大的公差，而该公差比一般公差更经济时（如装配钻的盲孔时，对孔深度的控制），应在公称尺寸后直接注出具体的极限偏差数值。

本 章 小 结

(1) 公差带有大小和位置两个参数。国家标准已将其标准化，制定出标准公差系列和基本偏差系列。公差带位置是由基本偏差决定的，基本偏差一般是靠近零线的那一极限偏差，它在一定程度上反映了与配合件的配合关系。公差值大小决定了公差带的宽度，在一定程度上决定了配合精度与制造难易程度。

(2) 依据孔和轴的公差带之间位置关系不同，配合可分为：间隙配合、过盈配合和过渡配合。配合制有基孔制（基准孔基本偏差代号为 H）和基轴制（基准轴基本偏差代号为 h）两种。

(3) 公差等级确定了尺寸精确程度，国标对公称尺寸≤500mm 的孔、轴规定了 20 个标准公差等级：IT01，IT0，IT1，…，IT18。只要公差等级相同，加工难易程度就相同。在一定的尺寸和精度范围内，如果从工艺角度来看，孔往往比轴难加工，大多推荐孔比轴的精度选低一级。

公称尺寸≤500mm，IT5~IT18 时，$IT=a \cdot i$，a 是公差等级系数。从 IT6 开始，a 按优先数系 R5 取值，即公差等级每增加 5 级，公差值增加 10 倍。

(4) 同名配合 A~H 与 h，a~h 与 H 组成的基孔制和基轴制的同名配合（基准制同名的间隙配合）配合性质相同。基孔制和基轴制的同名的过渡和过盈配合只有符合国家标准规定换算关系才能保证其配合性质相同。

(5) 公差带代号由基本偏差代号和公差等级数字来表示。依据生产类型不同共有 3 种形式。只有公称尺寸相同的孔与轴的配合关系才能用公称尺寸加孔、轴公差带来标注，其中孔、轴公差带可写成分数形式，分子为孔公差带，分母为轴公差带。

习题与思考题

一、判断题

1. 公差通常为正，在个别情况下也可以为负或零。（　　）
2. 某一孔或轴的直径正好加工到公称尺寸，则此孔或轴必然是合格件。（　　）
3. 零件的提取尺寸越接近其公称尺寸就越好。（　　）
4. 公称尺寸一定时，公差值越大，公差等级越高。（　　）

5. 不论公差值是否相等，只要公差等级相同，尺寸的精确程度就相同。（　　）

6. 尺寸公差大的一定比尺寸公差小的公差等级低。（　　）

7. 同一公差等级的孔和轴的标准公差数值一定相等。（　　）

8. 配合即是孔和轴公差带之间的关系。（　　）

9. 孔的提取要素的局部尺寸小于轴的提取要素的局部尺寸，将它们装配在一起，就是过盈配合。（　　）

10. 过渡配合的孔、轴公差带一定互相重叠。（　　）

11. 间隙配合不能应用于孔与轴相对固定的联接中。（　　）

12. 某基孔制配合，孔公差为 $27\mu m$，最大间隙为 $13\mu m$，则该配合一定是过渡配合。（　　）

13. 提取要素的局部尺寸较大的孔与提取要素的局部尺寸较小的轴相装配，就形成间隙配合。（　　）

14. 配合公差总是大于孔或轴的尺寸公差。（　　）

15. 轴的加工精度越高，则其配合精度也越高。（　　）

16. 配合公差越大，则配合越松。（　　）

17. 因 JS 为完全对称偏差，故其上、下极限偏差相等。（　　）

18. 孔 $\phi50R6$ 与轴 $\phi50r6$ 的基本偏差绝对值相等，符号相反。（　　）

19. 各级 a～h 的轴与基准孔必定构成间隙配合。（　　）

20. 因为公差等级不同，所以 $\phi50H7$ 与 $\phi50H8$ 的基本偏差值不相等。（　　）

21. 一般来讲，$\phi50\ F6$ 比 $\phi50\ p6$ 难加工。（　　）

22. $\phi10f6$、$\phi10f7$ 和 $\phi10f8$ 的上极限偏差是相等的，只是它们的下极限偏差各不相同。（　　）

23. 为了得到基轴制的配合，不一定要先加工轴，也可以先加工孔。（　　）

24. $\phi80\ H8/t7$ 与 $\phi80\ T8/h7$ 的配合性质相同。（　　）

25. 一光滑轴与多孔配合，其配合性质不同时，应当选用基孔制配合。（　　）

二、选择题

1. 提取要素的局部尺寸是具体零件上____尺寸的测得值。

    A. 某一位置的　　　　　B. 整个表面的　　　C. 部分表面的

2. 相互结合的孔和轴的精度决定了____。

    A. 配合精度的高低　B. 配合的松紧程度　C. 配合的性质

3. 公差带相对于零线的位置反映了配合的____。

    A. 松紧程度　　　　　B. 精确程度　　　　C. 松紧变化的程度

4. ____是表示过渡配合松紧变化程度的特征值，设计时应根据零件的使用要求来规定这两个极限值。

    A. 最大间隙和最大过盈

    B. 最大间隙和最小过盈

    C. 最大过盈和最小间隙

5. 标准公差值与____有关 。

    A. 公称尺寸和公差等级　　　　　　　　B. 公称尺寸和基本偏差

    C. 公差等级和配合性质　　　　　　　　D. 基本偏差和配合性质

6. 基本偏差代号为 P(p) 的公差带与基准件的公差带可形成____。

   A. 过渡或过盈配合   B. 过渡配合

   C. 过盈配合   D. 间隙配合

7. 在光滑圆柱体配合中，基准制的选择____。

   A. 不考虑使用要求

   B. 主要从使用要求上考虑

   C. 就是根据使用要求进行选择

8. 设置基本偏差的目的是将____加以标准化，以满足各种配合性质的需要。

   A. 公差带相对于零线的位置

   B. 公差带的大小

   C. 各种配合

9. ____为一定的轴的公差带，与不同基本偏差的孔的公差带形成各种配合的一种制度。

   A. 基轴制是提取偏差   B. 基轴制是基本偏差

   C. 基孔制是提取偏差   D. 基孔制是基本偏差

10. 公差与配合标准的应用，主要是对配合的种类、基准制和公差等级进行合理的选择。选择的顺序应该是：____。

   A. 基准制、公差等级、配合种类

   B. 配合种类、基准制、公差等级

   C. 公差等级、基准制、配合种类

   D. 公差等级、配合种类、基准制

11. 比较相同尺寸的精度，取决于____。

   A. 偏差值的大小   B. 公差值的大小   C. 基本偏差值的大小

12. 比较不同尺寸的精度，取决于____。

   A. 公差值的大小   B. 公差单位数的大小

   C. 公差等级系数的大小   D. 基本偏差值的大小

13. 在平键的联接中，轴槽采用的是____配合。

   A. 基孔制   B. 基轴制   C. 非基准制

14. $\phi50H7/d6$ 与 $\phi50D7/h6$ 的配合性质（即极限盈、隙），$\phi50H8/u7$ 与 $\phi50U8/h7$ 的配合性质 ____。

   A. 相同   B. 不相同

15. 有定心（对中心）要求的基孔制配合中，应选用____。

   A. JS/h   B. H/k

   C. H/e   D. H/s

三、填空题

1. 以知 $\phi40H7/r6 = \phi40^{+0.025}_{0} / \phi40^{+0.050}_{+0.034}$，按配合性质不变，改换成基轴制配合，则 $\phi40R7/h6 = $____。

2. $\phi50M6/h5$ 配合中，已知最大间隙为 $+7\mu m$，最大过盈为 $-20\mu m$，轴的下偏差为 $-11\mu m$，则孔的公差为____ μm，配合公差____ μm。

3. 查表解算下表各题，并填入空格内。

配合代号	基准制	配合性质	公差带代号	公差等级	公差/μm	极限偏差 上	极限偏差 下	极限尺寸 上	极限尺寸 下	间隙 最大	间隙 最小	过盈 最大	过盈 最小	Tf
$\phi 30\dfrac{\text{P7}}{\text{h6}}$			孔											
			轴											
$\phi 20\dfrac{\text{K7}}{\text{h6}}$			孔											
			轴											
$\phi 25\dfrac{\text{H8}}{\text{f7}}$			孔											
			轴											

四、问答题

1. 图样上给定的轴直径为 $\phi 45n6(^{+0.033}_{+0.017})$。根据此要求加工了一批轴，实测后得其中最大直径（即最大提取圆柱面的局部尺寸）为 $\phi 45.033$ mm，最小直径（即最小提取组成要素的局部尺寸）为 $\phi 45.000$ mm。问加工后的这批轴是否全部合格（写出不合格零件的尺寸范围）？为什么？这批轴的尺寸公差是多少？

2. 在同一加工条件下，加工 $\phi 30$H6 孔与加工 $\phi 100$H6 孔，应理解为前者加工困难？还是后者加工困难或者两者加工的难易程度相当？加工 $\phi 50$h7 轴与加工 $\phi 50$m7 轴，应理解为前者加工困难？还是后者加工困难或者两者加工的难易程度相当？

3. 什么是基准制？选择基准制的根据是什么？在哪些情况下采用基轴制？

4. 按给定的尺寸 $\phi 60^{+0.046}_{0}$ mm（孔）和 $\phi^{+0.041}_{+0.011}$ mm（轴）加工孔和轴，现取出一对孔、轴，经实测后得孔的尺寸为 $\phi 60.033$ mm，轴的尺寸为 $\phi 60.037$ mm。试求该孔、轴的提取偏差以及该对孔、轴配合的实际盈、隙；并说明它们的配合类别。

5. 什么叫一般公差？线性尺寸一般公差规定几级精度？在图样上如何表示？

6. 写出与下列基孔（轴）制配合同名的基轴（孔）制配合，并从配合性质是否相同的角度，说明它们能否相互替换？

(1) $\phi 50\dfrac{\text{H6}}{\text{m5}}$；(2) $\phi 50\dfrac{\text{H8}}{\text{m8}}$；(3) $\phi 30\dfrac{\text{H8}}{\text{r8}}$；(4) $\phi 30\dfrac{\text{H7}}{\text{s7}}$；(5) $\phi 30\dfrac{\text{H7}}{\text{e7}}$；(6) $\phi 30\dfrac{\text{H8}}{\text{f7}}$

7. 已知 $\phi 20$H7/m6 的尺寸偏差为 $\phi 20^{+0.021}_{0}$/$\phi 20^{+0.021}_{+0.008}$，按配合性质不变，改换成基轴制配合，则 $\phi 20$M7/h6 中孔、轴尺寸的极限偏差为多少？

8. 已知配合 $\phi 40$H8/f7，孔的公差为 0.039 mm，轴的公差为 0.025 mm，最大间隙 $X_{max}=+0.089$ mm。试求：

(1) 配合的最小间隙 X_{min}、孔与轴的极限尺寸、配合公差并画公差带图解。

(2) $\phi 40$JS7、$\phi 40$H7、$\phi 40$F7、$\phi 40$H12 的极限偏差（注：按题目已知条件计算，不要查有关表格）。

9. 有下列三组孔与轴相配合，根据给定的数值，试分别确定它们的公差等级，并选用适当的配合。

(1) 配合的公称尺寸＝25 mm，$X_{max}=+0.086$ mm，$X_{min}=+0.020$ mm。

(2) 配合的公称尺寸＝40 mm，$Y_{max}=-0.076$ mm，$Y_{min}=-0.035$ mm。

(3) 配合的公称尺寸＝60 mm，$Y_{max}=-0.032$ mm，$X_{max}=+0.046$ mm。

10. 试验确定活塞与汽缸壁之间在工作时应有 $0.04\sim0.097$ mm 的间隙量。假设在工作时要求活塞工作温度 $t_d = 150℃$，汽缸工作温度 $t_D = 100℃$，装配温度 $t = 20℃$，活塞的线膨胀系数 $\alpha_d = 22 \times 10^{-6} / ℃$，汽缸线膨胀系数 $\alpha_D = 12 \times 10^{-6} / ℃$，活塞与汽缸的公称尺寸为 $\phi 95mm$，试确定常温下装配时的间隙变动范围，并选择适当的配合。

11. 某孔、轴配合，图样上标注为 $\phi 30H8\left(^{+0.033}_{0}\right) / \phi 30f7\left(^{-0.020}_{-0.041}\right)$，现有一孔已加工成 30.050mm。为保证原配合性质（即保证得到 $\phi 30H8/f7$ 的极限盈、隙）试确定与该孔配合的轴（非标准轴）的上、下极限偏差。

第**3**章
几何公差及检测

本章教学目标

能力培养	知识要点
掌握几何公差的基本概念	几何公差的基本术语与定义、几何公差、几何公差带的特征(形状、大小、方向和位置)与符号、基准与基准体系
熟悉几何公差相关国家标准的基本内容	各项形状公差、方向公差、位置公差和跳动公差的定义、公差带形状、在图样上的标注方法
了解处理几何公差与尺寸公差关系的基本原则	有关公差原则的术语及定义、各公差原则的特点和应用范围
了解几何误差的评定与检测原则	最小包容区的概念、几何误差的评定方法、几何误差的检测原则

导入案例

机械产品的使用功能是由组成产品的零件的功能来保证的，而零件的使用功能(如零件的工作精度，固定件的连接强度和密封性，活动件的润滑性和耐磨性，运动平稳性和噪声等)不仅受零件尺寸精度的影响，还受几何精度(形状和位置精度)的影响。如为保证减速器的性能，齿轮轴上装轴承的支承轴颈应有圆柱度要求(形状精度要求)，两个支承轴颈之间应保证同轴度要求(位置精度要求)。同样，箱体上同一轴线上的两个支承孔之间应有同轴度要求，两组支承孔之间应有平行度要求(位置精度要求)。因此，设计零件时，必须根据零件的功能要求，对零件的形状和位置误差加以限制。也就是说，在图样上按照国家标准规定的方式标注出合理的形状和位置公差(简称几何公差)。

图 3.0 齿轮减速器

3.1 概　　述

零件在加工过程中，不论加工设备和方法如何精密、可靠，由机床—夹具—刀具—工件组成的工艺系统本身的制造、调整误差，以及加工工艺系统的受力变形、热变形、振动和磨损等因素影响，都会使加工后的零件形状及其构成要素之间的相互位置与理想的形状和位置存在一定的差异，这种差异即是形状误差和位置误差，简称几何误差。

几何误差对零件的使用性能影响很大。仅控制尺寸误差往往难以保证零件的工作精度、联接强度、密封性、耐磨性和互换性等方面的要求。主要表现在以下几个方面。

(1) 影响零件的配合性质。如孔与轴结合时，由于存在形状误差，在有相对运动的间隙配合中，会使间隙大小沿结合面长度方向分布不均，造成局部磨损加快，从而降低零件的运动精度和工作寿命；在过盈配合中，则造成结合面各处过盈量不一致，影响零件的连接强度。

(2) 影响零件的功能要求。如机床导轨的直线度、平面度误差，会影响运动部件的运动精度；平面的形状误差会减小相互配合零件的实际支承面积，增大单位面积压力，使接触表面的变形增大；齿轮箱上各轴承孔的位置误差将影响齿面的接触均匀性和齿侧间隙。

(3) 影响零件的可装配性。如在孔轴结合中，轴的形状误差和位置误差都可能使轴无法装配。

因此，几何误差的大小是衡量产品质量的一项重要指标，为了满足零件装配后的功能要求，保证零件的互换性和经济性，必须对零件的几何误差加以限制，即对零件的几何要素规定相应的形状公差和位置公差(简称几何公差)。

为使设计零件的几何公差时有规可循，我国在参照国际标准的基础上制定了国家标准。几何公差涉及的国家标准较多，现行的有关国家标准主要有：GB/T 1182—2008《产品几何技术规范(GPS) 几何公差 形状、方向、位置和跳动公差标注》、GB/T 1184—1996《形状和位置公差 未注公差值》、GB/T 4249—2009《产品几何技术规范(GPS) 公差原则》、GB/T 13319—2003《产品几何量技术规范(GPS) 几何公差 位置度公差注法》以及GB/T 16671—2009《产品几何技术规范(GPS) 几何公差 最大实体要求、最小实体要求和可逆要求》等。

在几何误差的评定检测方面,我国也颁布了一系列国家和行业标准,如 GB/T 1958—2004《产品几何量技术规范(GPS) 形状和位置公差 检测规定》、GB/T 11336—2004《产品几何技术规范(GPS) 直线度误差检测》、GB/T 11337—2004《产品几何技术规范(GPS) 平面度误差检测》、GB/T 4380—2004《确定圆度误差的方法 两点、三点法》、GB/T 7234—2004《产品几何技术规范(GPS) 圆度测量 术语定义及参数》、GB/T 7235—2004《产品几何技术规范(GPS) 评定圆度误差的方法 半径变化量测定》、JB/T 5996—1992《圆度测量三测点法及其仪器的精度评定》和 JB/T 7557—1994《同轴度误差检测》。

3.1.1 几何公差的研究对象、基本术语与定义

任何机械零件都由一些点、线、面组成,几何公差的研究对象是构成零件几何特征的点、线、面,它们统称为几何要素,简称要素。一般在研究形状公差时,涉及的对象有线和面两类要素,研究位置公差时,涉及的对象有点、线和面三类要素。图 3.1 所示的零件便是由多种要素组成的。几何公差就是研究上述零件的几何要素在形状及其相互间方向或位置精度问题。零件的几何要素可按不同的方式分类。

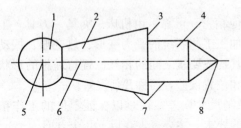

图 3.1 零件的几何要素
1—球面;2—圆锥面;3—端平面;
4—圆柱面;5—球心;6—轴线;
7—素线;8—锥顶

1. 按结构特征分类

(1) 组成要素:构成零件外形的点、线、面。图 3.1 所示的球面、圆锥面、端平面、圆柱面、素线等都属于组成要素。

(2) 导出要素:由一个或几个组成要素得到的中心点、中心线或中心面。它随着组成要素的存在而存在。图 3.1 所示的球心、轴线均为导出要素。其中球心是由球面得到的导出要素,该球面为组成要素。圆柱的中心线是由圆柱面得到的导出要素,该圆柱面为组成要素。

2. 按存在状态分类

(1) 公称组成要素:由技术制图或其他方法确定的理论正确组成要素。它是没有误差的理想的点、线、面。

公称导出要素:由一个或几个公称组成要素导出的中心点、轴线或中心平面。

公称要素又称理想要素。

(2) 实际(组成)要素:由接近实际(组成)要素所限定的工件实际表面的组成要素部分。它是加工后得到的要素。因为加工误差不可避免,所以实际(组成)要素总是偏离其公称组成要素,通常用测得要素来代替。

(3) 提取组成要素:按规定方法,由实际(组成)要素提取有限数目的点所形成的实际(组成)要素的近似替代。它是通过测量得到的,由于测量误差总是客观存在的,故提取组

成要素并非实际(组成)要素的真实体现。

提取导出要素：由一个或几个提取组成要素得到的中心点、中心线或中心面。为方便起见，提取圆柱面的导出中心线称为提取中心线；两相对提取平面的导出中心面称为提取中心面。

(4) 拟合组成要素：按规定的方法由提取组成要素形成的并具有理想形状的组成要素。

拟合导出要素：由一个或几个拟合组成要素导出的中心点、轴线或中心平面。

3. 按所处地位分类

(1) 被测要素：图样上给出几何公差要求的要素，即需要检测的要素，如图3.2的上平面所示。

(2) 基准要素：用来确定被测要素方向或(和)位置的要素。基准要素称为基准，在图样都标有基准符号及代号，如图3.2的下平面所示。

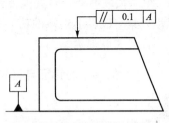

图 3.2　被测要素和基准要素

基准是确定被测要素方向和位置的依据。设计时，在图样上标出的基准一般分为以下4种。

① 单一基准：由一个要素建立的基准称为单一基准。如由一个平面或一根轴线均可建立基准。图3.2所示为由一个平面要素建立的基准。

② 组合基准(公共基准)：由两个或两个以上的要素所建立的一个独立基准称为组合基准或公共基准。如图3.3所示，由两段轴线A、B建立起公共基准轴线A-B，它是包容两个实际轴线的理想圆柱的轴线，并作为一个独立基准使用。

③ 基准体系(三基面体系)：由3个相互垂直的平面所构成的基准体系，称三基面体系。如图3.4所示，A、B和C这3个平面互相垂直，分别被称作第一、第二和第三基准平面。每两个基准平面的交线构成基准轴线，三轴线的交点构成基准点。由此可见，单一基准或基准轴线均可从三基面体系中得到。应用三基面体系时，应注意基准的标注顺序。

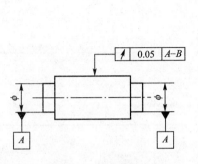

图 3.3　组合基准

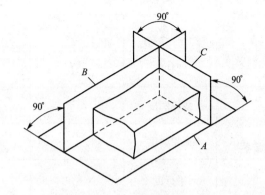

图 3.4　三基面体系

　特别提示

应用三基面体系时，一般选最重要的或尺寸最大的要素作为第一基准A，选次要或较长的要素作为第二

基准B，选相对不重要的平面作为第三基准C。

④ 基准目标：零件上与加工或检验设备相接触的点、线或局部区域，用来体现满足功能要求的基准。

就一个表面而言，基准要素可能大大偏离其理想形状，如锻造、铸造零件的表面，若以整个表面做基准要素，则会在加工或检测过程中带来较大的误差，或缺乏再现性。因此，需要引入基准目标。

4．按功能关系分类

（1）单一要素：仅对要素本身给出形状公差要求的要素。单一要素仅对本身有要求，而与其他要素没有功能关系。

（2）关联要素：对其他要素有功能关系的要素。它是具有位置公差要求的要素，相对基准要素有图样上给定的功能关系要求。图3.2的上平面相对下平面有平行度要求，此时上平面属关联要素。

3.1.2　几何公差的特征与符号

根据国家标准 GB/T 1182—2008 的规定，几何公差特征共有 14 个，其中形状公差 4 个，轮廓公差 2 个，方向公差 3 个，位置公差 3 个，跳动公差 2 个。特征项目与符号见表 3-1。形状公差是对单一要素提出的要求，所以没有基准要求；而方向、位置和跳动公差是对关联要素提出的要求，因此，在大多数情况下有基准要求；对于轮廓度公差，用作形状公差时无基准要求，用作方向和位置公差时则应有基准要求。

表 3-1　几何公差特征项目与符号

公差类型	几何特征	符　　号	有或无基准要求	被测要素
形状公差	直线度	——	无	单一要素
	平面度	▱	无	
	圆度	○	无	
	圆柱度	⌀	无	
轮廓度公差	线轮廓度	⌒	有或无	单一要素或关联要素
	面轮廓度	⌓	有或无	
方向公差	平行度	//	有	关联要素
	垂直度	⊥	有	
	倾斜度	∠	有	

（续）

公差类型	几何特征	符　　号	有或无基准要求	被测要素
位置公差	位置度	$\oplus$	有或无	关联要素
	同轴(同心)度	$\odot$	有	
	对称度	$\equiv$	有	
跳动公差	圆跳动	$\nearrow$	有	
	全跳动	$\nearrow\!\nearrow$	有	

3.1.3　几何公差和几何公差带的特征

几何公差是指提取要素对图样上给定的理想形状、理想位置的允许变动量。几何公差带是用来限制提取要素变动的区域，是几何误差的最大允许值。这个区域可以是平面区域或空间区域。除有特殊要求外，不论注有公差要求的提取要素的局部尺寸如何，提取要素均应位于给定的几何公差带之内，并且其几何误差允许达到最大值。除非有进一步限制的要求，被测要素在公差带内可以具有任何形状、方向或位置。

特别提示

几何公差带具有形状、大小、方向和位置4个特征。

1. 几何公差带的形状

几何公差带的形状取决于被测要素本身的特征和设计要求，常用的几何公差带主要有11种形状，见表3-2。它们都是按几何概念定义的(跳动公差带除外)，与测量方法无关。在生产中可采用不同的测量方法来测量和评定某一被测要素是否满足设计要求。跳动公差带是按特定的测量方法定义的，其特征则与测量方法有关。

几何公差带呈何种形状由被测要素的形状特征、公差项目和设计表达的要求决定，在某些情况下，被测要素的形状就确定了公差带形状。如被测要素是平面，则其公差带只能是两平行平面。在多数情况下，除被测要素的特征外，设计要求对公差带形状起着决定性作用。如轴线的几何公差带可以是两平行直线、两平行平面或圆柱面，其具体形状需依据设计要求(如在给定平面内、给定方向上或是任意方向等)确定。

表 3-2　公差带的主要形状

平面区域		空间区域	
两平行直线		球	$S\phi t$

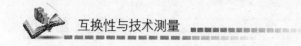

（续）

平面区域		空间区域	
两等距曲线		圆柱面	
		两同轴圆柱面	
两同心圆		两平行平面	
		两等距曲面	
一个圆		一段圆柱面	
		一段圆锥面	

2. 几何公差带的大小

几何公差带的大小由图样中标注的公差值 t 的大小来确定，它是指允许提取要素变动的全量，其大小表明形状或位置精度的高低。按几何公差带形状的不同，公差值指的是公差带的宽度或直径。为区别起见，公差带为圆形或圆柱形的，在公差值 t 前应加注"ϕ"，如是球形的，则应加注"$S\phi$"。

3. 几何公差带的方向和位置

几何公差带的方向和位置由几何公差项目所决定，均有浮动和固定两种。所谓浮动是指公差带的方向或位置可以随被测要素在尺寸公差带内的变动而变动；所谓固定是指公差带的方向或位置必须与给定的基准要素保持正确的方向或位置关系，不随要素的实际形状、方向或位置的变动而变化。

对于形状公差带，只是用于限制被测要素的形状误差，符合最小条件（见几何误差的评定）即可，本身不作方向和位置的要求，故其方向和位置均是浮动的。

对于方向公差带，强调的是相对基准的方向关系，对被测要素的位置是不作控制的，即方向是固定的，位置是浮动的。

对于位置公差带，强调的是相对基准的位置（包含方向）关系，公差带的位置由相对基准的理论正确尺寸确定，故其方向和位置均是固定的。

3.1.4 几何公差的标注

当零件的要素有几何公差要求时，应在技术图样上按国家标准的规定，采用公差框格、指引线、几何公差特征符号、公差数值和有关符号、基准符号和相关要求符号等进行标注，如图3.5所示。无法采用公差框格代号标注时，才允许在技术要求中用文字加以说明，但应做到内容完整、用词严谨。

1. 公差框格及标注内容

当用公差框格标注几何公差时，公差要求注写在划分成两格（图3.5(a)）或多格（图3.5(b)）的矩形框格内，前者一般用于形状公差，后者一般用于位置公差。在图样上，公差框格一般应水平放置，当受到标注地方空间限制时，允许将其垂直放置，其线型为细实线。公差框格中的各格由左至右（水平放置时）或由下而上（垂直放置时）按次序填写的内容如下。

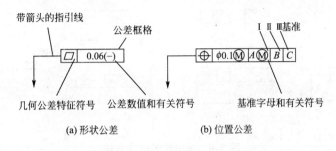

图 3.5 几何公差框格

（1）第一格。几何公差特征符号。

（2）第二格。几何公差数值及附加符号。公差值的单位为 mm。公差带的形状是圆形或圆柱时，在公差值前加注"ϕ"，是球形的，则加注"$S\phi$"；如果在公差带内需进一步限定被测要素的形状或者需采用其他一些公差要求等，则应在公差值后加注相关的附加符号，常用的附加符号见表3-3。

表3-3 几何公差标注中的部分附加符号

符号	含 义	符号	含 义
（＋）	被测要素只许中间向材料外凸起	ⓅP	延伸公差带
（－）	被测要素只许中间向材料内凹下	⒡F	自由状态条件（非刚性零件）
（▷）	被测要素只许按符号的方向从左至右减小	CZ	公共公差带
（◁）	被测要素只许按符号的方向从右至左减小	LD	小径
⒠E	包容要求	MD	大径
ⓂM	最大实体要求	PD	中径、节径
ⓁL	最小实体要求	LE	线素
ⓇR	可逆要求	ACS	任意横截面

（3）第三格及以后各格。基准字母及附加符号，代表基准的字母采用大写拉丁字母，为不致引起误解，不得采用 E、F、I、J、L、M、O、P 和 R 共9个字母。基准的顺序在公差框格中是固定的，即从第三格起依次填写第一、第二和第三基准代号（图3.5），而与字母在字母表中的顺序无关，基准的多少视对被测要素的要求而定。组合基准采用两个字母中间加一横线的填写方法，如"$A—B$"。

2. 被测要素的标注

用带箭头的指引线将公差框格与被测要素相连来标注被测要素。指引线的箭头指向被测要素，箭头的方向为公差带的宽度方向或径向。应特别注意指引线箭头所指的位置和方向，否则公差要求的解释可能不同，因此，要严格按国家标准的规定进行标注。指引线可以自公差框格的任意一端引出，但应垂直于框格端线，且不能自框格两端同时引出。引向被测要素时允许弯折，但不得多于两次，如图3.6(a)所示。为方便起见，允许自框格的侧边直接引出，如图3.6(b)所示。如果需要就某个要素给出几种几何特征的公差，可将一个公差框格放在另一个的下面，如图3.6(c)所示。

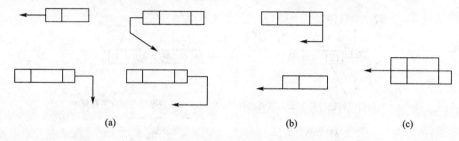

图3.6　指引线的标注方法

被测要素的主要标注方法如下。

（1）当被测要素为组成要素（轮廓线或轮廓面）时，指引线的箭头应指在该要素的可见轮廓线或其延长线，并应与尺寸线明显错开，如图3.7(a)所示。被测要素为视图上的局部表面时，可在该面上用一小黑点引出线，公差框格的指引线箭头只在引出线上进行标注，如图3.7(b)所示。

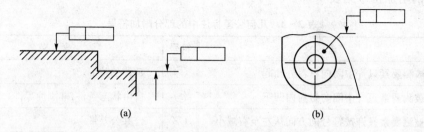

图3.7　组成要素的标注

（2）当被测要素为导出要素（如中心点、中心线和中心面）时，指引线的箭头应与相应尺寸线对齐，即与尺寸线的延长线相重合，如图3.8(a)所示；当箭头与尺寸线的箭头重叠时，可代替尺寸线箭头，如图3.8(b)所示；但指引线的箭头不允许直接指向中心线，如图3.8(c)所示。

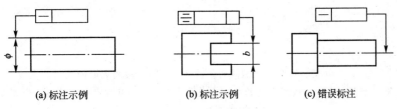

(a) 标注示例　　　　　(b) 标注示例　　　　　(c) 错误标注

图 3.8　中心要素的标注

（3）当被测要素为圆锥体的轴线时，指引线的箭头应与圆锥体直径尺寸线（大端或小端）对齐，如图 3.9（a）所示；必要时也可在圆锥体内增加一个空白尺寸线，并将指引线的箭头与该空白的尺寸线对齐，如图 3.9（b）所示；如圆锥体采用角度尺寸标注，则指引线的箭头应对着该角度的尺寸线，如图 3.9（c）所示。

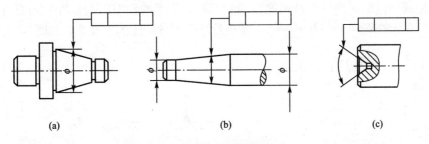

(a)　　　　　　　　　(b)　　　　　　　　　(c)

图 3.9　圆锥体轴线的标注

（4）当多个分离的被测要素有相同几何特征（单项或多项）和公差值时，可以在从框格引出的指引线上绘制多个指示箭头，并分别与被测要素相连，如图 3.10 所示。用同一公差带控制几个被测要素时，应在公差框格内公差值的后面加注公共公差带的符号"CZ"，如图 3.11 所示。如果给出的公差仅适用于要素的某一指定局部时，应采用粗点画线示出该部分的范围，并加注尺寸，如图 3.12 所示。

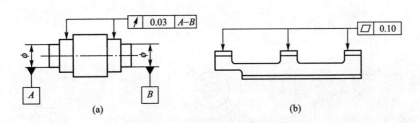

(a)　　　　　　　　　　　　　　　(b)

图 3.10　多要素同要求的简化标注

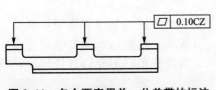

图 3.11　多个要素用单一公差带的标注

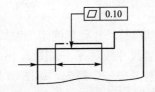

图 3.12　局部组成要素的标注

特别提示

图 3.10(b)和图 3.11 所表示的意义是不同的。前者表示 3 个被测表面的几何公差要求相同，但有各自独立的公差带；后者表示 3 个被测表面的几何公差要求相同，而且具有单一的公共公差带。

(5) 当同一个被测要素有多项几何特征公差要求，其标注方法又一致时，可将这些框格绘制在一起，并引用一根指引线，如图 3.13 所示。

3. 基准要素的标注

基准符号由基准三角形、方格、连线和基准字母组成。基准字母标注在基准方格内，与一个涂黑或空白的基准三角形相连以表示基准，涂黑的和空白的基准三角形含义相同。无论基准三角形在图样上的方向如何，方格及基准字母均应水平放置，如图 3.14 所示。

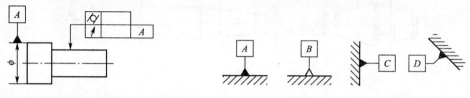

图 3.13　同一要素多项要求的简化标注　　　　图 3.14　基准符号及放置

基准要素的主要标注方法如下。

(1) 当基准要素为组成要素(轮廓线或轮廓面)时，基准三角形放置在要素的轮廓线或其延长线上，并应与尺寸线明显错开，如图 3.15(a)所示。当受图形限制不便按上述方法标注时，基准三角形也可放置在轮廓面引出线的水平线上，标注方法如图 3.15(b)所示，此时基准面为环形表面。但基准三角形的连线不能直接与公差框格相连，如图 3.15(c)所示。

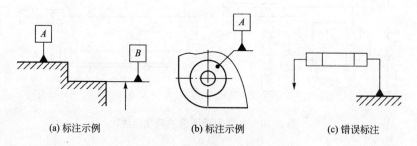

(a) 标注示例　　　　　　　　(b) 标注示例　　　　　　　　(c) 错误标注

图 3.15　组成基准要素的标注

(2) 当基准是尺寸要素确定的轴线、中心平面或中心点等导出要素时，基准三角形连线应与该要素尺寸线对齐，如图 3.16(a)所示。当基准三角形与基准要素尺寸线的箭头重叠时，可代替其中一个箭头，如图 3.16(b)所示。基准三角形不允许直接标注在导出要素上，如图 3.16(c)所示。

(3) 当基准要素为中心孔或圆锥体的轴线时，则可按图 3.17 所示方法标注。

(4) 如果只以要素的某一局部作基准，则应用粗点画线示出该部分并加注尺寸，如图 3.18 所示。

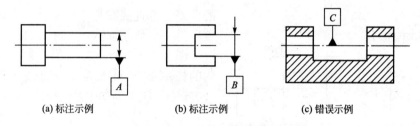

(a) 标注示例　　　(b) 标注示例　　　(c) 错误示例

图 3.16　导出基准要素的标注

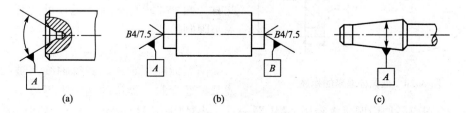

(a)　　　　　　　(b)　　　　　　　(c)

图 3.17　中心孔和圆锥体轴线为基准要素的标注

（5）当采用基准目标时，应在基准要素上指定适当的点、线或局部表面来代表基准要素。当基准目标为点时，用"×"表示，如图 3.19(a)所示。当基准目标为直线时，用细实线表示，并在棱边上加"×"，如图 3.19(b)所示。当基准目标为局部表面时，用双点画线绘出该局部表面的轮廓，其间画上与水平成 45°的细实线，如图 3.19(c)所示。

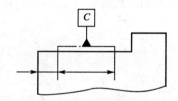

图 3.18　局部基准要素的标注

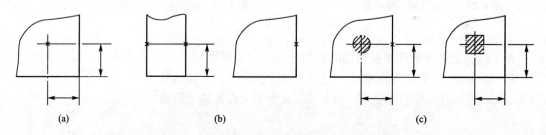

(a)　　　　　　　(b)　　　　　　　(c)

图 3.19　基准目标的标注

4. 延伸公差带的标注

延伸公差带符号Ⓟ标注在公差框格内的公差值的后面，同时也应加注在图样中延伸公差带长度数值的前面，如图 3.20 所示。

5. 特殊表示法

1）限定范围内的公差值标注

由于功能要求，有时不仅需限制被测要素在整个范围内的几何公差，还需要限定特定范围（长度或面积）上的几何公差，为此可在公差值的后面加注限定范围的线性尺寸值，并在两者之间用斜线隔开，如图 3.21(a)所示。如果标注的是两项或两项以上同样几何特征

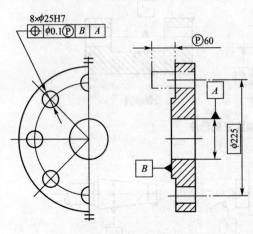

图 3.20 延伸公差带的标注

的公差，可直接在整个要素公差框格的下方放置另一个公差框格，如图 3.21(b)所示。

图 3.21(a)所示在被测要素的整个范围内的任一 200mm 长度上，直线度公差值为 0.05mm。属于局部限制性要求。

图 3.21(b)所示在被测要素的整个范围内的直线度公差值为 0.1mm，而在任一 200mm 长度上的直线度公差值为 0.05mm。此时，两个要求应同时满足，可见其属于进一步限制性要求。

2) 螺纹、齿轮和花键的标注

国家标准规定：以螺纹轴线为被测要素或基准要素时，默认的轴线为螺纹中径圆柱的轴线，否则应另加说明，大径用"MD"表示，小径用"LD"表示，标注示例如图 3.22 所示。以齿轮和花键轴线为被测要素或基准要素时，需说明所指的要素，如用"PD"表示节径，用"MD"表示大径，用"LD"表示小径。

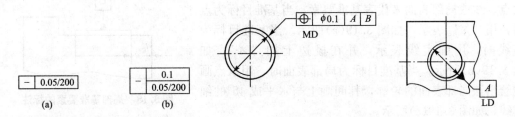

图 3.21 限定范围公差标注   图 3.22 螺纹指定直径标注

3) 全周符号的标注

如果轮廓度特征适用于横截面的整周轮廓或由该轮廓所示的整周表面时，应采用"全周"符号表示，即在公差框格指引线的弯折处画一个细实线小圆圈，如图 3.23 所示。图 3.23(a)所示为线轮廓度要求，图 3.23(b)所示为面轮廓度要求。

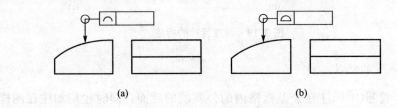

图 3.23 轮廓全周符号标注

特别提示

"全周"符号并不包括整个工件的所有表面，只包括由轮廓和公差标注所表示的各个表面。图 3.23(b)所示的零件标注，不包括主视图中前、后表面。

4）理论正确尺寸的标注

对于要素的位置度、轮廓度或倾斜度，其尺寸由不带公差的理论正确位置、轮廓或角度确定，这种尺寸称为理论正确尺寸(TED)。理论正确尺寸没有公差，并标注在一个方框中，如图 3.24 所示。此时，零件提取尺寸仅是由公差框格中位置度、轮廓度或倾斜度公差限定的。

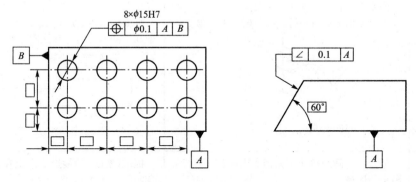

图 3.24　理论正确尺寸的标注

3.2　形状公差

1．形状公差与公差带的特点

形状公差是单一实际被测要素的形状所允许的变动全量。

形状公差用形状公差带表达。形状公差带是限制单一实际被测要素的形状变动的区域，零件提取要素在该区域内为合格。

形状公差带的特点是不涉及基准，它的方向和位置均是浮动的，只能控制被测要素形状误差的大小。

2．形状公差带的定义、标注和解释

形状公差有直线度、平面度、圆度和圆柱度4项。

1）直线度

直线度是限制实际直线对理想直线变动量的一项指标，其被测要素为直线。直线度公差用于控制直线、轴线的形状误差。根据被测直线的空间特性和零件使用要求，直线度公差可分为在给定平面内、在给定方向上和任意方向上3种情况。

直线度公差带的定义、标注和解释见表3-4。

2）平面度

平面度是限制实际平面对其理想平面变动量的一项指标，其被测要素为平面。平面度公差用于控制平面的形状误差。

平面度公差带的定义、标注和解释见表3-5。

3）圆度

圆度是限制实际圆对理想圆变动量的一项指标，其被测要素为圆。圆度公差用于控制具有圆柱形、圆锥形等回转体零件，在一正截面内圆形轮廓的形状误差。

圆度公差带的定义、标注和解释见表3-6。

表3-4　直线度公差带的定义、标注示例和解释　　　　　　　　　　(mm)

符号	特征	公差带的定义	标注示例和解释
—	在给定平面内	公差带为在给定平面内和给定方向上，间距等于公差值 t 的两平行直线所限定的区域 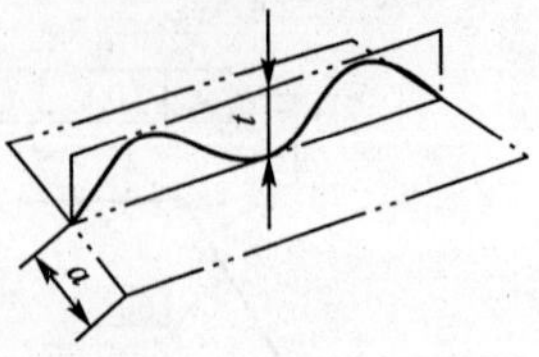 a:任一距离	在任一平行于图示投影面的平面内，上平面的提取(实际)线应限定在间距等于0.1的两平行直线之间 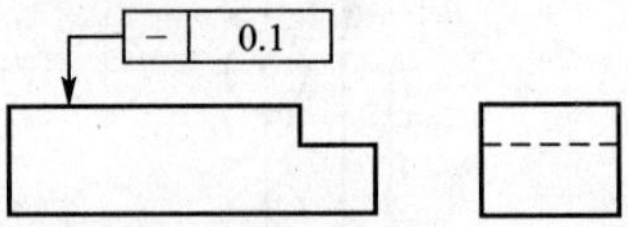 — 0.1
	在给定方向上	公差带为间距等于公差值 t 的两平行平面所限定的区域 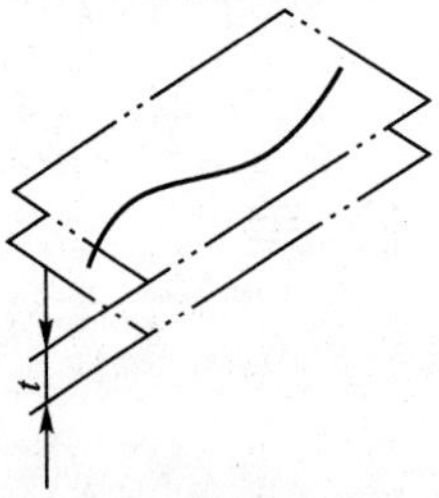	提取(实际)的棱边应限定在箭头所指方向间距等于0.02的两平行平面之间 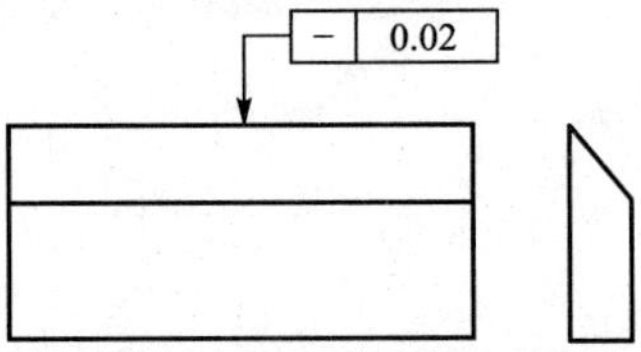 — 0.02
	在任意方向上	由于公差值前加注了符号 ϕ，公差带为直径等于公差值 ϕt 的圆柱面所限定的区域 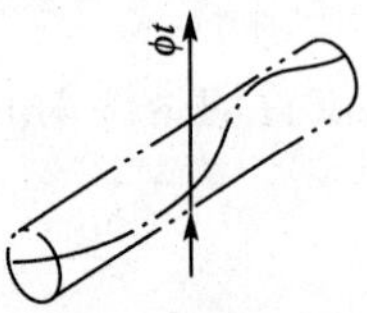	外圆柱面的提取(实际)中心线应限定在直径等于 $\phi 0.04$ 的圆柱面内 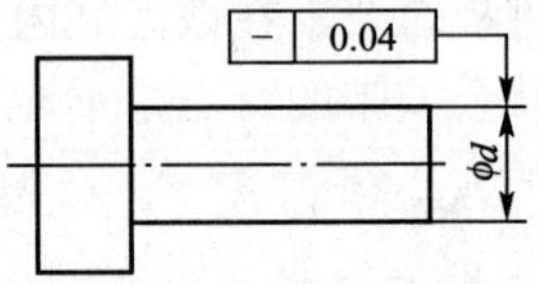 — 0.04

表3-5　平面度公差带的定义、标注示例和解释　　　　　　　　　　(mm)

符号	公差带的定义	标注示例和解释
▱	公差带为间距等于公差值 t 的两平行平面所限定的区域 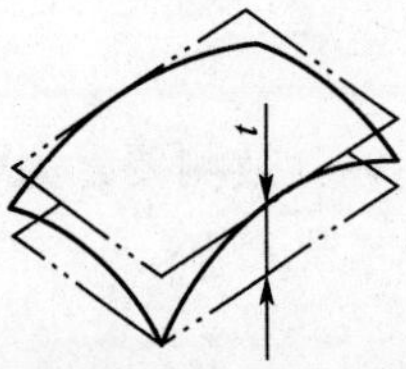	(a) 提取(实际)表面应限定在间距等于0.1的两平行平面之间 (b) 提取(实际)表面上任意 $100mm \times 100mm$ 的范围，应限定在间距等于0.1的两平行平面之间 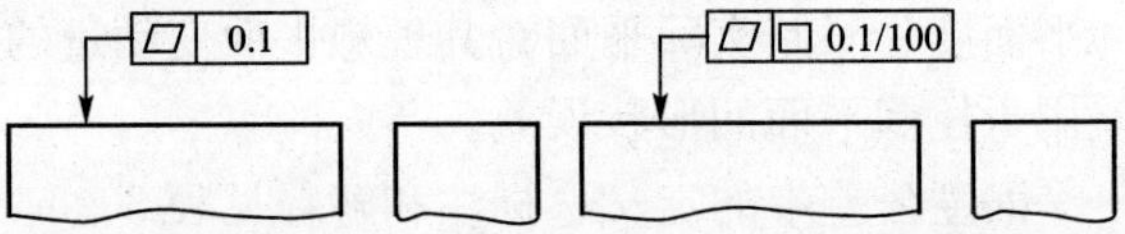 ▱ 0.1　　　　▱ 0.1/100 (a)　　　　　　(b)

表3-6　圆度公差带的定义、标注示例和解释　　　　　　　　（mm）

符号	公差带的定义	标注示例和解释
○	公差带为在给定横截面内,半径差等于公差值 t 的两同心圆所限定的区域 任一横截面	在圆柱面的任意横截面内,提取(实际)圆周应限定在半径差等于0.02的两共面同心圆之间 在圆锥面的任意横截面内,提取(实际)圆周应限定在半径差等于0.03的两同心圆之间 注:提取圆周的定义尚未标准化

4) 圆柱度

圆柱度是限制实际圆柱面对理想圆柱面变动量的一项指标,其被测要素为圆柱面。圆柱度公差可控制圆柱体横截面和轴截面内的各项形状误差,如圆度、素线直线度、轴线直线度等,是圆柱体各项形状误差的综合指标。

圆柱度公差带的定义、标注和解释见表3-7。

表3-7　圆柱度公差带的定义、标注示例和解释　　　　　　　　（mm）

符号	公差带的定义	标注示例和解释
/◯/	公差带为半径差等于公差值 t 的两同轴圆柱面所限定的区域	提取(实际)圆柱面应限定在半径差等于0.02的两同轴圆柱面之间

3.3　方向、位置和跳动公差

3.3.1　方向公差与公差带

1. 方向公差与公差带的特点

方向公差是关联实际要素对基准在方向上允许的变动全量,用于限制被测要素相对基准在方向上的变动，因而其公差带相对于基准有确定的方向，即方向公差带的方向是固定的，而其位置往往是浮动的，其位置由被测实际要素的位置而定。方向公差包括平行度、垂直度和倾斜度三项，被测要素和基准要素都有直线和平面之分。被测要素相对于基准要素，均有线对线、线对面、面对线和面对面4种情况。根据要素的空间特性和零件功能要求，方向公差中被测要素相对基准要素为线对线或线对面时，可分为给定一个方向，给定相互垂直的两个方向和任意方向上的3种。

方向公差涉及基准，被测要素相对于基准要素必须保持图样给定的平行、垂直和倾斜所夹角度的方向关系，被测要素相对基准要素的方向关系要求由理论正确角度来确定。平行和垂直时的理论正确角度分别为0°和90°，在图样标注时省略。

2. 方向公差带的定义、标注和解释

典型的方向公差带的定义、标注和解释见表3-8。

表3-8　方向公差带的定义、标注示例和解释　　　　　　　　　　　（mm）

符号	特征	公差带的定义	标注示例和解释
//	面对基准面	公差带为间距等于公差值 t，平行于基准面的两平行平面所限定的区域 基准平面	提取（实际）表面应限定在间距等于0.05，平行于基准 A 的两平行平面之间 // 0.05 A A
	线对基准面	公差带为平行于基准平面、间距等于公差值 t 的两平行平面所限定的区域 基准平面	提取（实际）中心线应限定在平行于基准平面 A、间距等于0.03的两平行平面之间 // 0.03 A ϕ A
	面对基准线	公差带为间距等于公差值 t、平行于基准轴线的两平行平面所限定的区域 基准轴线	提取（实际）表面应限定在间距等于0.05，平行于基准轴线 A 的两平行平面之间 // 0.05 A ϕ A

（续）

符号	特征	公差带的定义	标注示例和解释
∥	线对基准线	一个方向，公差带为间距等于公差值 t、平行于基准轴线 A 的两平行平面所限定的区域 基准线	提取（实际）中心线应限定在间距等于 0.1 的两平行平面之间，该两平行平面平行于基准轴线 A ∥ | 0.1 | A
		相互垂直的两个方向，公差带为平行于基准轴线、间距分别等于公差值 t_1 和 t_2，且相互垂直的两组平行平面所限定的区域 基准线	提取（实际）中心线应限定在平行于基准轴线 A、间距分别等于公差值 0.2 和 0.1，且相互垂直的两组平行平面之间 ∥ | 0.2 | A ∥ | 0.1 | A
		任意方向，若公差值前加注了符号 ϕ，公差带为平行于基准轴线、直径等于公差值 ϕt 的圆柱面所限定的区域 基准线	提取（实际）中心线应限定在平行于基准轴线 A、直径等于 $\phi 0.1$ 的圆柱面内 ϕD ∥ | 0.1 | A

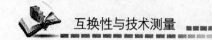

（续）

符号	特征	公差带的定义	标注示例和解释
∥	线对基准体系	公差带为间距等于公差值 t 两平行直线所限定的区域。该两平行直线平行于基准平面 A 且处于平行于基准平面 B 的平面内 基准平面B 基准平面A	提取（实际）线应限定在间距等于 0.02 的两平行直线之间。该两平行直线平行于基准平面 A，且处于平行于基准平面 B 的平面内 ∥ 0.02 A B LE B　A
⊥	面对基准平面	公差带为间距等于公差值 t、垂直于基准平面的两平行平面之间所限定的区域 基准平面 t	提取（实际）表面应限定在间距等于 0.05、垂直于基准平面 A 的两平行平面之间 ⊥ 0.05 A A
⊥	线对基准线	公差带为间距等于公差值 t、垂直于基准线的两平行平面所限定的区域 t 基准线	提取（实际）中心线应限定在间距等于 0.05、垂直于基准轴线 A（$2\times\phi D_1$ 孔公共轴线）的两平行平面之间 ϕD　⊥ 0.05 A $2\times\phi D_1$ A
	线对基准体系	公差带为间距等于公差值 t 的两平行平面所限定的区域。该两平行平面垂直于基准平面 A，且平行于基准平面 B 基准平面B 基准平面A t	圆柱面的提取（实际）中心线应限定在间距等于 0.1 的两平行平面之间。该两平行平面垂直于基准平面 A，且平行于基准平面 B ϕd　⊥ 0.1 A B B　A

（续）

符号	特征	公差带的定义	标注示例和解释
⊥	线对基准面	若公差值前加注符号 ϕ，公差带为直径等于公差值 ϕt、轴线垂直于基准平面的圆柱面所限定的区域	圆柱面的提取（实际）中心线应限定在直径等于 $\phi 0.05$、垂直于基准平面 A 的圆柱面内
	面对基准线	公差带为间距等于公差值 t 且垂直于基准轴线的两平行平面所限定的区域	提取（实际）表面应限定在间距等于 0.05 的两平行平面之间。该两平行平面垂直于基准轴线 A
∠	面对基准线	公差带为间距等于公差值 t 的两平行平面所限定的区域。该两平行平面按给定角度倾斜于基准直线	提取（实际）表面应限定在间距等于 0.06 的两平行平面之间。该两平行平面按理论正确角度 60° 倾斜于基准轴线 B
	线对基准面	公差值前加注符号 ϕ，公差带为直径等于公差值 ϕt 的圆柱面所限定的区域。该圆柱面公差带的轴线按给定角度倾斜于基准平面 A 且平行于基准平面 B	提取（实际）中心线应限定在直径等于 $\phi 0.05$ 的圆柱面内。该圆柱面的中心按理论正确角度 45° 倾斜于基准平面 A 且平行于基准平面 B

方向公差带具有综合控制被测要素的方向和形状的功能。如平面的平行度公差，可以控制该平面的平面度和直线度误差；轴线的垂直度公差可以控制该轴线的直线度误差。因此在保证功能要求的前提下，规定了方向公差的要素，一般不再规定形状公差，只有需要对该要素的形状有进一步要求时，则可同时给出形状公差，但其公差数值应小于方向公差值。

3.3.2 位置公差与公差带

1. 位置公差与公差带的特点

位置公差是关联实际要素对基准在位置上允许的变动全量，包括同轴度、对称度和位置度三项。位置公差的被测要素有点、直线和平面，基准要素主要有直线和平面，给定位置公差的被测要素相对于基准要素必须保持图样给定的正确位置关系，被测要素相对于基准的正确位置关系应由理论正确尺寸来确定。同轴度和对称度的理论正确尺寸为零，在图样上标注时省略不注。

位置公差涉及基准，公差带的方向和位置是固定的。

同轴度公差的被测要素主要是回转体的轴线，基准要素也是轴线，是用于限制被测要素（轴线）相对于基准要素（轴线）重合程度的位置误差。同心度用于限制被测圆心与基准圆心同心的程度。

对称度公差用于限制被测要素（中心面、中心线）与基准要素（中心平面、轴线）的共面（或共线）性误差。被测要素相对基准要素有线对线、线对面、面对线和面对面4种情况。

位置度公差用于限制被测要素（点、线、面）对其理想位置的误差。根据要素的空间特性和零件功能要求，位置度公差可分为给定一个方向、给定相互垂直的两个方向和任意方向3种，后者用得最多。

2. 位置公差带的定义、标注和解释

典型的位置公差带的定义、标注和解释见表3-9。

位置公差带具有综合控制被测要素位置、方向和形状的功能。如平面的位置度公差，可控制该平面的平面度误差和相对于基准的方向误差；同轴度公差可控制被测轴线的直线度误差和相对于基准轴线的平行度误差。在满足使用要求的前提下，对被测要素给出位置公差后，通常对该要素不再给出方向公差和形状公差。如果需要对方向和形状有进一步要求时，则可另行给出方向或形状公差，但其数值应小于位置公差值。

表3-9 位置公差带的定义、标注示例和解释 (mm)

符号	特征	公差带的定义	标注示例和解释
◎	点的同心度	公差值前加注符号 ϕ，公差带为直径等于公差值 ϕt 的圆周所限定的区域。该圆周的圆心与基准点重合 基准点	在任意横截面内，内圆的提取（实际）中心应限定在直径等于 $\phi 0.1$，以基准点 A 为圆心的圆周内 ACS ◎ $\phi 0.01$ A

(续)

符号	特征	公差带的定义	标注示例和解释
◎	轴线的同轴度	公差值前加注符号 ϕ,公差带为直径等于公差值 ϕt 的圆柱面所限定的区域。该圆柱面的轴线与基准轴线重合	ϕd 圆柱面的提取(实际)中心线应限定在直径等于 $\phi0.08$、以公共基准轴线 $A—B$ 为轴线的圆柱面内 ϕd 圆柱面的提取(实际)中心线应限定在直径等于 $\phi0.1$、以垂直于基准平面 A 的基准轴线 B 为轴线的圆柱面内
=	面对基准平面	公差带为间距等于公差值 t,对称于基准中心平面的两平行平面所限定的区域	提取(实际)中心面应限定在间距等于 0.1、对称于基准中心平面 A 的两平行平面之间
	面对基准轴线	公差带为间距等于公差值 t,对称于基准轴线的两平行平面所限定的区域	键槽提取(实际)中心面应限定在间距等于 0.08、对称于通过基准轴线 A 的辅助平面的两平行平面之间
⊕	点的位置度	公差值前加注符号 ϕ,公差带为直径等于公差值 ϕt 的圆周所限定的区域。该圆周的圆心的理论正确位置由基准 A、B 和理论正确尺寸确定	提取(实际)中心点应限定在直径等于 $\phi0.3$ 的圆周内。该中心点由基准平面 A、基准平面 B 和理论正确尺寸确定

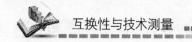

（续）

符号	特征	公差带的定义	标注示例和解释
    ⊕	线的位置度	任意方向时，公差值前加注符号 ϕ，公差带为直径等于公差值 ϕt 的圆柱面所限定的区域。该圆柱面的轴线的位置由基准平面 A、B、C 和理论正确尺寸确定	提取（实际）中心线应限定在直径等于 $\phi0.1$ 的圆柱面内。该圆柱面的轴线的位置应处于由基准平面 A、B、C 和理论正确尺寸 100、68 确定的理论正确位置上
			各提取（实际）中心线应各自限定在直径等于 $\phi0.1$ 的圆柱面内。该圆柱面的轴线应处于由基准平面 C、A、B 和理论正确尺寸 20、15、30 确定的各孔轴线的理论正确位置上
	面的位置度	公差带为间距等于公差值 t，且对称于被测面理论正确位置的两平行平面所限定的区域。面的理论正确位置由基准平面、基准轴线和理论正确尺寸确定	提取（实际）表面应限定在间距等于 0.05，且对称于被测面的理论正确位置的两平行平面之间。该两平行平面对称于由基准平面 A、基准轴线 B 和理论正确尺寸 20、60° 确定的被测面的理论正确位置

3.3.3　跳动公差与公差带

1. 跳动公差与公差带的特点

跳动公差是关联实际要素绕基准轴线回转一周或连续回转时所允许的最大跳动量。跳动公差带是按特定的测量方法定义的公差项目，跳动误差测量方法简便，但仅限于回转表面。跳动误差是实际被测要素在无轴向移动的条件下绕基准轴线回转的过程中(回转一周或连续回转),由指示计在给定的测量方向上测得的最大与最小示值之差。

跳动公差涉及基准,跳动公差带的方向和位置是固定的。跳动公差包括两个项目:圆跳动和全跳动。

圆跳动的被测要素有圆柱面、圆锥面和端面等组成要素,基准要素为轴线。圆跳动是指被测要素在某个测量截面内相对于基准轴线的变动量。测量时被测要素回转一周,而指示计的位置固定。根据测量方向的不同,圆跳动分为径向圆跳动、轴向圆跳动和斜向圆跳动。

全跳动的被测要素有圆柱面和端面,基准要素为轴线。全跳动是指整个被测要素相对于基准轴线的变动量。测量时被测要素连续回转且指示计相对于基准作直线移动。全跳动分为径向全跳动和轴向全跳动。

2. 跳动公差带的定义、标注和解释

典型的圆跳动、全跳动公差带的定义、标注和解释见表 3 - 10。

表 3 - 10　跳动公差带的定义、标注示例和解释　　　　　　　(mm)

符号	特征	公差带的定义	标注示例和解释
↗	径向圆跳动	公差带为在任一垂直于基准轴线的横截面内,半径差等于公差值 t、圆心在基准轴线上的两同心圆所限定的区域 	在任一垂直于基准 A 的横截面内,提取(实际)圆应限定在半径差等于 0.05、圆心在基准轴线 A 上的两同心圆之间 在任一垂直于公共基准 A—B 的横截面内,提取(实际)圆应限定在半径差等于 0.1、圆心在基准轴线 A—B 上的两同心圆之间
	轴向圆跳动	公差带为与基准轴线同轴的任一半径的圆柱截面上,间距等于公差值 t 的两圆所限定的圆柱面区域 c:任意直径	在与基准轴线 D 同轴的任一圆柱截面上,提取(实际)圆应限定在轴向距离等于 0.1 的两个等圆之间

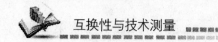
（续）

符号	特征	公差带的定义	标注示例和解释

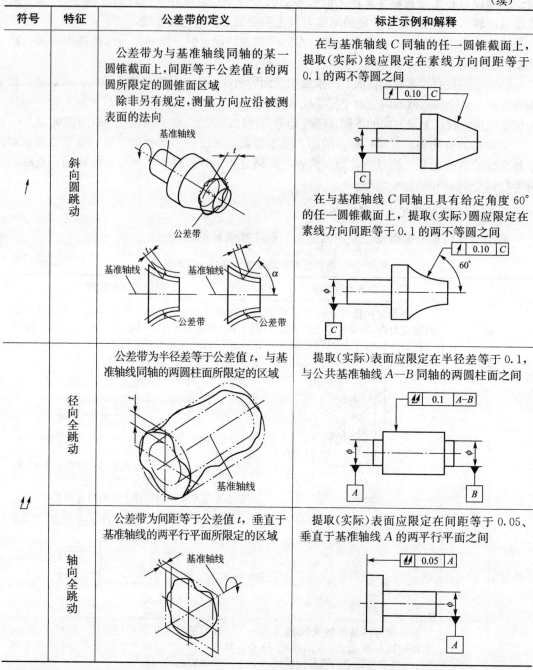

斜向圆跳动（符号 ↗）

公差带为与基准轴线同轴的某一圆锥截面上，间距等于公差值 t 的两圆所限定的圆锥面区域

除非另有规定，测量方向应沿被测表面的法向

在与基准轴线 C 同轴的任一圆锥截面上，提取（实际）线应限定在素线方向间距等于 0.1 的两不等圆之间

在与基准轴线 C 同轴且具有给定角度 60° 的任一圆锥截面上，提取（实际）圆应限定在素线方向间距等于 0.1 的两不等圆之间

径向全跳动（符号 ↗↗）

公差带为半径差等于公差值 t，与基准轴线同轴的两圆柱面所限定的区域

提取（实际）表面应限定在半径差等于 0.1，与公共基准轴线 $A—B$ 同轴的两圆柱面之间

轴向全跳动

公差带为间距等于公差值 t，垂直于基准轴线的两平行平面所限定的区域

提取（实际）表面应限定在间距等于 0.05、垂直于基准轴线 A 的两平行平面之间

跳动公差具有综合控制被测要素的位置、方向和形状的作用。如径向全跳动公差带可综合控制同轴度和圆柱度误差；轴向全跳动公差可综合控制端面对基准轴线的垂直度误差和平面度误差（轴向全跳动公差带与端面对轴线的垂直度公差带是相同的，两者控制位置误差的效果也一样）。因此，在采用跳动公差时，若综合控制被测要素能够满足功能要求，一般不再标注相应的位置公差和形状公差，若不能够满足功能要求，则可进一步给出相应的位置公差和形状公差，但其数值应小于跳动公差值。

3.4 轮廓度公差

1. 轮廓度公差与公差带的特点

轮廓度公差有两个项目:线轮廓度和面轮廓度(合称轮廓度)。

轮廓度公差的被测要素有曲线和曲面。线轮廓度公差是用以限制平面曲线(或曲面的截面轮廓)的误差。面轮廓度公差用以限制曲面的误差。

轮廓度公差带有两种情况,一是不涉及基准,属于形状公差,其公差带的方向和位置是浮动的;另一种是涉及基准,属于方向或位置公差,公差带的方向或(和)位置是固定的。轮廓度的公差带具有如下特点。

(1) 无基准要求的轮廓度,只能限制被测要素的轮廓形状,其公差带的形状由理论正确尺寸决定。

(2) 有基准要求的轮廓度,其公差带的位置需由理论正确尺寸和基准来决定。在限制被测要素相对于基准方向误差或位置误差的同时,也限制了被测要素轮廓的形状误差。

2. 轮廓度公差带的定义、标注和解释

典型的轮廓度公差带的定义、标注和解释见表 3-11。

表 3-11 轮廓度公差带的定义、标注示例和解释 (mm)

符号	特征	公差带的定义	标注示例和解释
⌒	无基准	公差带为直径等于公差值 t、圆心位于具有理论正确几何形状的一系列圆的两包络线所限定的区域 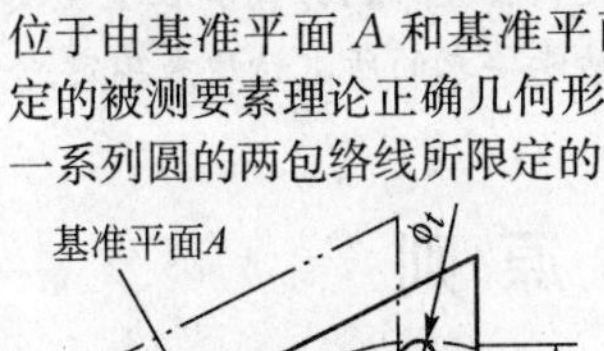 	在任一平行于图示投影面的截面内,提取(实际)轮廓线应限定在直径等于 0.04、圆心位于被测要素理论正确几何形状上的一系列圆的两包络线之间 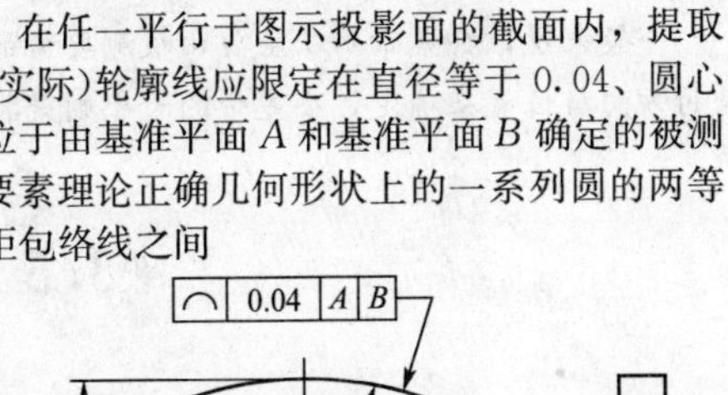
	相对基准体系	公差带为直径等于公差值 t、圆心位于由基准平面 A 和基准平面 B 确定的被测要素理论正确几何形状上的一系列圆的两包络线所限定的区域 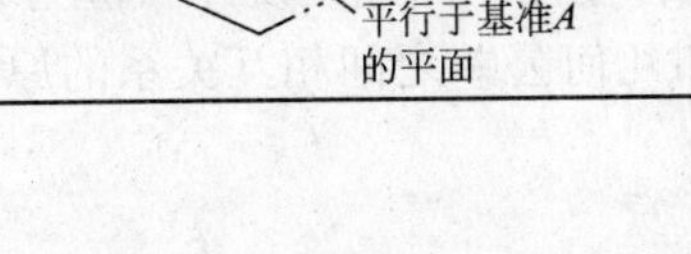 	在任一平行于图示投影面的截面内,提取(实际)轮廓线应限定在直径等于 0.04、圆心位于由基准平面 A 和基准平面 B 确定的被测要素理论正确几何形状上的一系列圆的两等距包络线之间 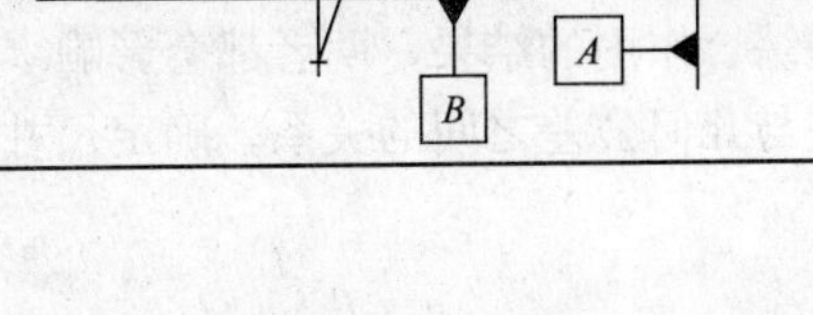

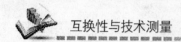

（续）

符号	特征	公差带的定义	标注示例和解释
	无基准	公差带为直径等于公差值 t、球心位于被测要素理论正确形状上的一系列圆球的两包络面所限定的区域	提取（实际）轮廓面应限定在直径等于 0.02、球心位于被测要素理论正确几何形状上的一系列圆球的两等距包络面之间
	相对于基准	公差带为直径等于公差值 t、球心位于由基准平面 A 确定的被测要素理论正确几何形状上的一系列圆球的两包络面所限定的区域	提取（实际）轮廓面应限定在直径等于 0.1、球心位于由基准平面 A 确定的被测要素理论正确几何形状上的一系列圆球的两等距包络面之间

形状、轮廓、方向、位置和跳动公差之间，既有联系又有区别。有的公差项目不同，而公差带的形状是相同的，如轴线的直线度、轴线的同轴度、轴线对端面的垂直度、组孔的位置度等，它们的公差带的形状都是直径为 ϕt 的圆柱；有的同一个公差项目却有几种形状不同的公差带，如直线度公差带有间距为 t 的两平行直线、间距为 t 的两平行平面和直径为 ϕt 的圆柱面 3 种不同的形状。因此，要从被测要素的种类、有无相对基准及方位的要求、能够控制误差的功能等方面，分析各类形状公差、方向公差、位置公差、跳动公差带的特点及相互之间的关系。

 特别提示

一般来说，公差带形状主要由被测要素的种类来确定，公差带的方向和位置主要由被测要素相对基准的方向与位置来确定，公差带的大小则是按被测要素功能要求的所需精度来确定。

3.5 公 差 原 则

在设计零件时，根据零件的功能要求，对零件上重要的几何要素，常常需要同时给定尺寸公差、几何公差等。那么，零件上几何要素的实际状态是由要素的尺寸误差和几何误差综合作用的结果，两者都会影响零件的配合性能，因此在设计和检测时需要明确尺寸公差与几何公差之间的关系。确定尺寸公差和几何公差之间相互关系的原则称为公差原则。

公差原则分为独立原则和相关要求两大类。

3.5.1 有关公差原则的术语及定义

(1) 尺寸要素：由一定大小的线性尺寸或角度尺寸确定的几何形状。

(2) 体外作用尺寸(d_{fe}、D_{fe})：在被测要素的给定长度上，与实际外表面(轴)体外相接的最小理想面(孔)或与实际内表面(孔)体外相接的最大理想面(轴)的直径或宽度。对于关联要素，该理想面的轴线或中心平面必须与基准保持图样给定的几何关系。

轴的体外作用尺寸是指与实际轴表面外接的最小理想圆柱体的直径；孔的体外作用尺寸是指与实际孔表面外接的最大理想圆柱体的直径，如图 3.25 所示。轴和孔的体外作用尺寸分别用 d_{fe} 和 D_{fe} 表示。

(3) 体内作用尺寸(d_{fi}、D_{fi})：在被测要素的给定长度上，与实际外表面(轴)体内相接的最大理想面(孔)或与实际内表面(孔)体内相接的最小理想面(轴)的直径或宽度。对于关联要素，该理想面的轴线或中心平面必须与基准保持图样给定的几何关系。

轴的体内作用尺寸是指与实际轴表面内接的最大理想圆柱体的直径；孔的体内作用尺寸是指与实际孔表面内接的最小理想圆柱体的直径，如图 3.25 所示。轴和孔的体内作用尺寸分别用分别用 d_{fi} 和 D_{fi} 表示。

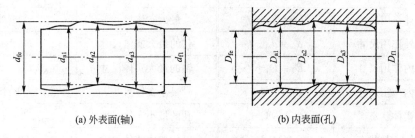

(a) 外表面(轴)   (b) 内表面(孔)

图 3.25 体外和体内作用尺寸

(4) 最大实体实效状态和最大实体实效尺寸。

① 最大实体实效状态(MMVC)：在给定长度上，实际要素处于最大实体状态，且其导出要素的形状或位置误差等于给出的几何公差值时的综合极限状态。

② 最大实体实效尺寸(MMVS)：尺寸要素的最大实体尺寸与其导出要素的几何公差共同作用产生的尺寸，即最大实体实效状态下对应的体外作用尺寸。对于外表面(轴)，它等于最大实体尺寸(d_M)与几何公差值 t(加注符号Ⓜ的)之和，用 d_{MV} 表示；对于内表面(孔)，它等于最大实体尺寸(D_M)与几何公差值 t(加注符号Ⓜ的)之差，用 D_{MV} 表示。即

$$d_{MV} = d_M + t\,Ⓜ = d_{max} + t\,Ⓜ \tag{3-1}$$

$$D_{MV} = D_M - t\,Ⓜ = D_{min} - t\,Ⓜ \tag{3-2}$$

(5) 最小实体实效状态和最小实体实效尺寸。

① 最小实体实效状态(LMVC)：在给定长度上，实际要素处于最小实体状态，且其导出要素的形状或位置误差等于给出的几何公差值时的综合极限状态。

② 最小实体实效尺寸(LMVS)：尺寸要素的最小实体尺寸与其导出要素的几何公差共同作用产生的尺寸，即最小实体实效状态下的体内作用尺寸。对于外表面(轴)，它等于最小实体尺寸(d_L)与几何公差值 t(加注符号Ⓛ的)之差，用 d_{LV} 表示；对于内表面(孔)，它等

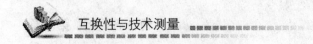

于最小实体尺寸与几何公差值 t(加注符号Ⓛ的)之和，用 D_{LV} 表示。即

$$d_{LV}=d_L-t Ⓛ=d_{min}-t Ⓛ \qquad (3-3)$$
$$D_{LV}=D_L+t Ⓛ=D_{max}+t Ⓛ \qquad (3-4)$$

作用尺寸与实效尺寸的区别：作用尺寸是由提取尺寸和几何误差综合形成的，在一批零件中各不相同，是一个变量，但就每个实际的轴或孔而言，作用尺寸却是唯一的；实效尺寸是由实体尺寸和几何公差综合形成的，对一批零件而言是一定量。实效尺寸可以视为作用尺寸的允许极限值。

(6) 边界：是设计所给定的具有理想形状的极限包容面。孔(内表面)的理想边界是一个理想轴(外表面)，轴(外表面)的理想边界是一个理想孔(内表面)。

① 最大实体边界(MMB)：尺寸为最大实体尺寸的边界。

② 最小实体边界(LMB)：尺寸为最小实体尺寸的边界。

③ 最大实体实效边界(MMVB)：尺寸为最大实体实效尺寸的边界。

④ 最小实体实效边界(LMVB)：尺寸为最小实体实效尺寸的边界。

有关公差原则的术语及符号或公式见表 3-12。

表 3-12　公差原则术语及符号或公式

术　语	符号或公式	术　语	符号或公式
孔的体外作用尺寸	$D_{fe}=D_a-f$	最大实体尺寸	MMS
轴的体外作用尺寸	$d_{fe}=d_a+f$	孔的最大实体尺寸	$D_M=D_{min}$
孔的体内作用尺寸	$D_{fi}=D_a+f$	轴的最大实体尺寸	$d_M=d_{max}$
轴的体内作用尺寸	$d_{fi}=d_a-f$	最小实体尺寸	LMS
最大实体状态	MMC	孔的最小实体尺寸	$D_L=D_{max}$
最大实体实效状态	MMVC	轴的最小实体尺寸	$D_L=d_{min}$
最小实体状态	LMC	最大实体实效尺寸	MMVS
最小实体实效状态	LMVC	孔的最大实体实效尺寸	$D_{MV}=D_{min}-t_M$
最大实体边界	MMB	轴的最大实体实效尺寸	$d_{MV}=d_{max}+t_M$
最大实体实效边界	MMVB	最小实体实效尺寸	LMVS
最小实体边界	LMB	孔的最小实体实效尺寸	$D_{LV}=D_{max}+t_L$
最小实体实效边界	LMVB	轴的最小实体实效尺寸	$D_{LV}=d_{min}-t_L$

3.5.2　独立原则

1. 独立原则的含义

独立原则是指图样上给定的几何公差和尺寸公差各自独立，应分别满足要求的公差原则。它是处理几何公差和尺寸公差相互关系所遵循的基本原则。

2. 独立原则的特点

独立原则的适用范围较广，各种组成要素和导出要素均可采用，其具有以下特点。

(1) 尺寸公差仅控制要素的尺寸误差，不控制其几何误差；给出的几何公差为定值，不随提取要素的局部尺寸变化而变化。

(2) 采用独立原则时，在图样上不需任何附加标注。

图 3.26 所示为采用独立原则的示例，图样上注出的尺寸要求 $\phi20h8$ 仅限制提取圆柱面的局部尺寸，即不管轴线如何弯曲，轴的提取圆柱面的局部直径必须位于 $\phi19.967\sim$ $\phi20mm$ 之间；同样，不论轴的提取圆柱面的局部直径为何值，其轴线的直线度误差都不得大于 $\phi0.02mm$。

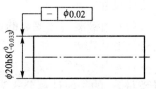

图 3.26 独立原则应用示例

3.5.3 相关要求

相关要求是指图样上给定的尺寸公差和几何公差相互有关的公差要求。根据被测实际要素所应遵守的边界不同，相关要求可分为包容要求、最大实体要求(MMR)(包括附加最大实体要求的可逆要求)和最小实体要求(LMR)(包括附加最小实体要求的可逆要求)。

 特别提示

可逆要求是最大实体要求或最小实体要求的附加要求，不单独使用，它表示尺寸公差可以在实际几何误差小于几何公差之间的差值范围内增大，即在制造可能性的基础上，可逆要求允许尺寸和几何公差之间相互补偿。可逆要求仅用于注有公差的要素。

1. 包容要求

1) 包容要求的含义和图样标注

包容要求是尺寸要素的非理想要素不得超越最大实体边界的一种尺寸要素要求，即提取组成要素(体外作用尺寸)不得超越其最大实体边界，其局部提取尺寸不得超出最小实体尺寸。包容要求适用于圆柱表面或两平行对应面，用于处理单一要素的尺寸公差与几何公差的相互关系。

采用包容要求的尺寸要素应在其尺寸极限偏差或公差带代号之后加注符号Ⓔ，如图 3.27(a)所示。

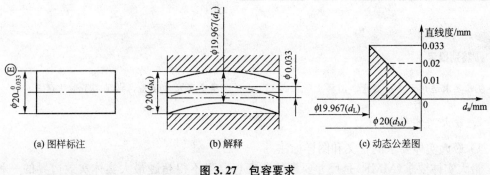

(a) 图样标注　　　　(b) 解释　　　　(c) 动态公差图

图 3.27 包容要求

2) 包容要求的特点

包容要求的实质是当要素的提取尺寸偏离最大实体尺寸时，允许其形状误差增大。它反映了尺寸公差与形状公差之间的补偿关系，因而包容要求具有如下特点。

(1) 被测实际要素的体外作用尺寸不得超出最大实体尺寸，局部提取尺寸不得超出最小实体尺寸。

(2) 当被测实际要素的提取尺寸处处为最大实体尺寸时（在最大实体状态下），不允许有任何形状误差。

(3) 当被测实际要素的提取尺寸偏离最大实体尺寸时，其偏离量可补偿给几何误差。补偿量 $t_{补}$ 的一般计算公式为

$$t_{补} = |\, \text{MMS} - d_a(D_a)\,|$$

(4) 符合包容要求的被测实际要素的合格条件为

对于孔（内表面）：$D_{fe} \geqslant D_M = D_{min}$；$D_a \leqslant D_L = D_{max}$。

对于轴（外表面）：$d_{fe} \leqslant d_M = d_{max}$；$d_a \geqslant d_L = d_{min}$。

3) 包容要求的示例分析

图 3.27(a) 所示的轴当采用包容要求时，被测轴的尺寸公差 $T_s = 0.033$mm，$d_M = d_{max} = \phi20$mm，$d_L = \phi19.967$mm。其含义为：该轴的最大实体边界为直径等于 $\phi20$mm 理想圆柱面（孔），如图 3.27(b) 所示。当轴的实际尺寸处处为最大实体尺寸 $\phi20$mm 时，轴的直线度误差应为零；当轴的提取尺寸偏离最大实体尺寸时，可以允许轴的直线度误差（形状误差）相应增加，增加量为提取尺寸与最大实体尺寸之差（绝对值），其最大增加量等于尺寸公差，此时轴的实际尺寸应处处为最小实体尺寸，如图 3.27(b) 所示，轴的直线度公差（形状公差）可增大到 $\phi0.033$mm，即 $t_{补} = T_s = 0.033$mm。图 3.27(c) 所示为反映其补偿关系的动态公差图，表达了轴为不同提取尺寸时所允许的形状误差值。

表 3-13 列出了轴为不同实际尺寸所允许的几何误差值，与图 3.27(c) 相对应。

表 3-13 包容要求的提取尺寸及允许的形状误差

被测要素提取尺寸	允许的直线度误差
$\phi20$	$\phi0$
$\phi19.99$	$\phi0.01$
$\phi19.98$	$\phi0.02$
$\phi19.968$	$\phi0.033$

由此可见：当采用包容要求时，尺寸公差不仅限制了被测要素的提取尺寸，还控制了被测要素的形状误差。包容要求主要用于有配合要求，且其极限间隙或极限过盈必须严格得到保证的场合，即用最大实体边界保证必要的最小间隙或最大过盈，用最小实体尺寸防止间隙过大或过盈过小。

特别提示

包容要求适用于单一要素，图样上所注的尺寸公差既限定了尺寸误差，也限定了形状误差。

2. 最大实体要求

1) 最大实体要求的含义和图样标注

最大实体要求（MMR）是尺寸要素的非理想要素不得超越最大实体实效边界的一种尺寸要素要求，即被测要素提取组成要素（体外作用尺寸）应遵守其最大实体实效边界，局部提取尺寸同时受最大实体尺寸和最小实体尺寸所限。当其提取尺寸偏离最大实体尺寸时，允许其几何误差值超出在最大实体状态下给定的公差值 t_1 的一种公差要求。

最大实体要求既可用于被测要素，也可用于基准要素。应用时，前者应在被测要素几何公差框格内的几何公差给定值后加注符号Ⓜ，后者应在几何公差框格内的基准字母代号后加注符号Ⓜ。

2）最大实体要求的特点

最大实体要求涉及组成要素的尺寸和几何公差的相互关系，最大实体要求只用于尺寸要素的尺寸及其导出要素几何公差的综合要求，其主要特点如下。

（1）被测要素遵守最大实体实效边界，即被测要素的体外作用尺寸不超过最大实体实效尺寸。

（2）当被测要素的局部提取尺寸处处为最大实体尺寸时，允许的几何公差为图样上给定的几何公差值。

（3）当被测实际要素的局部尺寸偏离最大实体尺寸后，其偏离量可补偿给几何公差，允许的几何公差为图样上给定的几何公差值 t_1 与偏离量之和；补偿量 $t_补$ 的一般计算公式为

$$t_补 = |MMS - d_a(D_a)|$$

当被测实际要素为最小实体状态时，几何公差获得的补偿量最大，即 $t_{补max} = T_s(T_h)$，这种情况下允许几何公差的最大值 t_{max} 为

$$t_{max} = t_1 + t_{补max} = t_1 + T_s(T_h)$$

（4）局部尺寸必须在最大实体尺寸和最小实体尺寸之间变化。

（5）符合最大实体要求的被测实际要素的合格条件为

对于孔（内表面）：$D_{fe} \geq D_{MV} = D_{min} - t_1$；$D_{min} = D_M \leq D_a \leq D_L = D_{max}$。

对于轴（外表面）：$d_{fe} \leq d_M = d_{max} + t_1$；$d_{max} = d_M \geq d_a \geq d_L = d_{min}$。

式中

t_1——在最大实体状态下给定的几何公差值。

3）最大实体要求的示例分析

（1）最大实体要求用于被测要素。如图3.28（a）所示，轴 $\phi20_{-0.3}^{0}$ 的轴线直线度公差采用最大实体要求给出，即当被测要素处于最大实体状态时，其轴线直线度公差为 $\phi0.1mm$，则轴的最大实体实效尺寸为

$$d_{MV} = d_{max} + t_1 = \phi20 + \phi0.1 = \phi20.1mm$$

d_{MV} 所确定的最大实体实效边界是一个直径为 $\phi20.1mm$ 的理想圆柱面（孔），如图3.28（b）所示。该轴应满足下列要求。

① 当轴处于最大实体状态（$d_M = \phi20mm$）时，轴线的直线度公差为给定的公差值 $\phi0.1mm$，如图3.28（b）所示。

② 当轴的提取圆柱面的局部尺寸（计算偏离量的基准），如均为 $\phi19.9mm$ 时，这时偏离量 $0.1mm$ 可补偿给直线度公差，此时轴线的直线度公差为 $\phi0.2mm$，即为给定的公差值 $0.1mm$ 与偏离量 $0.1mm$ 之和。

③ 当轴的提取圆柱面的局部尺寸为最小实体尺寸 $\phi19.7mm$ 时，偏离量达到最大值（等于尺寸公差 T_s），几何公差（直线度）获得最大的补偿量（$t_{补max} = T_s = 0.3mm$），此时轴线的直线度公差为给定的直线度公差 $\phi0.1mm$ 与尺寸公差 $0.3mm$ 之和，即为 $\phi0.4mm$，如图3.28（c）所示。图3.28（d）为反映其补偿关系的动态公差图。

④ 轴的提取圆柱面的局部尺寸必须在 $\phi19.7 \sim \phi20mm$ 之间变化。

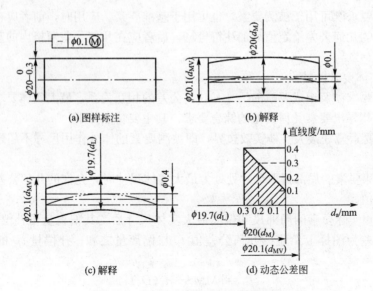

(a) 图样标注   (b) 解释

(c) 解释   (d) 动态公差图

图 3.28 最大实体要求用于被测要素

最大实体要求与包容要求相比，由于被测要素的几何公差可以不分割尺寸公差值，因而在相同尺寸公差值的前提下，采用最大实体要求的实际尺寸精度更低些；对于几何公差而言，尺寸公差可以补偿形位公差，允许最大几何误差等于图样给定的几何公差与尺寸公差之和。综上所述，与包容要求相比，最大实体要求可得到较大的尺寸制造公差和几何制造公差，故具有良好的工艺性和经济性。因此，最大实体要求主要用于保证装配互换性的场合，一方面可用于零件尺寸精度和几何精度较低、配合性质要求不严的情况，另一方面也可用于要求保证自由装配的情况。

 特别提示

最大实体要求仅用于导出要素。对于平面、直线等组成要素，由于不存在尺寸公差对几何公差的补偿问题，因而不具备应用条件。

(2) 最大实体要求的零几何公差。当采用最大实体要求的被测关联要素的几何公差值标注为"0"或"$\phi 0$"时，如图 3.29(a)所示，是最大实体要求的特殊情况，称为最大实体要求的零几何公差。此时被测实际要素的最大实体实效边界就变成了最大实体边界。对于几何公差而言，最大实体要求的零几何公差比一般最大实体要求更为严格。如图 3.29(b)所示，零几何公差的动态公差图形状由直角梯形(最大实体要求)变为直角三角形。

(3) 最大实体要求的受限几何公差。当对被测要素的几何公差有进一步要求(限制几何公差最大值)时，可采用如图 3.30(a)所示的双格几何公差值的标注方法。该标注表示被测孔的轴线垂直度公差采用最大实体要求，当孔的提取尺寸偏离最大实体尺寸时，允许将偏离量补偿给垂直度公差，但该垂直度公差最大值不允许超过公差框格的下格中给定值 $\phi 0.04$(无最大值限定要求时，垂直度公差为 0.059mm)。如图 3.30(b)所示，动态公差图的形状由直角梯形 $ABCFE$ 变为五边形 $ABCDE$。

最大实体要求用于基准要素时，应在图样上相应的几何公差框格的基准字母后面加注

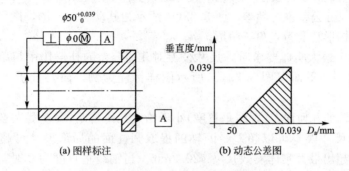

(a) 图样标注   (b) 动态公差图

图 3.29　最大实体要求的零几何公差

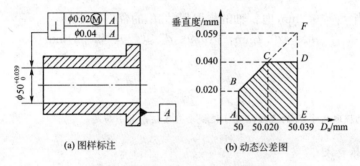

(a) 图样标注   (b) 动态公差图

图 3.30　最大实体要求的受限几何公差

符号Ⓜ，如图 3.31 所示。

4）可逆要求（RPR）用于最大实体要求

在不影响零件功能要求的前提下，采用最大实体要求时可附加可逆要求。这样，几何公差可以反过来补偿给尺寸公差，即几何公差有富余的情况下，允许尺寸误差超过给定的尺寸公差，其结果在一定程度上能够降低零件制造精度的要求。在图样上，可逆要求用于最大实体要求的标注方法是：用符号Ⓡ标注在导出要素的几何公差值和符号Ⓜ之后，如图 3.32(a)所示。

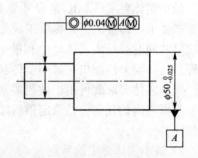

图 3.31　最大实体要求用于基准要素

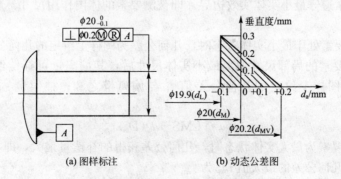

(a) 图样标注   (b) 动态公差图

图 3.32　可逆要求用于最大实体要求

可逆要求用于最大实体要求时，仍应遵守最大实体实效边界，由于几何公差可以反补偿给尺寸公差，尺寸公差也可超差。图 3.32(b)所示为其动态公差图，图形形状由最大实体要求时的直角梯形转变为直角三角形。

可逆要求用于最大实体要求时，尺寸公差对几何公差的补偿作用与单独采用最大实体要求时完全相同。下面以图 3.32(a)所示图样标注为例，简要分析可逆要求标注的含义。

在被测要素轴的几何误差(轴线垂直度)小于给定几何公差(垂直度为 $\phi0.2\text{mm}$)的条件下，被测要素的尺寸误差可以超差，即轴的提取圆柱面的局部尺寸可超出上极限尺寸 $\phi20\text{mm}$，但不得超出最大实体实效尺寸 $\phi20.2\text{mm}$。当轴线垂直度为 0 时，尺寸公差获得的最大补偿量为 0.2mm。图 3.32(b)所示横轴的 $\phi20\sim\phi20.2\text{mm}$ 为尺寸误差可超差的范围(或称可逆范围)。

综上，即当 $f_\perp<0.2\text{mm}$ 时，轴的提取尺寸 d_a 的合格条件为

$$d_\text{fe}\leqslant\phi20.2\text{mm}, \quad \phi19.9\leqslant d_\text{a}\leqslant(\phi20\sim\phi20.2)\text{mm}$$

特别提示

上式中，轴的提取尺寸 d_a 的上极限尺寸值视垂直度误差大小而定。

3. 最小实体要求

1) 最小实体要求的含义和图样标注

最小实体要求(LMR)是尺寸要素的非理想要素不得超越最小实体实效边界的一种尺寸要素要求，即被测要素提取组成要素(体内作用尺寸)应遵守其最小实体实效边界，局部提取尺寸同时受最大实体尺寸和最小实体尺寸所限。当其提取尺寸偏离最小实体尺寸时，允许其几何误差值超出在最小实体状态下给定的公差值 t_1 的一种公差要求。

最小实体要求既可用于被测要素，也可用于基准要素。应用时，前者应在被测要素几何公差框格内的几何公差给定值后加注符号Ⓛ，后者应在几何公差框格内的基准字母代号后加注符号Ⓛ。

2) 最小实体要求的特点

最小实体要求涉及组成要素的尺寸和几何公差的相互关系，最小实体要求只用于尺寸要素的尺寸及其导出要素几何公差的综合要求，其主要特点如下。

(1) 被测要素遵守最小实体实效边界，即被测要素的体内作用尺寸不超过最小实体实效尺寸。

(2) 当被测要素处于最小实体状态时，几何公差为图样上给定的几何公差值。

(3) 当被测要素的局部尺寸偏离最小实体尺寸后，其偏离量可补偿给几何公差，允许的几何公差为图样上给定的几何公差值 t_1 与偏离量之和；补偿量 $t_\text{补}$ 的一般计算公式为

$$t_\text{补}=|\text{LMS}-d_\text{a}(D_\text{a})|$$

当被测实际要素为最大实体状态时，几何公差获得的补偿量最大，即 $t_{\text{补max}}=T_\text{s}(T_\text{h})$，这种情况下允许几何公差的最大值 t_max 为

$$t_\text{max}=t_1+t_{\text{补max}}=t_1+T_\text{s}(T_\text{h})$$

（4）局部尺寸必须在最小实体尺寸和最大实体尺寸之间变化。

（5）符合最小实体要求的被测实际要素的合格条件为

对于孔（内表面）：$D_{fi} \leqslant D_{LV} = D_{max} + t_1$；$D_{min} = D_M \leqslant D_a \leqslant D_L = D_{max}$。

对于轴（外表面）：$d_{fi} \geqslant d_{LV} = d_{min} - t_1$；$d_{max} = d_M \geqslant d_a \geqslant d_L = d_{min}$。

式中

t_1——在最小实体状态下给定的几何公差值。

特别提示

最小实体要求仅用于导出要素。对于平面、直线等组成要素，由于不存在尺寸公差对几何公差的补偿问题，因而不具备应用条件。

3）最小实体要求的示例分析

如图 3.33（a）所示，轴 $\phi 20_{-0.3}^{\ 0}$ 的轴线直线度公差采用最小实体要求给出，即当被测要素处于最小实体状态时，其轴线直线度公差为 $\phi 0.1 mm$，则轴的最小实体实效尺寸为

$$D_{LV} = d_{min} - t_1 = \phi 19.7 - \phi 0.1 = \phi 19.6 mm$$

D_{LV} 所确定的最小实体实效边界是一个直径为 $\phi 19.6 mm$ 的理想圆柱面，如图 3.33（b）所示。该轴应满足下列要求。

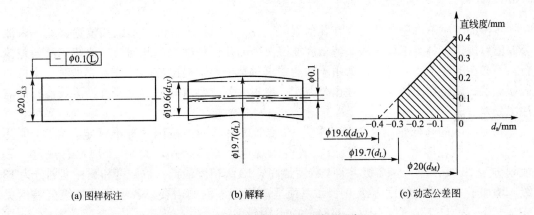

（a）图样标注　　　　（b）解释　　　　（c）动态公差图

图 3.33　最小实体要求用于被测要素

（1）当轴处于最小实体状态（$d_L = \phi 19.7 mm$）时，轴线的直线度公差为给定的公差值 $\phi 0.1 mm$，如图 3.33（b）所示。

（2）当轴的提取圆柱面的局部尺寸偏离最小实体尺寸（计算偏离量的基准），如均为 $\phi 19.8 mm$ 时，这时偏离量 0.1 mm 可补偿给直线度公差，此时轴线的直线度公差为 $\phi 0.2 mm$，即为给定的公差值 0.1 mm 与偏离量 0.1 mm 之和。

（3）当轴的提取圆柱面的局部尺寸为最大实体尺寸 $\phi 20 mm$ 时，偏离量达到最大值（等于尺寸公差 T_s），几何公差（直线度）获得最大的补偿量（$t_{补max} = T_s = 0.3 mm$），此时轴线的直线度公差为给定的直线度公差 $\phi 0.1 mm$ 与尺寸公差 0.3 mm 之和，即为 $\phi 0.4 mm$。图 3.33（c）为反映其补偿关系的动态公差图。

(4) 轴的提取圆柱面的局部尺寸必须在 $\phi19.7\sim\phi20\text{mm}$ 之间变化。

与最大实体要求类似，当采用最小实体要求的被测关联要素的几何公差值标注为"0"或"$\phi0$"时，是最小实体要求的特殊情况，称为最小实体要求的零几何公差。此时被测实际要素的最小实体实效边界就变成了最小实体边界；在不影响零件功能要求的前提下，在采用最小实体要求时也可附加可逆要求。这样，几何公差可反过来补偿给尺寸公差，即几何公差有富余的情况下，允许尺寸误差超过给定的尺寸公差，其结果在一定程度上能够降低零件制造精度的要求。在图样上，可逆要求用于最小实体要求的标注方法是：用符号Ⓡ标注在导出要素的几何公差值和符号Ⓛ之后。最小实体要求的零几何公差、可逆要求用于最小实体要求等的标注示例及分析方法类似于最大实体要求，这里不再赘述。

最小实体要求主要用于保证零件强度和最小壁厚。由于最小实体要求的被测要素不得超越最小实体实效边界，因而应用最小实体要求可保证零件强度和最小壁厚尺寸。另外，当被测要素偏离最小实体状态时，可扩大几何误差的允许值，以增加几何误差的合格范围，获得良好的经济效益。

3.6 几何公差及其未注公差值

3.6.1 几何公差的国家标准

零件加工时不可避免地会存在几何误差，GB/T 1184—1996《形状和位置公差 未注公差值》规定，各类工厂一般制造精度能够保证的几何精度，其几何公差值按未注公差执行，不必在图样上逐一注出。如由于功能要求对某个要素提出更高的公差要求时，应按照国家标准的规定在图样上直接注出公差值；更粗的公差要求只有对工厂有经济效益时才需注出公差值。

几何精度的高低是用公差等级数字的大小来表示的。按国家标准规定，对 14 项几何公差，除线轮廓度、面轮廓度及位置度未规定公差等级外，其余 11 项均有规定。一般划分为 12 级，即 1～12 级，1 级精度最高，12 级精度最低；仅圆度和圆柱度划分为 13 级，增加了一个最高精度等级 0 级，以便适应精密零件的需要。各项目的各级公差值见表 3-14～表 3-17(摘自 GB/T 1184—1996 附录 B)。

对位置度，国家标准只规定了位置度数系，而未规定公差等级，见表 3-18。

位置度的公差值一般与被测要素的类型、连接方式等有关。

位置度常用于控制螺栓或螺钉连接中孔距的位置精度要求，其公差值取决于螺栓与光孔之间的间隙。位置度公差值 T(公差带的直径或宽度)按下式计算：

螺栓连接：$T \leqslant KZ$

螺钉零件：$T \leqslant 0.5KZ$

式中

Z——孔与紧固件之间的间隙，$Z = D_{\min} - d_{\max}$

$D_{\min}$——最小孔径(光孔的最小直径)；

$d_{\max}$——最大轴径(螺栓或螺钉的最大直径)；

K——间隙利用系数。推荐值为：不需调整的固定联接，$K=1$；需要调整的固定联接，$K=0.6\sim0.8$。按上式算出的公差值，经圆整后应符合国标推荐的位置系数，见表 3-18。

表 3-14 直线度、平面度的公差值(摘自 GB/T 1184—1996)

主参数 L/mm	公差等级											
	1	2	3	4	5	6	7	8	9	10	11	12
	公差值/μm											
≤10	0.2	0.4	0.8	1.2	2	3	5	8	12	20	30	60
>10~16	0.25	0.5	1	1.5	2.5	4	6	10	15	25	40	80
>16~25	0.3	0.6	1.2	2	3	5	8	12	20	30	50	100
>25~40	0.4	0.8	1.5	2.5	4	6	10	15	25	40	60	120
>40~63	0.5	1	2	3	5	8	12	20	30	50	80	150
>63~100	0.6	1.2	2.5	4	6	10	15	25	40	60	100	200
>100~160	0.8	1.5	3	5	8	12	20	30	50	80	120	250
>160~250	1	2	4	6	10	15	25	40	60	100	150	300
>250~400	1.2	2.5	5	8	12	20	30	50	80	120	200	400

注:主参数 L 系轴线、直线、平面(表面较长的一侧或圆表面的直径)的长度。

表 3-15 圆度、圆柱度的公差值(摘自 GB/T 1184—1996)

主参数 d(D)/mm	公差等级												
	0	1	2	3	4	5	6	7	8	9	10	11	12
	公差值/μm												
≤3	0.1	0.2	0.3	0.5	0.8	1.2	2	3	4	6	10	14	25
>3~6	0.1	0.2	0.4	0.6	1	1.5	2.5	4	5	8	12	18	30
>6~10	0.12	0.25	0.4	0.6	1	1.5	2.5	4	6	9	15	22	36
>10~18	0.15	0.25	0.5	0.8	1.2	2	3	5	8	11	18	27	43
>18~30	0.2	0.3	0.6	1	1.5	2.5	4	6	9	13	21	33	52
>30~50	0.25	0.4	0.6	1	1.5	2.5	4	7	11	16	25	39	62
>50~80	0.3	0.5	0.8	1.2	2	3	5	8	13	19	30	46	74
>80~120	0.4	0.6	1	1.5	2.5	4	6	10	15	22	35	54	87
>120~180	0.6	1	1.2	2	3.5	5	8	12	18	25	40	63	100
>180~250	0.8	1.2	2	3	4.5	7	10	14	20	29	46	72	115
>250~315	1	1.6	2.5	4	6	8	12	16	23	32	52	81	130
>315~400	1.2	2	3	5	7	9	13	18	25	36	57	89	140

注: 主参数 $d(D)$ 系轴(孔)的直径。

表 3-16 平行度、垂直度、倾斜度的公差值(摘自 GB/T 1184—1996)

主参数 L,d(D)/mm	公差等级											
	1	2	3	4	5	6	7	8	9	10	11	12
	公差值/μm											
≤10	0.4	0.8	1.5	3	5	8	12	20	30	50	80	120
>10~16	0.5	1	2	4	6	10	15	25	40	60	100	150
>16~25	0.6	1.2	2.5	5	8	12	20	30	50	80	120	200
>25~40	0.8	1.5	3	6	10	15	25	40	60	100	150	250
>40~63	1	2	4	8	12	20	30	50	80	120	200	300
>63~100	1.2	2.5	5	10	15	25	40	60	100	150	250	400
>100~160	1.5	3	6	12	20	30	50	80	120	200	300	500
>160~250	2	4	8	15	25	40	60	100	150	250	400	600
>250~400	2.5	5	10	20	30	50	80	120	200	300	500	800

注:1. 主参数 L 为给定平行度时轴线或平面的长度,或给定垂直度、倾斜度时被测要素的长度;

2. 主参数 d(D) 为给定面对线垂直度时,被测要素的直径。

表 3-17 同轴度、对称度、圆跳动、全跳动的公差值(摘自 GB/T 1184—1996)

主参数 d(D), B, L/mm	公差等级											
	1	2	3	4	5	6	7	8	9	10	11	12
	公差值/μm											
≤1	0.4	0.6	1.0	1.5	2.5	4	6	10	15	25	40	60
>1~3	0.4	0.6	1.0	1.5	2.5	4	6	10	20	40	60	120
>3~6	0.5	0.8	1.2	2	3	5	8	12	25	50	80	150
>6~10	0.6	1	1.5	2.5	4	6	10	15	30	60	100	200
>10~18	0.8	1.2	2	3	5	8	12	20	40	80	120	250
>18~30	1	1.5	2.5	4	6	10	15	25	50	100	150	300
>30~50	1.2	2	3	5	8	12	20	30	60	120	200	400
>50~120	1.5	2.5	4	6	10	15	25	40	80	150	250	500
>120~250	2	3	5	8	12	20	30	50	100	200	300	500
>250~500	2.5	4	6	10	15	25	40	60	120	250	400	800

注:1. 主参数 d(D) 为给定同轴度时直径,或给定圆跳动、全跳动时轴(孔)直径;

2. 圆锥体斜向圆跳动公差的主参数为平均直径;

3. 主参数 B 为给定对称度时槽的宽度;

4. 主参数 L 为给定两孔对称度时孔心距。

表 3-18 位置度公差值数系(摘自 GB/T 1184—1996)

优先 数系	1	1.2	1.6	2	2.5	3	4	5	6	8
	1×10^n	1.2×10^n	1.5×10^n	2×10^n	2.5×10^n	3×10^n	4×10^n	5×10^n	6×10^n	8×10^n

注:n 为正整数。

3.6.2 未注几何公差的规定

几何公差值在图样上的表示方法有两种：一种是在框格内注出几何公差的公差值（如前所述）；另一种是不注出几何公差值，用未注公差的规定来控制。两种都是设计要求。国家标准 GB/T 1184—1996 中规定了不注公差值时仍然必须遵守的几何公差值。

应用未注公差的总原则是：实际要素的功能允许几何公差等于或大于未注公差值，一般不需要单独注出，而采用未注公差。如功能要求允许大于未注公差值，而这个较大的公差值会给工厂带来经济效益，则可将这个较大的公差值单独标注在要素上，如金属薄壁件、挠性材质零件（如橡胶件、塑料件）等。因此，未注公差值是工厂机加工和常用工艺方法就能保证的几何精度，为简化标注，不必在图样上注出的几何公差。几何公差的未注公差值适用于遵守独立原则的零件要素，也适用于某些遵守包容要求的零件要素，在要素处都是最大实体尺寸时也适用。

采用未注公差值的优点：①图样易读，可高效地进行信息交换；②节省设计时间，不用详细地计算公差值，只需了解某要素的功能是否允许大于或等于未注公差值；③图样很清晰地表达出哪些要素可用一般加工方法加工，既保证加工质量又不需要——检测。

采用未注几何公差的要素，其几何精度应按下列规定执行。

（1）国家标准对直线度、平面度、垂直度、对称度和圆跳动（径向、轴向和斜向）的未注公差各规定了 H、K、J 这 3 个公差等级，其公差值见表 3-19～表 3-22。

未注公差值的图样表示方法：应在图样标题栏附近或在技术要求、技术文件（如企业标准）中注出标准号及公差等级代号，如"GB/T 1184—K"。

（2）圆度的未注公差值等于标准的直径公差值，但不能大于表 3-22 中的径向圆跳动值。

表 3-19　直线度和平面度的未注公差值（GB/T 1184—1996）　　　　　（mm）

公差等级	基本长度范围					
	～10	>10～100	>30～100	>100～300	>300～1000	>1000～3000
H	0.02	0.05	0.1	0.2	0.3	0.4
K	0.05	0.1	0.2	0.4	0.6	0.8
L	0.1	0.2	0.4	0.8	1.2	1.6

注：1. 对于直线度，应按其相应线的长度选择未注公差值；
　　2. 对于平面度，按被测表面的较长一侧或圆表面的直径选择未注公差值。

表 3-20　垂直度未注公差值（GB/T 1184—1996）　　　　　（mm）

公差等级	基本长度范围			
	～100	>100～300	>300～1000	>1000～3000
H	0.2	0.3	0.4	0.5
K	0.4	0.6	0.8	1
L	0.6	1	1.5	2

注：取形成直角的两边中较长的一边作为基准，较短的一边作为被测要素；若两边的长度相等则任取一边作为基准。

表 3-21　对称度未注公差值(GB/T 1184—1996)　　　　　　(mm)

公差等级	基本长度范围			
	~100	>100~300	>300~1000	>1000~3000
H	0.5			
K	0.6		0.8	1
L	0.6	1	1.5	2

注:取两要素中较长者作为基准,较短者作为被测要素;若两要素长度相等则可任选一要素为基准。

表 3-22　圆跳动未注公差值(GB/T 1184—1996)　　　　　　(mm)

公差等级	圆跳动公差值
H	0.1
K	0.2
L	0.5

注:应以设计或工艺给出的支承面作为基准,否则应取两要素中较长的一个作为基准,较短者作为被测要素;若两要素长度相等则可任选一要素为基准。

（3）圆柱度的未注公差值不作规定。圆柱度误差由圆度、直线度和相对素线的平行度误差 3 部分组成,而其中每一项误差均由它们的注出公差或未注出公差控制。如因功能要求,圆柱度应小于圆度、直线度和平行度的未注公差的综合结果,应在被测要素上按规定注出圆柱度公差值。

（4）平行度未注公差值等于给出的尺寸公差值,或是直线度和平面度未注公差值中的相应公差值取较大者。

（5）同轴度未注公差值未作规定。在极限状况下,同轴度的未注公差值可以和表 3-22 中规定的径向圆跳动的未注公差值相等。

（6）除 GB/T 1184—1996 规定的各项目未注公差外,其他项目如线轮廓度、面轮廓度、倾斜度、位置度和全跳动均应由各要素的注出或未注出几何公差、线性尺寸或角度公差控制。

3.7　几何误差的评定与检测原则

3.7.1　几何误差的评定

几何误差是指被测提取要素对其拟合要素(理想要素)的变动量。若被测提取要素全部位于几何公差带内为合格,反之则不合格。

1. 形状误差的评定

形状误差是指被测提取要素对其拟合要素的变动量,拟合要素的位置应符合最小条件。

当被测提取要素与其拟合要素进行比较以确定其变动量时,拟合要素相对提取要素所处位置不同,得到的最大变动量也不同。因此,为了使评定提取要素几何误差的结果唯一,国家标准规定,拟合要素的位置应符合"最小条件",即被测提取要素对其拟合要素的最大变动量为最小。

特别提示

提取要素是提取组成要素和提取导出要素的统称；拟合要素是拟合组成要素和拟合导出要素的统称，它是按规定的方法由提取要素形成的并具有理想形状的要素，是理想要素的替代。

最小条件可分为两种情况。

1) 组成要素(线、面轮廓度除外)

最小条件就是拟合要素位于实体之外且与被测提取要素接触，并使被测提取要素对拟合要素的最大变动量为最小。如图 3.34 所示，在评定给定平面内直线度误差时，与被测提取要素接触的可以有很多条不同方向的理想直线，如 $A_1 - B_1$、$A_2 - B_2$、$A_3 - B_3$，评定出的直线度误差值相应为 h_1、h_2、h_3。这些理想直线中必有一条(也只有一条)理想直线符合最小条件。显然，理想直线应选择 $A_1 - B_1$ 符合最小条件，$h_1 = f$ 即为被测直线的直线度误差值，它应小于或等于给定的直线度公差值。

2) 导出要素

导出要素包括轴线、中心线、中心平面等，其最小条件就是拟合要素位于被测提取导出要素之中，并使提取导出要素对拟合要素的最大变动量为最小，如图 3.35 所示。图 3.35 中，理想轴线为 L_1，其最大变动量 $\phi d_1 = \phi f$ 为最小，符合最小条件。

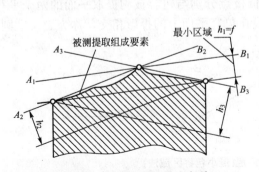

图 3.34　组成要素的最小条件

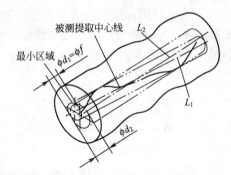

图 3.35　导出要素的最小条件

形状误差值用最小包容区域(简称最小区域)的宽度或直径表示。最小区域是指包容被测提取要素时，具有最小宽度 f 或直径 ϕf 的包容区域。各误差项目最小区域的形状分别和各自的公差带形状一致，但宽度(或直径)由被测提取要素本身决定。按最小包容区域评定形状误差的方法，称为最小区域法。

最小条件是评定形状误差的基本原则，在满足零件功能要求的前提下，允许采用近似方法评定形状误差。如常以两端点连线作为评定直线度误差的基准。按近似方法评定的误差值通常大于最小区域法评定的误差值，因而更能保证质量。当采用不同评定方法所获得的测量结果有争议时，应以最小区域法作为评定结果的仲裁依据。

(1) 给定平面内直线度误差的评定。直线度误差可用最小包容区域法评定。如图 3.36 所示，用两条平行直线包容被测提取直线时，被测提取直线上至少有高低相间 3 个极点分别与这两条直线接触，称为相间准则，这两条平行直线之间的区域即为最小包容区域，该

区域的宽度 f 即为符合定义的直线度误差值。此外，直线度误差还可用最小二乘法、两端点连线法评定。

（2）平面度误差的评定。平面度误差可用最小包容区域法评定。如图 3.37 所示，用两个平行平面包容被测提取平面时，被测提取平面与两平行平面至少应符合下列 3 种准则之一规定的接触状态，如图 3.38 所示。

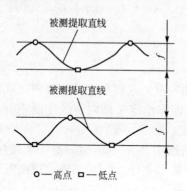

图 3.36　直线度误差的评定（相间准则）

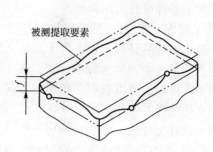

图 3.37　平面最小包容区域

① 三角形准则。至少有 3 个高（低）极点与一个平面接触，有一个低（高）极点与另一个平面接触，并且这一个极点的投影落在上述 3 个极点连成的三角形内，称为三角形准则，如图 3.38（a）所示。

② 交叉准则。至少有两个高极点和两个低极点分别与包容被测提取平面的两个平行平面接触，并且高极点的连线与低极点的连线在包容平面上的投影相交，称为交叉准则，如图 3.38（b）所示。

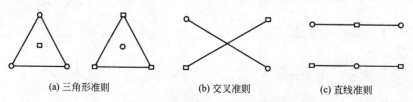

(a) 三角形准则　　　　(b) 交叉准则　　　　(c) 直线准则

图 3.38　平面度误差的评定（最小包容区域法）

③ 直线准则。两平行包容平面与被测提取平面接触高低相间的三点，且它们在包容平面上的投影位于同一条直线上，称为直线准则，如图 3.38（c）所示。

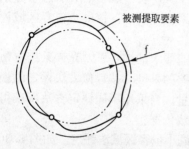

图 3.39　圆度误差的评定
（最小包容区域法）

那么，这两个平行平面之间的区域即为最小包容区域，该区域的宽度 f 即为符合定义的平面度误差值。此外，平面度的评定方法还有三远点法和对角线法。

（3）圆度误差的评定。圆度误差可用最小包容区域法评定。如图 3.39 所示，用两个同心圆包容被测提取圆时，被测提取圆上至少有 4 个极点内、外相间地与这两个同心圆接触，则这两个同心圆之间的区域即为最小包容区域，该区域的宽度 f（两个同心圆的半径差）就是符合定义的圆度误差值。此外，圆度误差还可用最小二乘法、最小外接圆法或最大内接圆法评定。

(4) 圆柱度误差的评定。圆柱度误差的评定方法分为最小包容区域法、最小二乘圆柱法、最小外接圆柱法和最大内接圆柱法 4 种。通常要借助计算机才能获得圆柱度误差值。一般可采用近似法评定。

2. 方向误差的评定

方向误差是指被测提取要素对一具有确定方向的拟合要素的变动量，拟合要素的方向由基准确定。方向误差值用方向最小包容区域（简称方向最小区域）的宽度或直径表示。方向最小包容区域是指按拟合要素的方向来包容被测提取要素，且具有最小宽度 f 或直径 ϕf 的包容区域。各误差项目方向最小包容区域的形状分别和各自的公差带形状一致，但宽度（或直径）由被测提取要素本身决定。

方向误差包括平行度、垂直度、倾斜度 3 种。由于方向误差是相对于基准要素确定的，因此，评定方向误差时，在拟合要素相对于基准方向应保持图样上给定的几何关系（平行、垂直或倾斜某一理论正确角度）的前提下，应使被测提取要素对拟合要素的最大变动量为最小。

如图 3.40 所示，分别为直线的平行度、垂直度、倾斜度的方向最小包容区域示例。方向最小包容区域的宽度（或直径）即为方向误差值。

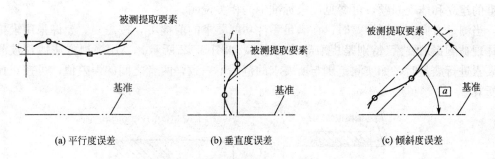

(a) 平行度误差　　　　　　(b) 垂直度误差　　　　　　(c) 倾斜度误差

图 3.40　方向误差的评定（最小包容区域法）

3. 位置误差的评定

位置误差是被测提取要素对一具有确定位置的拟合要素的变动量，拟合要素的位置由基准和理论正确尺寸确定。对于同轴度和对称度，理论正确尺寸为零。

位置误差值用位置最小包容区域（简称位置最小区域）的宽度或直径表示。位置最小区域是指以拟合要素定位包容被测提取要素时，具有最小宽度 f 或直径 ϕf 的包容区域。各误差项目位置最小包容区域的形状分别和各自的公差带形状一致，但宽度或直径由被测提取要素本身决定。

评定位置误差时，在拟合要素位置确定的前提下，应使被测提取要素至拟合要素的最大距离为最小，来确定位置最小包容区域。该区域应以拟合要素为中心，因此，被测提取要素与位置最小包容区域的接触点至拟合要素所在位置距离的两倍等于位置误差值。

图 3.41(a)所示为评定平面上一条线的位置度误差的例子。拟合直线的位置由基准 A 和理论正确尺寸 L 决定，即平行于基准线 A 且距离为 L 的直线 P，位置最小区域由以理想直线 P 为对称中心的两条平行直线构成。被测提取直线 F 上至少有一点与该两平行直线之一接触（图 3.41(a)），该点与直线 P 的距离为 h_1，则位置最小区域的宽度 $f(=2h_1)$

为被测提取直线 F 的位置度误差值。

图 3.41(b)所示为评定平面上一个点 P 的位置度误差，位置最小区域由一个圆构成。该圆的圆心 O（被测点的拟合位置）由基准 A、B 和理论正确尺寸 L_x 和 L_y 确定，直径 ϕf 由 OP 确定。$\phi f = 2OP$，即点的位置度误差值。

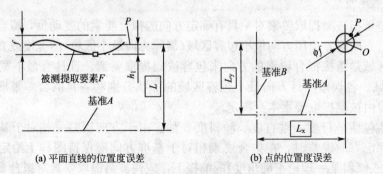

(a) 平面直线的位置度误差   (b) 点的位置度误差

图 3.41　位置最小包容区域示例

评定位置误差的基准，理论上应是理想基准要素。由于基准要素本身存在形状误差，因此，就应以该基准要素的拟合要素作为基准，该拟合要素的位置应符合最小条件。对于基准的建立和体现问题，可参见国家标准中的相关说明。

当测量方向、位置误差时，在满足零件功能要求的前提下，按需要，允许采用模拟方法体现被测提取要素（特别是提取导出要素），如图 3.42 所示。当用模拟方法体现被测提取要素进行测量时，如实测范围与所要求的范围不一致，两者之间的误差值，可按正比关系折算。

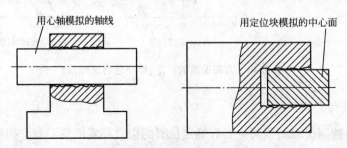

图 3.42　被测提取要素的模拟

应注意最小包容区域、方向最小包容区域和位置最小包容区域三者之间的差异。最小包容区域的方向、位置一般可随被测提取要素的状态变动；方向最小包容区域的方向是固定不变的（由基准确定），而其位置则可随被测提取要素的状态变动；位置最小包容区域，除个别情况外，其位置是固定不变的（由基准及理论正确尺寸确定），故评定形状、方向和位置误差的最小包容区域的大小一般是有区别的。如图 3.43 所示，其关系为

$$f_{形状} < f_{方向} < f_{位置}$$

即位置误差包含了形状误差和同一基准的方向误差，方向误差包含了形状误差。当零件上某要素同时有形状、方向和位置精度要求时，则设计中对该要素所给定的 3 种公差（$T_{形状}$、$T_{方向}$ 和 $T_{位置}$）应符合

$$T_{形状} < T_{方向} < T_{位置}$$

否则会产生矛盾。

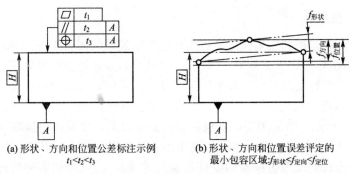

(a) 形状、方向和位置公差标注示例
$t_1 < t_2 < t_3$

(b) 形状、方向和位置误差评定的
最小包容区域:$f_{形状} < f_{定向} < f_{定位}$

图3.43 评定形状、方向和位置误差的区别

3.7.2 几何误差的检测原则

几何公差特征共有14项，随着被测零件的结构特点、尺寸大小、精度要求和生产批量的不同，其检测方法和设备也不同。即使同一几何公差项目，也可使用不同的检测方法进行检测。GB/T 1958—2004《产品几何量技术规范(GPS)几何公差 检测规定》把生产实际中行之有效的检测方法作了概括，从检测原理上归纳为五类检测原则，并提供了100余种检测方案，以供参考。生产中可以根据被测对象的特点和有关条件，参照这些检测原则、检测方案，设计出最合理的检测方法。

1. 与拟合要素比较原则

与拟合要素比较原则是指测量时将被测提取要素与其拟合要素作比较，从中获得测量数据，以评定被测要素的几何误差值。这些测量数据可由直接法或间接法获得。该检测原则应用最为广泛。

运用该检测原则时，必须要有理想要素作为测量时的标准。拟合要素通常用模拟方法获得，可用的模拟方法较多。如刀口尺的刀口、平尺的轮廓线及一束光线等都可以作为拟合直线；平台或平板的工作面可体现拟合平面；回转轴系与测量头组合体现一个拟合圆；样板的轮廓等也都可作为理想要素。图3.44(a)所示为用刀口尺测量直线度误差，就是以刀口作为拟合直线，被测要素与之比较，根据光隙(间隙)的大小来确定直线度误差值。图3.44(b)是将实际被测平面与平板的工作面(模拟拟合平面)相比较，检测时用指示表测出各测点的量值，然后按一定的规则处理测量数据，确定被测要素的平面度误差值。

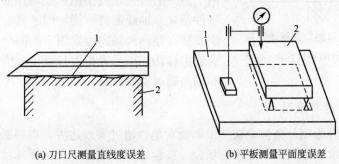

(a) 刀口尺测量直线度误差   (b) 平板测量平面度误差

图3.44 与理想要素比较示例
1—理想要素(a 刀口尺，b 平板)；2—被测零件

2. 测量坐标值原则

测量坐标值原则是指利用坐标测量机或其他测量装置的固有坐标，测出被测提取要素的坐标值（如直角坐标值、极坐标值、圆柱面坐标值），并经过数据处理获得几何误差值。

由于几何要素的特征总是可以在坐标系中反映出来的，因此测量坐标值原则是几何误差中重要的检测原则，尤其在轮廓度和位置度误差测量中的应用更为广泛。

如图 3.41(b) 所示，将被测零件安放在坐标测量仪上，使零件的基准 A 和 B 分别与测量仪的 X 和 Y 坐标轴方向一致。然后，测量出孔的轴线（假设为 P）的实际坐标 $(x，y)$，将其分别减去确定孔轴线理想位置的零件正确尺寸 L_x、L_y，得到实际坐标值与理论坐标值的偏差值，$\Delta x = x - L_x$、$\Delta y = y - L_y$，再利用数学方法求得被测轴线的位置度误差值为

$$\phi f = 2\sqrt{(\Delta x)^2 + (\Delta y)^2} = 2OP$$

3. 测量特征参数原则

特征参数是指被测要素上能直接反映几何误差变动的参数。测量特征参数原则是指测量被测提取要素上具有代表性的参数（特征参数）来评定几何误差值。如圆度误差一般反映在直径的变动上，因此，可以直径作为圆度的特征参数，用两点法测量圆柱面的圆度误差，就是在一正截面内的几个方向上测量直径变动量，取最大和最小直径差值的 1/2 作为该横截面的圆度误差值。显然，这不符合圆度误差的最小包容区域的定义，只是圆度的近似值。

应用该检测原则所得到的几何误差值与按定义确定的几何误差值相比，通常只是一个近似值。但其极易实现测量过程和设备的简化，也不必进行复杂的数据处理，因此在满足功能要求的前提下，由于方法简易，仍具一定的使用价值。这类方法在生产现场用得较多。

4. 测量跳动原则

测量跳动原则是针对测量圆跳动和全跳动的方法而提出的检测原则，主要用于跳动误差的测量。其测量方法是：被测提取要素绕基准轴线回转过程中，沿给定方向测出其对某参考点或线的变动量（即指示计最大与最小示值之差）。

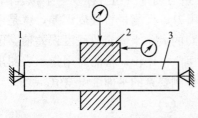

图 3.45 径向和轴向圆跳动测量
1—顶尖；2—被测零件；3—心轴

图 3.45 所示为径向圆跳动和轴向圆跳动的测量示意图。被测零件以其基准孔安装在精度较高的心轴上（孔与轴之间采用无间隙配合），再将心轴安装在同轴度很高的两顶尖之间，被测零件的基准孔轴线用这两个顶尖的公共轴线模拟体现，作为测量基准。被测零件绕基准轴线回转一周，因零件存在几何误差，分别安装在径向和轴向位置固定的两个指示表的测头将会发生移动，指示表最大与最小示值之差分别为径向和轴向圆跳动误差值。

5. 控制实效边界原则

控制实效边界原则是指检验被测提取要素是否超过实效边界，以判断合格与否。该原则适用于包容要求和最大实体要求的场合。按包容要求或最大实体要求给出几何公差，相当于给定了最大实体边界或最大实体实效边界，就要求被测要素的实际轮廓不得超出该边界。采用控制实效边界原则的有效方法是使用光滑极限量规的通规或功能量规的工作表面

模拟体现图样上给定的理想边界，以检验被测提取要素的体外作用尺寸的合格性。若被测提取要素的实际轮廓能被量规通过，则表示该项几何公差合格，否则为不合格。

图 3.46(a)所示为一阶梯轴零件，其同轴度误差用图 3.46(b)所示的同轴度量规检验。零件被测要素的最大实体实效边界尺寸为 $\phi25.04$mm，则量规测量部分(模拟被测要素的最大实体实效边界)孔径的公称尺寸也应为 $\phi25.04$。零件基准要素本身遵守包容要求，其最大实体边界尺寸为 $\phi50$mm，故量规定位部分孔的公称尺寸应同样为 $\phi50$mm。显然，若零件的被测要素和基准要素的实际轮廓均未超出图样上给定的理想边界，则它们就能被功能量规通过。量规本身制造公差的确定可参见相关标准。

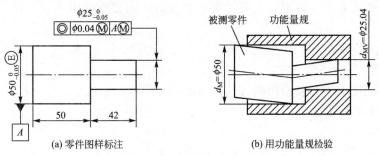

(a) 零件图样标注　　　　　　　(b) 用功能量规检验

图 3.46　用功能量规检验同轴度误差

本 章 小 结

(1) 几何误差的研究对象是几何要素，根据几何要素特征的不同可分为：公称要素与实际(组成)要素、组成要素与导出要素、被测要素与基准要素以及单一要素与关联要素等；国家标准规定的几何公差特征共有 14 项。

(2) 几何公差是形状、方向、位置和跳动公差的统称。形状公差是指实际单一要素的形状所允许的变动量。方向、位置和跳动公差是指实际关联要素相对于基准的方向或位置所允许的变动量；几何公差带具有形状、大小、方向和位置 4 个特征。几何公差带分为形状公差带、方向公差带、位置公差带和跳动公差带 4 类。

(3) 公差原则是处理尺寸公差与几何公差关系的基本原则，它分为独立原则和相关要求两大类。

(4) 形状误差($f_{形状}$)、方向误差($f_{方向}$)和位置误差($f_{位置}$)之间的关系：$f_{形状}<f_{方向}<f_{位置}$，即位置误差包含了方向误差和形状误差，方向误差包含了形状误差。当零件上某要素同时有形状、方向和位置精度要求时，则设计中对该要素所给定的 3 种公差应符合：$T_{形状}<T_{方向}<T_{位置}$。

各项几何公差的控制功能不尽相同，某些方向和位置公差具有综合控制功能，如平面的平行度公差带，可以控制该平面的平面度和直线度误差；径向全跳动公差带可综合控制同轴度和圆柱度误差；轴向全跳动公差带可综合控制端面对基准轴线的垂直度误差和平面度误差等。

(5) 最小条件是评定几何误差的基本原则。

习题与思考题

一、判断题

1. 直线度公差带一定是距离为公差值 t 的两平行平面之间的区域。（　　）

2. 形状公差带的方向和位置都是浮动的。（　　）

3. 平面度公差带与平行度公差带的形状是相同的。（　　）

4. 最大实体要求既能用于导出要素，也能用于组成要素。（　　）

5. 几何公差按最大实体要求与尺寸公差相关时，则要求被测提取要素遵守最大实体边界。（　　）

6. 圆柱度的公差带与径向全跳动的公差带完全相同。（　　）

二、选择题

1. 面对面的平行度公差带形状为_____，公差带的方向是_____。
   A. 两条平行直线　　　　　　　　　B. 两个平行平面
   C. 浮动　　　　　　　　　　　　　D. 固定

2. 端面对轴线的垂直度公差带与_____相同，两者控制的位置误差效果也是一样的。
   A. 轴向圆跳动　　　B. 端面的平面度　　　C. 轴向全跳动

3. 最大实体要求、最小实体要求都只能用于_____。
   A. 基准要素　　　　　　　　　　　B. 被测要素
   C. 组成要素　　　　　　　　　　　D. 导出要素

4. 方向公差带的_____由被测实际要素的位置而定。
   A. 大小　　　　　B. 方向　　　　　C. 形状　　　　　D. 位置

5. _____是给定平面内直线度最小包容区域的判别准则。
   A. 三角形准则　　　　　　　　　　B. 相间准则
   C. 交叉准则　　　　　　　　　　　D. 直线准则

6. 几何未注公差标准中没有规定_____的未注公差，是因为它可以由该要素的尺寸公差来控制。
   A. 直线度　　　　　B. 圆度　　　　　C. 对称度

三、填空题

1. 用公差特征项目符号表示几何公差中只能用于导出要素的项目的有_____，只能用于组成要素的项目有_____，既能用于导出要素又能用于组成要素的项目有_____。

2. 若某一被测平面到其理想位置的最大距离为 $10\mu m$，则此平面的位置度误差为_____ μm。

3. 圆跳动公差可以分为_____圆跳动公差、_____圆跳动公差和_____圆跳动公差。

4. 方向公差带和位置公差带的方向或位置，由_____和_____确定。

5. 组成要素的尺寸公差与其导出要素的几何公差的相关要求可以分为_____要求、_____要求和_____要求。

6. 孔的最大实体实效尺寸 D_{MV} 等于_____尺寸与其导出要素的_____之差。

四、问答题

1. 几何公差带的 4 个特征是什么？形状、方向、位置和跳动公差带的特点是什么？

2. 最小包容区域、方向最小包容区域和位置最小包容区域三者之间有何差异？若同一要素需同时规定形状公差、方向公差和位置公差时，三者的关系应如何处理？

3. 哪些情况下在几何公差值前要加注符号"ϕ"？哪些场合要用理论正确尺寸？是怎样标注的？

4. 组成要素和导出要素的几何公差标注有什么区别？

5. 独立原则和包容要求的含义是什么？

五、标注题

1. 图 3.47 所示零件的技术要求是：①$2\times\phi d$ 轴线对其公共轴线的同轴度公差为 $\phi0.02mm$；②ϕD 轴线对 $2\times\phi d$ 公共轴线的垂直度公差为 $0.02/100mm$；③ϕD 轴线对 $2\times\phi d$ 公共轴线的偏离量不大于 $\pm10\mu m$。试用几何公差代号标出这些要求。

2. 将下列几何公差要求标注在图 3.48 上。

(1) 圆锥截面圆度公差为 $0.006mm$；

(2) 圆锥素线直线度公差为 7 级($L=50mm$)，并且只允许材料向外凸起；

(3) $\phi80H7$ 遵守包容要求，$\phi80H7$ 孔表面的圆柱度公差为 $0.005mm$；

(4) 圆锥面对 $\phi80H7$ 轴线的斜向圆跳动公差为 $0.02mm$；

(5) 右端面对左端面的平行度公差为 $0.005mm$；

(6) 未注几何公差按 GB/T 1184 中 K 级制造。

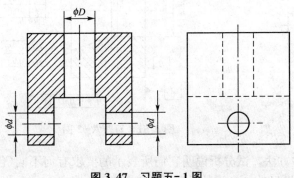

图 3.47　习题五-1 图

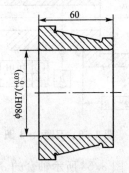

图 3.48　习题五-2 图

3. 将下列几何公差要求，分别标注在图 3.49(a)、图 3.49(b) 上。

(1) 标注在图 3.49(a) 上的几何公差要求。

① $\phi40_{-0.03}^{0}$ 圆柱面对两 $\phi25_{-0.021}^{0}$ 公共轴线的圆跳动公差为 $0.015mm$；

② 两 $\phi25_{-0.021}^{0}$ 轴颈的圆度公差为 $0.01mm$；

③ $\phi40_{-0.03}^{0}$ 左、右端面对 $2-\phi25_{-0.021}^{0}$ 公共轴线的端面圆跳动公差为 $0.02mm$；

④ 键槽 $10_{-0.036}^{0}$ 中心平面对 $\phi40_{-0.03}^{0}$ 轴线的对称度公差为 $0.015mm$。

(2) 标注在图 3.49(b) 上的几何公差要求。

① 底平面的平面度公差为 $0.012mm$；

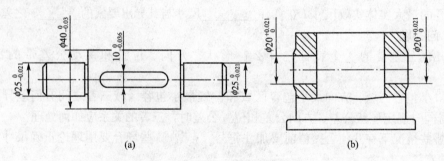

图 3.49 习题五-3 图

② $\phi20^{+0.021}_{0}$ 两孔的轴线分别对它们的公共轴线的同轴度公差为 0.015mm；

③ $\phi20^{+0.021}_{0}$ 两孔的轴线对底面的平行度公差为 0.01mm，两孔表面的圆柱度公差为 0.008mm。

六、改错题

1. 指出图 3.50 中几何公差的标注错误，并加以改正(不允许改变几何公差的特征符号)。

2. 指出图 3.51 中几何公差的标注错误，并加以改正(不允许改变几何公差的特征符号)。

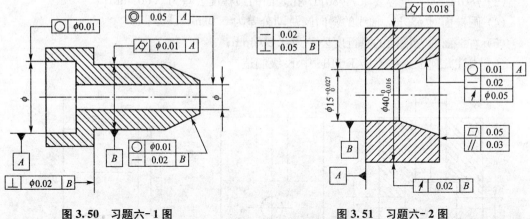

图 3.50 习题六-1 图   图 3.51 习题六-2 图

七、图 3.52 所示轴套的 3 种标注方法，试分析说明它们所表示的要求有何不同(包括采用的公差原则、公差要求、理想边界尺寸、允许的垂直度误差等)？并填表 3-23。

表 3-23 3 种标注方法

图序	采用的公差原则或公差要求	孔为最大实体尺寸时几何误差值	孔为最小实体尺寸时允许的几何误差值	理想边界名称边界尺寸
(a)				
(b)				
(c)				

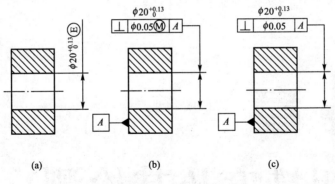

图 3.52　习题七图

第 **4** 章
表面粗糙度及其检测

 本章教学目标

能力培养	知识要点
掌握表面粗糙度参数和参数值的选用原则和方法及其检测手段	表面粗糙度参数选用原则及其检测
理解表面粗糙度的概念，了解其对机械零件使用性能的影响	表面粗糙度的概念及其影响
理解规定取样长度及评定长度的目的及中线的作用；掌握表面粗糙度的幅度参数；了解表面粗糙度的间距特性参数	有关轮廓滤波器、轮廓、取样长度、评定长度、传输带和中线等术语的含义；表面粗糙度的幅度参数 Ra、Rz 及间距特性参数 Rsm、$Rmr(c)$
熟练掌握表面粗糙度技术要求在零件图上标注的方法	表面粗糙度技术要求在零件图上的各种标注实例及其解释

齿轮传动常见的故障主要有轮齿折断、齿面磨损、齿面点蚀、齿面胶合等，造成诸多故障的原因大体上有设计、制造、装配、热处理、润滑和工作环境等。针对齿轮制造的影响因素而言，轮齿的齿面表面特征是与上述齿轮故障最密切相关的主因之一，因为齿面表面粗糙度不仅影响着共轭齿面的摩擦、接触比压、传动效率、润滑性能和工作温度，还会直接导致齿面磨损、齿面点蚀、齿面胶合等工作失效破坏。因此在进行机械产品设计时，提出合理的表面粗糙度要求是十分重要的。

图4.0 齿面点蚀

4.1 表面粗糙度的基本概念及作用

1. 表面粗糙度产生的原因

无论是用切削加工方法，还是采用其他加工方法获得的零件表面，在其上都会存在着由较小间距和微小峰、谷所形成的微观几何形状特征，这种微观几何形状特征常用表面粗糙度轮廓来表示。其形成原因是多方面的，如在切削加工过程中，由于刀具与零件表面的摩擦、切削时金属撕裂、切屑分离时零件表面的塑性变形以及机床和刀具的振动等，均会在零件表面上残留下各种不同形状和尺寸的微小加工痕迹。

2. 表面粗糙度相关标准

我国对表面粗糙度轮廓标准进行了多次修订，本章以 GB/T 3505—2009《产品几何技术规范(GPS)表面结构 轮廓法 术语、定义及表面结构参数》、GB/T 1031—2009《产品几何技术规范(GPS)表面结构 轮廓法 表面粗糙度参数及其数值》、GB/T 131—2006《产品几何技术规范(GPS)技术产品文件中表面结构的表示法》等最新国家标准为基础，对表面粗糙度的相关术语、评定原理、标注与检测方法等方面作简要介绍。

3. 表面特征的意义

为研究零件的表面结构，特引进轮廓的概念，零件的表面轮廓是指物体与周围介质区分的物理边界。通常用垂直于零件实际表面的平面与该零件实际表面相交所得到的轮廓作为零件的表面轮廓，如图4.1所示。由于加工形成的实际表面一般处于非理想状态，根据其特征可分为表面粗糙度(roughness)误差、表面形状(primary profile)误差、表面波纹度

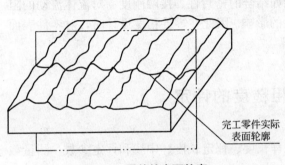

完工零件实际表面轮廓

图4.1 零件的表面轮廓

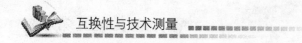

（waviness）和表面缺陷。

通常认为：波距小于 1mm 的属于表面粗糙度；波距在 1～10mm 的属于表面波纹度；波距大于 10mm 的属于形状误差。显然，上述传统划分方法并不严谨。实际上表面形状误差、表面粗糙度以及表面波纹度之间并无确定的界限。它们通常与生成表面的加工工艺和零件的使用功能有关。为此，国际标准化组织（ISO）近年来加强了表面滤波方法和技术的研究，对复合表面特征采用软件或硬件滤波的方式，获得与使用功能相关联的表面特征评定参数。

表面粗糙度不仅影响着零件的耐磨性、强度、抗腐蚀性、配合性质的稳定性，而且还影响着零件的密封性、外观和检测精度等。因此在保证零件尺寸、形状和位置精度的同时，对表面粗糙度也必须加以控制。

4. 表面粗糙度的作用

表面粗糙度对机械零件的功能、使用性能、可靠性和美观程度均有着直接影响。

1）影响零件的耐磨损性

相互接触的两零件，在发生相对运动时，零件工作表面之间的摩擦会增加能量的损耗。零件实际表面越粗糙，则摩擦因数就越大，两相对运动表面间的实际有效接触面积就越小，导致单位面积压力增大，造成零件运动表面磨损加快。若零件表面过于光滑，又不利于在表面上储存润滑油，易使相互运动的工作表面间形成半干摩擦甚至干摩擦，反而使摩擦因数增大，加剧磨损。

2）影响配合性质稳定性

对于过盈配合，由于装配时孔、轴表面上的微波峰被挤平而使有效过盈减小，降低连接强度；对于间隙配合，在零件工作过程中孔、轴表面上的微波峰被磨去，使间隙增大，改变了配合性质，特别对于尺寸小、公差小的配合，影响尤甚。所以表面粗糙度会影响配合性质的稳定性，从而影响机器和仪器的工作精度和工作可靠性。

3）影响零件的耐疲劳性

零件表面越粗糙，其疲劳强度越低。凹谷越深，对应力集中越敏感，特别是在交变应力的作用下，其影响更大，容易产生疲劳裂纹。

4）影响零件的抗腐蚀性

零件表面越粗糙，裸露的表面积越大，凹谷越深，则越容易在该表面上积聚腐蚀性物质，且通过该表面的微观凹谷向表面深层渗透，使腐蚀加剧。

此外，表面粗糙度对零件其他使用性能如结合的密封性、接触刚度、对流体流动的阻力以及对机器、仪器的外观质量等都有很大的影响。因此在零件精度设计时，对零件表面粗糙度提出合理的技术要求十分必要。

4.2 表面粗糙度的评定

在测量和评定表面粗糙度时，应规定取样长度、评定长度、中线和评定参数，测量截面方向一般垂直于表面主要加工痕迹方向。

4.2.1 有关表面粗糙度的一般术语与定义

1. 轮廓滤波器(profile filter)

将轮廓分成长波和短波成分的滤波器。在测量粗糙度、波纹度和原始轮廓的仪器中分别使用3种滤波器,如图4.2所示。它们都具有 GB/T 18777—2002 规定的相同的传输特性,但截止波长不同。

(1) λs 轮廓滤波器(λs profile filter)。确定存在于表面上的粗糙度与比它更短的波的成分之间相交界限的滤波器。

(2) λc 轮廓滤波器(λc profile filter)。确定粗糙度与波纹度成分之间相交界限的滤波器。

(3) λf 轮廓滤波器(λf profile filter)。确定存在于表面上的波纹度与比它更长波的成分之间相交界限的滤波器。

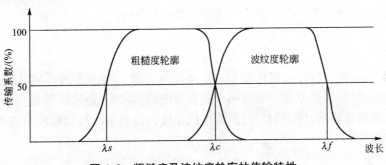

图 4.2 粗糙度及波纹度轮廓的传输特性

2. 轮廓

轮廓分为表面轮廓、原始轮廓、粗糙度轮廓和波纹度轮廓。

(1) 表面轮廓是指一个指定平面与实际表面相交所得的轮廓,如图4.1所示。

(2) 原始轮廓是指通过 λs 轮廓滤波器后的总轮廓,又称为 P 轮廓。

(3) 粗糙度轮廓是指对原始轮廓采用 λc 轮廓滤波器抑制长波成分以后形成的轮廓,是经过人为修正的轮廓,又称为 R 轮廓。

(4) 波纹度轮廓是指对原始轮廓连续使用 λf 和 λc 两个轮廓滤波器以后形成的轮廓。采用 λf 轮廓滤波器抑制长波成分,而采用 λc 轮廓滤波器抑制短波成分。这是经过人为修正的轮廓,又称为 W 轮廓。

3. 取样长度 lr

在 X 轴方向判别被评定轮廓不规则特征的长度。规定这段长度是为了限制和减弱其他几何形状误差,特别是表面波纹度对表面粗糙度测量结果的影响。取样长度(sampling length)应与被测表面的粗糙度相适应,表面越粗糙,取样长度应越长。评定粗糙度和波纹度轮廓的取样长度 lr 和 lw 在数值上分别与 λc 和 λf 轮廓滤波器的截止波长相等。

从表 4-4 中可以看出取样长度的数值与表面粗糙度的要求应相适应。

4. 评定长度 ln

评定长度(evaluation length)用于评定被评定轮廓的 X 轴方向上的长度。一个评定长度包含一个或几个取样长度。评定长度的默认值参见 GB/T 10610—2009 中 4.4。由于被测表面上各处的粗糙度不一定很均匀，在一个取样长度内往往不能合理地反映被测表面的粗糙度，所以需要在几个取样长度上分别测量，取其平均值作为测量结果，如图 4.3 所示。取标准评定长度 $ln=5lr$。若被测表面比较均匀，可选 $ln<5lr$；若均匀性差，可选 $ln>5lr$。

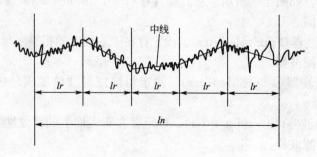

图 4.3　取样长度和评定长度

5. 传输带

一般而言，表面结构定义在传输带中，传输带的波长范围在两个定义的滤波器之间。即传输带是评定时的波长范围。它被一个截止短波的滤波器(短波滤波器)和另一个截止长波的滤波器(长波滤波器)所限制。滤波器由截止波长值表示，且长波滤波器的截止波长值即是取样长度。

6. 中线

中线(mean lines)是指具有几何轮廓形状并划分轮廓的基准线。

(1) 用 λc 轮廓滤波器所抑制的长波轮廓成分对应的中线称为粗糙度轮廓中线(mean line for the roughness profile)。

(2) 用 λf 轮廓滤波器所抑制的长波轮廓成分对应的中线称为波纹度轮廓中线(mean line for the waviness profile)。

(3) 在原始轮廓上按照标准形状用最小二乘法拟合确定的中线称为原始轮廓中线(mean line for the primary profile)。

基准线有下列两种：轮廓最小二乘中线和轮廓算术平均中线。

① 轮廓最小二乘中线 m。是在取样长度 lr 范围内，实际被测轮廓线上的各点到该线的距离平方和为最小，如图 4.4 所示。

② 轮廓算术平均中线。是在取样长度 lr 范围内，将实际轮廓划分为上下两部分，且使上、下部分的面积之和相等的直线，如图 4.5 所示。即

$$\sum_{i=1}^{n} F_i = \sum_{i=1}^{n} F_i'$$

最小二乘中线符合最小二乘原则，从理论上讲是理想的基准线，但在轮廓图形上确定最小二乘中线的位置比较困难。而轮廓算术平均中线往往不是唯一的，在一簇轮廓算术平均中线中，只有一条与最小二乘中线重合。在实际评定和测量表面粗糙度时，使用图解法时可用算术平均中线代替最小二乘中线。

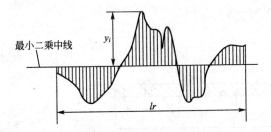

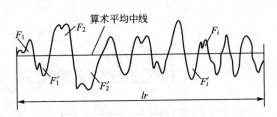

图 4.4 表面粗糙度轮廓的最小二乘中线

y_i—轮廓上第 i 点至最小二乘中线的距离

图 4.5 表面粗糙度轮廓的算术平均中线

4.2.2 几何参数

如图 4.6 所示，各参数的具体含义如下。

(1) 轮廓峰(profile peak)：轮廓与轮廓中线相交，相邻两交点之间的轮廓外凸部分。

(2) 轮廓谷(profile valley)：轮廓与轮廓中线相交，相邻两交点之间的轮廓内凹部分。

(3) 轮廓单元(profile element)：轮廓峰与相邻轮廓谷的组合。

(4) 轮廓单元宽度 X_s(profile element width)：一个轮廓单元与 X 轴相交线段的长度。

(5) 轮廓单元高度 Z_t(profile element height)：一个轮廓单元的轮廓峰高与轮廓谷深之和。

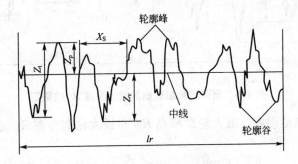

图 4.6 表面轮廓几何参数

(6) 轮廓峰高 Z_p(profile peak height)：轮廓最高点到 X 轴的距离。

(7) 轮廓谷深 Z_v(profile valley height)：轮廓最低点到 X 轴的距离。

4.2.3 表面轮廓参数

表面轮廓参数如下。

1. 幅度参数

(1) 轮廓的算术平均偏差 Ra (arithmetical mean deviation of the assessed profile)。是指在取样长度 lr 内，被评定轮廓上各点至中线的纵坐标值 $Z(x)$ 绝对值的算术平均值，记为 Ra，如图 4.7 所示，即

$$Ra = \frac{1}{l}\int_0^l |Z(x)| \, \mathrm{d}x \qquad (4-1)$$

式(4-1)可近似表示为

$$Ra = \frac{1}{n} \sum_{i=1}^{n} |Z_i| \qquad (4-2)$$

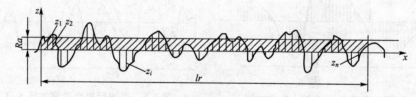

图 4.7　轮廓算术平均偏差 *Ra* 的确定

（2）轮廓的最大高度 *Rz*（maximum height of profile）。如图 4.8 所示，在一个取样长度范围内的轮廓上，各个高极点至中线的距离叫做轮廓峰高 Zp_i，其中最大的峰高 Rp（图 4.8 中，$Rp=Zp_6$）；轮廓上各个低极点至中线的距离叫做轮廓谷深，用 Zv_i 表示，其中最大的距离叫做最大轮廓谷深，用符号 *Rv* 表示（图 4.8 中，$Rv=Zv_2$）。

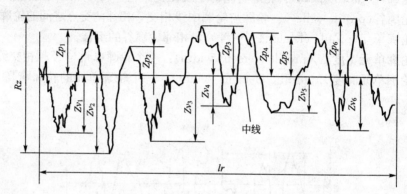

图 4.8　表面粗糙度轮廓的最大高度 *Rz* 的确定

在一个取样长度范围内，最大轮廓峰高 Rp 与最大轮廓谷深 Rv 之和称为轮廓最大高度，用符号 *Rz* 表示，即

$$Rz = Rp + Rv = \max\{Zp_i\} + \max\{Zv_i\} \qquad (4-3)$$

2. 间距特征参数

（1）轮廓单元的平均宽度 *Rsm*（mean width of the profile elements）。是指在一个取样长度 *lr* 范围内，所有粗糙度轮廓单元宽度 Xs_i 的平均值，如图 4.9 所示，用符号 *Rsm* 表示，即

$$Rsm = \frac{1}{m} \sum_{i=1}^{m} Xs_i \qquad (4-4)$$

（2）轮廓支承长度率 *Rmr(c)*（material ratio of the profile）。在给定水平截面高度 *c* 上轮廓的实体材料长度 *Ml(c)* 与评定长度 *ln* 的比率，即

$$Rmr(c) = \frac{Ml(c)}{ln} \qquad (4-5)$$

Rmr(c) 与表面轮廓形状有关，是反映表面耐磨性能的指标。如图 4.10 所示，在给定水平位置内，图 4.10（b）所示的表面比图 4.10（a）所示的表面实体材料长度大，所以图 4.10（b）所示的表面更耐磨。

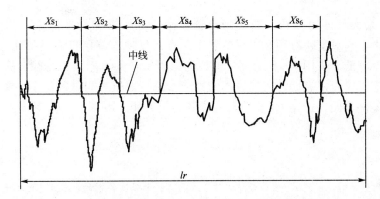

图4.9 轮廓单元的宽度与轮廓单元的平均宽度

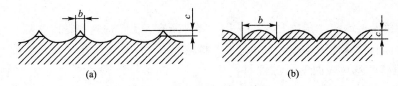

图4.10 表面粗糙度的不同形状

特别提示

$Rmr(c)$能直接反映实际接触面积的大小,它综合反映了峰高和间距的影响,而摩擦、磨损、接触变形等都与实际接触面积有关,故此时宜选用参数$Rmr(c)$,但必须同时给出水平截距c。

4.3 表面粗糙度轮廓的技术要求

1. 表面粗糙度轮廓技术要求的内容

在规定表面粗糙度轮廓的技术要求时,必须给出表面粗糙度轮廓幅度参数及允许值和测量时的取样长度值这两项基本要求,必要时可规定轮廓的其他评定参数、表面加工纹理方向、加工方法或(和)加工余量等附加要求。如果采用标准取样长度,则在图样上可省略标注取样长度值。

2. 表面粗糙度评定参数及其允许值的选择

1)表面粗糙度评定参数的选用

(1)幅值参数的选择。表面粗糙度幅值参数选取的原则为:在机械零件精度设计时,可先选取幅度特征方面的参数,只有当幅值参数不能满足表面功能要求时,才选取附加参数作为附加项目。

在评定参数中,最常用的是Ra,因为它能最完整、最全面地表征零件表面的轮廓特征。且参数Ra值可方便地用触针式轮廓仪进行测量,测量效率高,其测量范围为

$0.02\sim8\mu m$。

Rz 是反映最大高度的参数，通常用双管显微镜和干涉显微镜测量，其测量范围为 $0.1\sim60\mu m$，由于它只反映峰顶和谷底的若干个点，反映出的信息有局限性，不如 Ra 全面，且测量效率较低。采用 Rz 作为评定参数的原因是：一方面由于受触针式轮廓仪功能的限制，不适应于极光滑表面和粗糙表面的检测；另一方面对测量部位小、峰谷少或有疲劳强度要求的零件表面，选用 Rz 作为评定参数，更方便、可靠。

特别提示

当表面要求耐磨性时，采用 Ra 较为合适；对于表面有疲劳强度要求的，采用 Rz 为好。另外，在仪表、轴承行业中，由于某些零件很小，难以取得一个规定的取样长度，用 Ra 有困难，采用 Rz 才具有实用意义。

（2）轮廓单元平均宽度参数 Rsm 的选用。零件所有表面都应选择幅度参数，只有在少数零件的重要表面有特殊使用要求时，才附加选择轮廓单元平均宽度参数 Rsm 等附加参数。

如表面粗糙度就对表面的可涂漆性影响较大，汽车外形薄钢板，除去控制幅度参数 $Ra(0.9\sim1.3\mu m)$ 外，还需进一步控制轮廓单元的平均宽度 $Rsm(0.13\sim0.23\mu m)$；深冲压钢板时，为使钢板和冲模之间有良好的润滑，避免冲压时引起裂纹也要控制轮廓单元平均宽度 Rsm。

2）表面粗糙度参数值的选用

表面粗糙度评定参数值选择的一般原则：在满足功能要求的前提下，尽量选用较大的表面粗糙度参数值，以便于加工，降低生产成本，获得较好的经济利益。

表面粗糙度评定参数值选用通常采用类比法。具体选择时应注意以下几点。

（1）在同一零件上，工作表面通常比非工作表面的粗糙度要求严，$Rmr(c)$ 值应大，其余评定参数值应小。

（2）对于摩擦表面，速度越高，单位面积压力越大，则表面粗糙度参数值应越小，尤其对滚动摩擦表面应更小。

（3）承受交变应力的表面，特别是在零件圆角、沟槽处，其粗糙度参数值应小。

（4）对于要求配合性质稳定的小间隙配合和承受重载荷的过盈配合，它们的孔、轴的表面粗糙度参数值应小。

（5）应与尺寸公差、形状公差协调。通常尺寸及形状公差小，表面粗糙度参数值也要小，同一尺寸公差的轴比孔的粗糙度参数值要小。

（6）要求防腐蚀、密封性的表面及要求外表美观的表面，其粗糙度轮廓参数允许值应小。

此外，还应考虑其他一些特殊因素和要求。如凡有关标准已对表面粗糙度要求做出规定的（如轴承、量规、齿轮等），应按标准规定选取表面粗糙度数值，而且与标准件的配合面应按标准件要求标注。

国家标准对 Ra、Rz、Rsm 以及 $Rmr(c)$ 的参数值推荐数值见表 4-1～表 4-4，具体参数数值应优先选取推荐数值。此外，选用 $Rmr(c)$ 时给出截面高度 c 值可用 μm 或 Rz 的百分数表示。百分数系列如下：$Rz(5\%、10\%、15\%、20\%、25\%、30\%、40\%、50\%、$

60%、70%、80%、90%)(摘自 GB/T 1031—2009)。

相应的取样长度 lr 国家规定数值见表 4-4。

表 4-1　*Ra* 的参数值(摘自 GB/T 1031—2009)　　　　　(μm)

0.012	0.2	3.2	50
0.025	0.4	6.3	100
0.05	0.8	12.5	
0.1	1.6	25	

表 4-2　*Rz* 的参数值(摘自 GB/T 1031—2009)　　　　　(μm)

0.025	0.4	6.3	100
0.05	0.8	12.5	200
0.1	1.6	25	400
0.2	3.2	50	800

表 4-3　轮廓单元的平均宽度 *Rsm* 的数值(摘自 GB/T 1031—2009)　　　(mm)

0.006	0.05	0.4	3.2
0.0125	0.1	0.8	6.3
0.025	0.2	1.6	12.5

表 4-4　取样长度 l_r 的数值　　　　　(mm)

lr	0.08	0.25	0.8	2.5	8	25

表 4-5　表面粗糙度参数值应用实例

表面微观特征		$Ra/\mu m$	$Rz/\mu m$	加工方法	应用举例
粗糙表面	微见刀痕	≤20	≤80	粗车、粗刨、粗铣、钻、毛锉、锯断	半成品粗加工的表面,非配合加工表面,如端面、倒角、钻孔、齿轮带轮侧面、键槽底面、垫圈接触等
半光表面	可见加工痕迹	≤10	≤40	车、刨、铣、镗、钻、粗铰	轴上不安装轴承、齿轮处的非配合表面;紧固件的自由装配表面;轴和孔的退刀槽等
	微见加工痕迹	≤5	≤20	车、刨、铣、镗、磨、拉、粗刮、滚压	半精加工表面,箱体、支架、盖面、套筒等和其他零件结合而无配合要求的表面;需要发蓝的表面等
	看不清加工痕迹	≤2.5	≤10	车、刨、铣、镗、磨、拉、刮、滚压、铣齿、	接近于精加工表面,箱体上安装轴承的镗孔面、齿轮的工作面等

(续)

表面微观特征		Ra/μm	Rz/μm	加工方法	应用举例
光表面	可辨加工痕迹方向	≤1.25	≤6.3	车、镗、磨、拉、精铰、磨齿、滚压	圆柱销、圆锥销;与滚动轴承配合的表面;普通车床导轨面;内、外花键定心表面等
	微辨加工痕迹方向	≤0.63	≤3.2	精铰、精镗、磨、滚压	要求配合性质稳定的配合表面;工作时受交变应力的重要零件;较高精度车床导轨面等
	不辨加工痕迹方向	≤0.32	≤1.6	精磨、研磨、珩磨	精密机床主轴锥孔、顶尖圆锥面;发动机曲轴、凸轮轴工作面;高精度齿轮齿面等
极光表面	暗光泽面	≤0.16	≤0.8	精磨、研磨、普通抛光	精密机床主轴颈表面、一般量规工作表面;汽车套内表面、活塞销表面等
	亮光泽面	≤0.08	≤0.4	超精磨、镜面磨削、精抛光	精密机床主轴颈表面、滚动轴承的滚珠,高压油泵中柱塞孔和柱塞配合的表面
	镜状光泽面	≤0.04	≤0.2		
	镜面	≤0.01	≤0.05	镜面磨削、超精研	高精度仪、量块工作表面,光学仪器中金属镜面等

4.4　表面粗糙度技术要求在零件图上标注的方法

4.4.1　表面粗糙度的符号和代号

1. 表面粗糙度的符号

表面粗糙度的符号及说明见表4-6。

表4-6　表面粗糙度符号(GB/T 131—2006)

符号	意义说明
∨	基本图形符号,未指定工艺方法的表面,当通过一个注释解释时可单独使用
∨	扩展图形符号,用去除材料方法获得的表面。如车、铣、钻、磨、剪切、抛光、腐蚀、电火化加工等。仅当其含义是"被加工表面"时可单独使用
∨	扩展图形符号,不去除材料获得的表面。也可用于表示保持上道工序形成的表面,不管这种状况是通过去除材料或不去除材料形成的
∨ ∨ ∨	在上述3个符号的长边上均可加一横线,用于标注有关参数和说明
∨ ∨ ∨	在上述3个符号上均可加一小圈,表示所有表面具有相同的表面粗糙度要求

2. 表面粗糙度的代号

为明确表面结构要求,除标注表面结构参数和数值外,必要时应标注补充要求,补充要求包括传输带、取样长度、加工工艺、表面纹理及方向、加工余量等。为保证表面功能特征，应对表面结构参数规定不同要求。

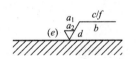

**图 4.11 表面粗糙度补充
要求的注写位置图**

在一个完整表达符号中，对表面结构的单一要求和补充要求应对应注写在图 4.11 所示的指定位置处。

（1）位置 a——标注表面结构的单一要求。包括粗糙度参数代号、极限值和传输带或取样长度。为避免误解，在参数代号和极限值间应插入空格。传输带或取样长度后应有一斜线"/"，之后是表面结构参数代号，最后是数值，如 0.0025～0.8/Rz 6.3（传输带标注）或－0.8/Rz 6.3（取样长度标注）。

（2）位置 a 和 b——注写两个或多个表面结构要求。位置 a 处，注写第一个表面结构，具体要求方法同上。位置 b 处，注写第二个表面结构要求。如果要注写第三个或更多表面结构要求，图形符号须应在垂直方向扩大，以空出足够的空间填写更多参数项。扩大图形符号时，a 和 b 的位置随之上移。

（3）位置 c——注写加工方法。注写加工方法、涂层、表面处理或其加工工艺要求等，如车、磨、镀等加工表面。

（4）位置 d——注写表面纹理和方向。注写所要求的表面纹理和纹理方向，如"＝"、"⊥"、"×"等符号（表 4-7）。

（5）位置 e——注写加工余量。注写所要求的加工余量，标注的数值以 mm 为单位。

 特别提示

给出表面结构要求时，应标注其参数代号和相应数值，并包括要求解释的以下 4 项重要信息：①3 种轮廓（R、W、P）中的一种；②轮廓特征；③满足评定长度要求的取样长度的个数；④要求的极限值。

表 4-7 加工纹理方向符号及说明（GB/T 131—2006）

符　号	示意图	符　号	示意图
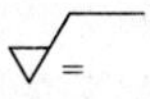 ⎷＝	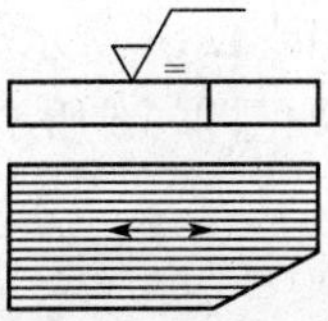 纹理平行于标注代号的视图投影面	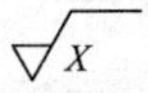 ⎷X	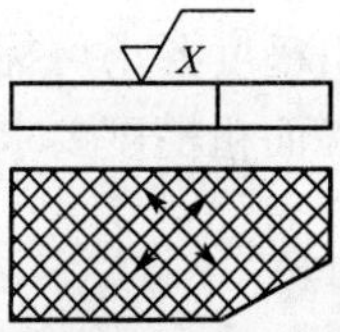 纹理呈两相交的方向
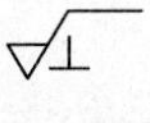 ⎷⊥	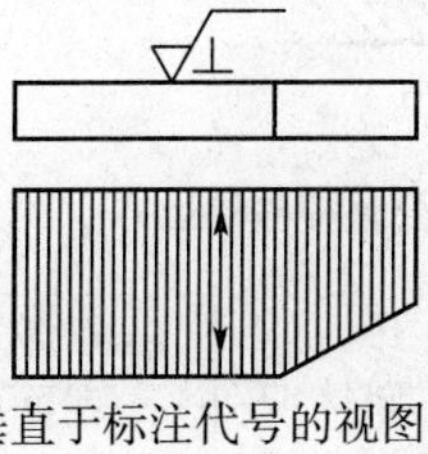 纹理垂直于标注代号的视图投影面	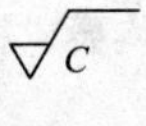 ⎷C	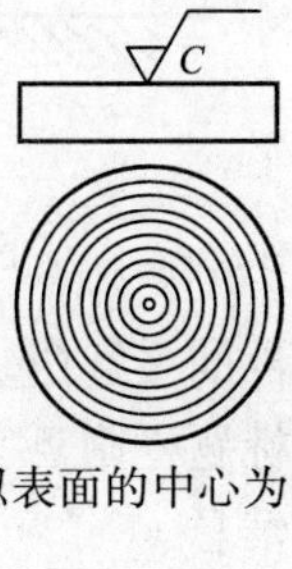 纹理近似为以表面的中心为圆心的同心圆

4.4.2 表面粗糙度的标注实例

1. 图样标注示例

表面粗糙度标注的总原则是使表面结构的注写和读取方向一致，如图 4.12 所示。表面结构要求可标注在轮廓线及其延长线上，其符号应从材料外指向接触表面。必要时，其符号也可用带箭头或黑点的指引线引出标注，如图 4.13、图 4.14 所示。

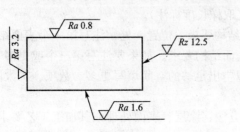

图 4.12　表面粗糙度要求的注写方向

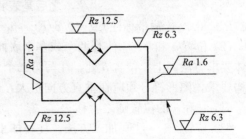

图 4.13　表面粗糙度标注在轮廓及其延长线上

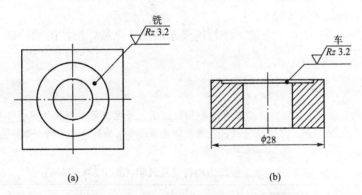

(a)　　　　　　　　　　(b)

图 4.14　用指引线引出标注表面结构要求

表面粗糙度要求可标注在几何公差框格的上方，如图 4.15 所示。在不致引起误解的情况下，表面粗糙度要求也可标注在给定的尺寸线上，如图 4.16 所示。

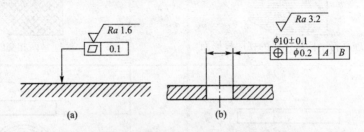

(a)　　　　　　　　　　(b)

图 4.15　表面结构要求标注在形位公差框格的上方

如果工件的多数(包括全部)表面有相同的表面结构要求，则其表面结构要求可统一标注在图样的标题栏附近。此时(除全部表面有相同要求的情况外)，表面结构要求的符号后面应有以下信息。

（1）在圆括号内给出无任何其他标注的基本符号，如图 4.17 所示。

（2）在圆括号内给出不同表面结构要求，如图 4.18 所示。

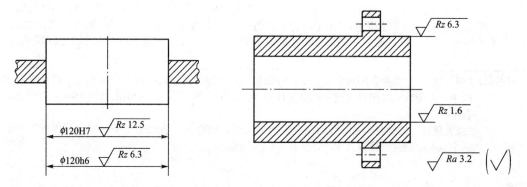

图 4.16　表面结构要求标注在尺寸线上　　　**图 4.17　大多数表面有相同表面结构要求的简化注法(一)**

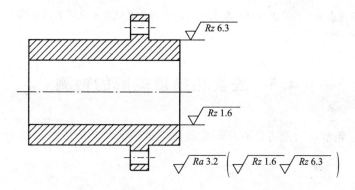

图 4.18　大多数表面有相同表面结构要求的简化注法(二)

2. 表面粗糙度参数标注示例

常用表面粗糙度标注方式见表 4-8。

表 4-8　表面粗糙度参数标注图例(GB/T 131—2006)

代　号	意　义
$\sqrt{Rz\ 0.4}$	表示不允许去除材料，单向上限值，默认传输带，R 轮廓，粗糙度的最大高度 $0.4\mu m$，评定长度为 5 个取样长度（默认），"16％规则"[①]（默认）
$\sqrt{Rzmax\ 0.2}$	表示去除材料，单向上限值，默认传输带，R 轮廓，粗糙度的最大高度的最大值 $0.2\mu m$，评定长度为 5 个取样长度（默认），"最大规则"[②]
$\sqrt{0.008-0.8/Ra\ 3.2}$	表示去除材料，单向上限值，传输带 $0.008\sim0.8mm$，R 轮廓，算术平均偏差 $3.2\mu m$，评定长度为 5 个取样长度（默认），"16％规则"（默认）
$\sqrt{-0.8/Ra3\ 3.2}$	表示去除材料，单向上限值，传输带：根据 GB/T 6062，取样长度 $0.8mm$，（λs 默认 $0.0025mm$），R 轮廓，算术平均偏差 $3.2\mu m$，评定长度包含 3 个取样长度，"16％规则"（默认）

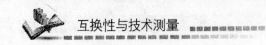
（续）

代　号	意　义
$\sqrt{\begin{array}{l}U\ Ramax\ 3.2\\L\ Ra\ 0.8\end{array}}$	表示不允许去除材料,双向极限值,两极限值均使用默认传输带,R 轮廓,上限值:算术平均偏差 3.2μm,评定长度为 5 个取样长度(默认),"最大规则";下限值:算术平均偏差 0.8μm,评定长度为 5 个取样长度(默认),"16％规则"(默认)

注：1. "16％规则"：当参数的规定值为上(下)限值时，如果所选参数在同一评定长度上的全部实测值中，大于(小于)图样或技术产品文件中规定值的个数不超过实测值总数的 16％，则该表面合格；

　　2. "最大规则"检验时，若参数的规定值为最大值，则在被检表面的全部区域内测得的参数值一个也不应超过图样或技术产品文件中的规定值。

特别提示

16％规则是所有表面结构要求标注的默认规则，当用最大规则来说明表面结构要求时，则参数符号后面应增加"max"标记。

4.5　表面粗糙度轮廓的检测

表面粗糙度轮廓的检测方法有比较检验法、针描法、光切法和显微干涉法及印模法等几种。

1. 光切法

光切法是应用光切原理测量表面粗糙度的一种测量方法，主要用于测量 Rz 值，测量范围为 0.5～60μm。常用仪器是光切显微镜，又称双管显微镜。该仪器适用于测量车、铣、刨等加工方法所加工的金属零件的平面或外圆表面。

其测量原理如图 4.19 所示。图 4.19(a)表示被测表面为阶梯面，其阶梯高度为 h。由光源发出的光线经狭缝后形成一个光带，此光带与被测表面以夹角为 45°的方向 A 与被测表面相截，被测表面的轮廓影像沿向量 B 向反射后可由显微镜观察得到状况如图 4.19(b)所示。其光路系统如图 4.19(c)所示，光源 1 通过聚光镜 2、狭缝 3 和物镜 5，

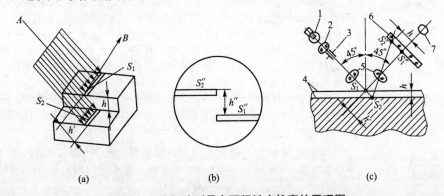

(a)　　　　　　　　　　(b)　　　　　　　　　　(c)

图 4.19　光切法测量表面粗糙度轮廓的原理图

以 45°角的方向投射到工件表面 4 上，形成一窄细光带。光带边缘的形状，即光束与工件表面的交线，也就是工件在 45°方向上的截面轮廓形状，此轮廓曲线波峰在 S_1 点反射，波谷在 S_2 点反射，通过物镜 5，分别成像在分划板 6 上的 S''_1 和 S''_2 点，其峰、谷影像高度差为 h''。由仪器的测微装置可读出此值，按定义测出评定参数尺寸 Rz 的数值。

2. 显微干涉法

干涉法是利用光波干涉原理测量表面粗糙度的一种测量方法，一般用于粗糙度要求较高的表面。

根据干涉原理设计制造的仪器称为干涉显微镜。其光学系统如图 4.20(a) 所示，由光源 1 发出的光线经聚光镜 2、滤色片 3、光栏 4 及透镜 5 成平行光线，射向底面半镀银的分光镜 7 后分成两束：一束光线通过补偿镜 8、物镜 9 到平面反射镜 10，被反射又回到分光镜 7，再由分光镜经聚光镜 11 到反射镜 16，由 16 反射进入目镜 12 的视野；另一束光线向上通过物镜 6，投射到被测零件表面，由被测表面反射回来，通过分光镜 7、聚光镜 11 到反射镜 16，由 16 反射也进入目镜 12 的视野。这样，在目镜 12 的视野内即可观察到这两束光线因光程差而形成的干涉带图形。若被测表面粗糙不平，干涉带即成弯曲形状，如图 4.20(b) 所示。由测微目镜可读出相邻两干涉带距离 a 及干涉带弯曲高度 b。

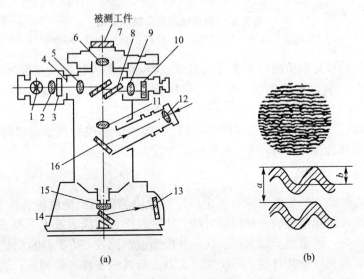

图 4.20　干涉显微镜

1—光源；2—聚光镜；3—滤色镜；4—光栏；5—透镜；6，9—物镜；
7—分光镜；8—补偿镜；10，14，16—反光镜；11—聚光镜；
12—目镜；13—毛玻璃；15—照相物镜

由于光程差每增加光波波长 λ 的 1/2 即形成一条干涉带，故被测表面粗糙度的实际高度 $H = b\lambda/2a$。若将反射镜 16 移开，使光线通过照相物镜 15 及反射镜 14 到毛玻璃 13 上，在毛玻璃处即可拍摄干涉带图形的照片。用单色光检验相同加工痕迹的表面时，可得的干涉带图形呈现黑色与彩色条纹相交替。当加工痕迹不规则时，可用白色光源来检验，此时得到的干涉图形呈现出在黑色条纹两边将称分布着若干条彩色条纹。

若用压电陶瓷(PZT)驱动平面反射镜10，并用光电探测器(CCD)取代目镜，则可将干涉显微镜改装成光学轮廓仪，将测量所得动态干涉信号输入计算机处理，则可迅速得到一系列表面粗糙度的评定参数及轮廓图形。该仪器的测量范围为 $0.03\sim1\mu m$，测量误差为 $\pm5\%$。

3. 针描法

针描法是利用仪器的触针在被测表面上轻轻划过，使触针作垂直方向的移动，再通过传感器将位移量转换成电信号，将信号放大后送入计算机，在显示器上直接显示出被测表面粗糙度 Ra 值及其他多参数的一种测量方法，也可由记录器绘制出被测表面轮廓的误差图形，其工作原理如图 4.21 所示。

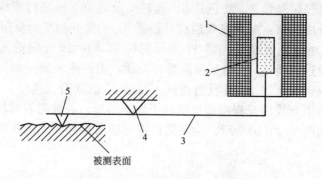

图 4.21 针描法测量原理示意图
1—电感应线圈；2—铁芯；3—杠杆；4—支点；5—触针

按针描法原理设计制造的表面粗糙度测量仪器通常称为轮廓仪。根据转换原理不同，有电感式轮廓仪、电容式轮廓仪、压电式轮廓仪等。轮廓仪可测 Ra、Rz、Rsm 等多种参数。

除上述轮廓仪外，还有光学触针轮廓仪，它适用于非接触测量，以防止划伤零件表面，这种仪器通常直接显示 Ra 值，其测量范围为 $0.025\sim5\mu m$。

4. 比较检验法

比较法是将被测零件表面与标有一定评定参数值的表面粗糙度轮廓样板直接相比较，从而估计出被测表面粗糙度的一种测量方法。比较时，可用肉眼或用手摸感觉判断；如被测表面精度较高时，可借助于放大镜、比较显微镜进行比较，以提高检测精度。

比较样板的选择应使其材料、形状和加工方法与被测工件尽量相同，否则会产生较大的误差。在实际生产中，也可直接从零件中挑选样品，用仪器测定粗糙度值后作样板使用。

比较法使用简便，适合车间检验，但其判断的准确度在很大程度上取决于检验人员的技术水平和经验，故常用于生产现场条件下判断较粗糙轮廓的表面。

5. 印模法

印模法是利用一些无流性和弹性的塑料材料，贴合在被测表面上，将被测表面的轮廓复制成模，然后测量印模，从而来评定被测表面的粗糙度。它适用于对某些既不能用仪器直接测量，也不便用样板相对比的表面，如深孔、盲孔、凹槽、内螺纹等。

本 章 小 结

（1）加工的零件表面形状一般均会呈起伏波状，其中波距小于1mm的微观几何形状误差属于表面粗糙度，它对零件的工作性能影响很大。

（2）国家标准在评定表面粗糙度的参数时，规定了取样长度 lr、评定长度 ln 和中线等参数项。

（3）表面粗糙度的评定参数有幅度参数（包括轮廓的算术平均偏差 Ra、轮廓的最大高度 Rz）、间距特征参数（轮廓单元的平均宽度 Rsm）和轮廓支承长度率 $Rmr(c)$。

（4）表面粗糙度的技术要求包括表面粗糙度幅度参数及允许值和测量时的取样长度值。通常只给出幅度参数 Ra 或 Rz 及允许值，必要时才规定轮廓的其他评定参数、表面加工纹理方向、加工方法或（和）加工余量等附加要求。若采用标准取样长度，则在图样上可省略标注取样长度值。

（5）表面粗糙度轮廓的主要检测方法有比较检验法、针描法、光切法和干涉法。

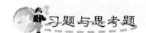 习题与思考题

一、判断题

1. 同一公差等级，轴比孔的表面粗糙度数值（Ra）要小。（　　）

2. 一般情况下，零件的尺寸公差、表面形状公差值越小，则表面粗糙度值也越小。（　　）

3. 零件的尺寸公差等级越高，则该零件加工后表面粗糙度参数值越小，由此可见，表面粗糙度参数值要求很小的零件，则其尺寸公差值也必定很小。（　　）

二、选择题

1. 在常用参数范围内，优先选用_____参数评定表面粗糙度。

A. Rz　　　　　　　B. Ra

2. 用双管显微镜主要可以测量表面粗糙度_____的参数，电动轮廓仪易于测量_____的参数。

A. Rz　　　　　　　B. Ra

三、问答题

1. 表面粗糙度对零件的使用性能有哪些影响？

2. 为何规定取样长度和评定长度？两者有何关系？

3. 表面粗糙度的基本评定参数有哪些？简述其含义。

4. 表面粗糙度参数值是否选得越小越好？选用的原则是什么？如何选用？

5. 表面粗糙度的常用测量方法有哪几种？电动轮廓仪、光切显微镜和干涉显微镜各适于测量哪些参数？

6. 在一般情况下，下列每组中两孔表面粗糙度参数值的允许值是否应该有差异？如果有差异，那么哪个孔的允许值较小，为什么？

（1）$\phi60$H8 与 $\phi20$H8 孔；（2）$\phi50$H7/h6 与 $\phi50$H7/p6 中的 H7 孔；（3）圆柱度公差分别为 0.01mm 和 0.02mm 的两个 $\phi40$H7 孔。

7. 将下列要求标注在图 4.22 上，各加工面均采用去除材料的方法获得。

（1）直径为 $\phi50$mm 的圆柱外表面粗糙度 Ra 的允许值为 3.2μm；

（2）左端面的表面粗糙度 Ra 的允许值为 1.6μm；

（3）直径为 $\phi50$mm 的圆柱右端面表面粗糙度 Ra 的允许值为 1.6μm；

（4）内孔表面粗糙度 Ra 的允许值为 0.4μm；

（5）螺纹工作面的表面粗糙度 Rz 的最大值为 1.6μm，最小值为 0.8μm；

（6）其余各加工面的表面粗糙度 Ra 的允许值为 25μm。

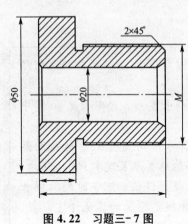

图 4.22 习题三-7 图

第 5 章
机械精度设计

 本章教学目标

能力培养	知识要点
掌握极限与配合的选用	基准制的选用、公差等级的选用、配合的选用
掌握几何公差的选用	几何公差项目的选择、基准要素的选择、几何公差等级的选择、公差原则的选用
掌握表面粗糙度的选择	表面粗糙度参数值的选用原则、方法和步骤
极限与配合、几何公差和表面粗糙度选用的综合应用	正确处理极限与配合、几何公差和表面粗糙度三者之间关系并用于零件的精度设计

导入案例

任何一台机器的设计，除运动分析、结构设计、强度和刚度计算外，还有一项很重要的内容就是机械精度设计。如图5.0所示汽车变速器能实现变速、换向和变矩等功能，其结构复杂，使用要求高。此时，机器的精度直接影响到机器的工作性能、振动、噪声、寿命和可靠性等。精度设计时，若要处理好机器的使用性能和质量要求与制造工艺和生产成本之间的矛盾，就必须合理地确定各项公差（尺寸公差、几何公差和表面粗糙度等）及采用有效检测手段来保证精度设计的实施。

图5.0 汽车变速器

5.1 概 述

机械产品的设计可分成3个部分，即系统设计、参数设计和精度设计。系统设计主要根据使用功能要求确定机械产品的基本工作原理和总体布局，以保证总体方案的合理性和先进性，如传动系统原理、位移、速度、加速度等；参数设计主要根据产品的使用功能和可靠性要求来确定机构各零件的结构和尺寸，即确定产品几何形体各要素的公称值。参数设计主要是结构设计，必须按照静力学、动力学、摩擦磨损、可靠性等原理，采用优化、有限元等方法进行设计计算，选择合适的形状、尺寸、材料及处理方式；精度设计是依据对机械的静态和动态精度的要求以及制造的经济性来确定零件几何要素允许的加工和装配误差，也就是尺寸精度、几何精度和表面质量等几个方面的选择与设计，并将它们正确地标注在零部件图和装配图上。

精度设计对产品的使用性能、质量和制造成本都有很大的影响。零件的精度为零件加工后几何形体的实际值与设计要求的理论值相一致的程度，主要包括零件的尺寸精度、几何精度和表面粗糙度。为满足零件的使用要求，往往对同一零件会同时提出上述各项具体要求，并应加以综合考虑。

精度设计的基本原则是经济地满足功能要求，即保证产品性能优良、制造上经济可行。零件精度设计的方法主要有类比法、计算法和试验法3种。

1. 类比法

类比法（亦称经验法）就是以经过实际使用检验已证明合理的类似产品上的相应要素为依据，来参照确定所设计零件几何要素的精度。

采用类比法进行精度设计时，必须正确选择类比产品，分析它与所设计产品在使用条件和功能要求等方面的异同，并综合考虑实际生产条件、制造技术的发展、市场供求信息等诸多因素影响。

采用类比法进行精度设计的基础是参照资料的收集、分析与整理。它是大多数零件精度设计最常用的方法，该法比较简便，但对于缺乏实践经验的设计人员来讲，有时会产生一定的盲目性。

2. 计算法

计算法就是根据成熟的理论工具来建立功能要求与几何要素公差之间的定量关系，计算确定零件的各项精度。如根据液体润滑理论计算确定滑动轴承的最小间隙；根据弹性变形理论计算确定圆柱结合的过盈；根据机构精度理论和概率设计方法计算确定传动系统中各传动件的精度等。

用计算法确定零件几何要素的精度比较科学，但过程较烦琐、计算工作量大，只适用于某些特定的场合。且用计算法得到的公差，往往还需依据多种影响因素进行调整。

3. 试验法

试验法就是先根据一定条件，初步确定零件的各项精度，并按此进行试制。再将试制产品在规定的使用工况下运行，并对其各项技术性能指标进行监测与评价，即与预定的功能要求相比较，根据评价结果来对原设计进行确认或修改。经过反复试验和修改后，就可最终确定满足功能要求的合理设计。

试验法的设计周期较长、费用较高，因此，主要用于新产品设计中个别要素的精度设计。

现阶段，精度设计仍以类比法为主。大多数要素的精度都是采用类比的方法由设计人员根据实际工作经验确定的。必要时，才对零件某些要素的精度和组成部件的相关零件的精度进行综合设计与计算，以确保满足产品总体精度的要求。本章主要介绍采用类比法进行机械精度设计的方法。

随着计算机科学的兴起与发展，它将会成为机械设计的最有效的手段和工具之一。但在实际设计的工作中，由于采用计算机辅助精度设计不仅需要建立和完善精度设计理论与精确设计方法，还需要创建庞大的具有使用价值和结构合理的各类技术信息数据库以及相应的应用软件系统，故计算机辅助公差设计真正要进入实用性阶段尚有一段路要走。

5.2　尺寸精度的设计

尺寸精度的设计主要是极限与配合的选用，它是在公称尺寸已确定后才开始进行的，其内容包括配合制、公差等级和配合种类的选择3个方面。极限与配合的选用是机械设计与制造中必不可少的重要环节，其选择是否恰当，对产品的性能、质量、互换性及经济性有着重要的影响。选择的原则是：在满足使用要求的前提下，确保获得最佳的技术经济效益。

1. 配合制的选择

GB/T 1800.1—2009规定了基孔制配合和基轴制配合两种配合制。一般来说，按换算规则组成的基孔制与基轴制同名配合的配合性质相同，因此配合制的选择与使用要求无关。主要应从结构合理性、加工工艺性和经济性等几方面综合分析与考虑。

1) 一般情况下应优先选用基孔制配合

在机械制造中，一般优先选用基孔制。因为从工艺角度来看，一般较高精度的中小尺寸孔，通常用价格较贵的钻头、扩钻、铰刀、拉刀等定值刀具加工，每种规格刀具只能加工一种尺寸的孔；而加工轴则不同，同一把车刀或砂轮可加工不同尺寸的轴。如加工一批基孔制配合 φ30H7/g6、φ30H7/k6、φ30H7/s6 的孔，只需要用一种 φ30H7 的孔用定值刀具，而加工具有相同配合性质的基轴制配合 φ30G7/h6、φ30K7/h6、φ30S7/h6 的孔，却各需一种定值刀具。另外，从检验方面来看，当批量生产时，孔常用塞规检验，其制造费用较高。因此，如果在制造业中广泛采用基孔制配合，就可大大减少孔的极限尺寸的种类，从而减少定值刀具和量具的数目，获得极大的经济效益。

至于尺寸较大的孔及低精度孔，一般均不采用定值刀具加工和定值量具检验，但就工艺而言，此时采用基孔制配合或基轴制配合效果都一样，为统一起见，习惯上还采用基孔制配合。

2) 必要时选用基轴制配合

在某些情况下，由于结构或工艺等原因，选用基轴制配合更为经济合理，这些情况如下。

（1）直接采用具有一定精度（IT8～IT11）的冷拉棒材（一般按基准轴的公差带制造）直接做轴，其表面不再切削加工，宜采用基轴制配合。常用于农业机械、纺织机械和建筑机械中，可获得明显的经济效益。

（2）加工尺寸小于 1mm 的精密轴比同级孔要困难，因此在仪器制造、钟表生产、无线电工程中，常使用经过光轧成形的钢丝直接做轴，这时采用基轴制较经济。

（3）同一公称尺寸的轴上装配几个孔件且配合性质不同时，应选用基轴制。如内燃机中活塞销轴与连杆铜套孔和活塞孔之间的配合，如图 5.1(a)所示。根据使用要求，活塞销轴与活塞孔采用过渡配合，而与连杆铜套孔采用间隙配合。若采用基孔制配合，如图 5.1(b)所示，销轴将做成阶梯状，其加工和装配工艺性均不好。而采用基轴制配合，如图 5.1(c)所示，销轴可做成光轴，既有利于轴的加工，又便于装配。

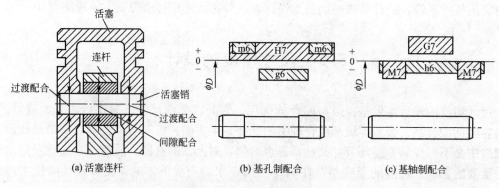

图 5.1 配合制选择示例

（4）与标准件或标准部件配合的孔或轴，必须以标准件为基准件来选择配合制。

如平键、半圆键等键联接，由于键是标准件，键与键槽的配合应采用基轴制；滚动轴承外圈与箱体孔的配合应采用基轴制配合，滚动轴承内圈与轴的配合应采用基孔制配合，如图 5.2 所示。

3）特殊需要时可选用非基准制配合

为满足某些配合的特殊要求，允许选用非基准制的配合。非基准制的配合是指相配合的两零件既无基准孔 H 又无基准轴 h 的配合。在一些经常拆卸和精度要求不高的特殊场合可以采用非基准制。如图 5.2 所示，在箱体孔中装配有滚动轴承和轴承端盖，由于滚动轴承是标准件，它与箱体孔的配合是基轴制配合，箱体孔的公差带代号为 J7，这时如果端盖与箱体孔的配合也要坚持基轴制，则配合为 J/h，属于过渡配合。但轴承端盖需要经常拆卸，显然这种配合过于紧密，而应选用间隙配合为好。端盖公差带不能用 h，只能选择非基准轴公差带，在综合考虑端盖的功能要求和加工经济性之后，适当降低端盖的公差等级是可行的和合理的，选择端盖与箱体孔间的最佳配合为 $\phi110J7/f9$。

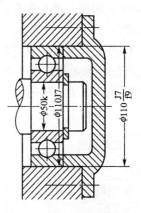

图 5.2 基准制选择示例

2. 公差等级的选择

选择公差等级的实质是要具体解决机械零件使用要求与制造工艺及成本之间的矛盾。选择公差等级的基本原则是，在满足使用要求的前提下，应尽量选取较低的公差等级。

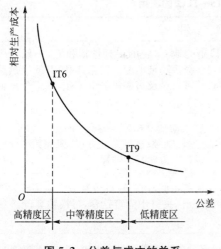

图 5.3 公差与成本的关系

公差等级的选择与生产成本之间存在密切的关系，如图 5.3 所示。从其关系曲线可见，在高精度区（公差等级在 IT5 以上）内，公差值减小，会使成本迅速增高，应尽量选低等级；在低精度区（公差等级在 IT10 以下）内，公差值减小对成本影响不大，故可适当提高一或两级，一般采用以较小的经济代价来获得较高的产品质量。

需要指出的是：考虑经济性不应单纯从加工成本着眼，还要看到精度的降低可能会使产品的无故障工作时间或使用寿命缩短或性能降低，从而降低产品的使用效益，增加产品的使用成本。由此而产生的经济损失可能比节约的加工成本大得多。因此，有时采取可适当提高设计精度以保证产品品质的措施，使之具有一定的精度储备。

选择公差等级的过程就是正确处理功能要求和经济性这对矛盾的过程。由于经济效益受多种因素的综合影响，如技术水平、生产能力、供求关系等，且难以在功能要求和公差等级之间建立可行的定量关系，故绝大多数尺寸公差等级只能采用类比法来确定，也就是参考从生产实践中总结出来的经验资料，进行对比选用。具体应考虑以下几方面。

1）应满足工艺等价原则

在确定有配合的孔、轴公差等级时，应考虑孔、轴的工艺等价性。对于公称尺寸≤500mm，且标准公差≤IT8 的较高公差等级的配合，因孔比同级轴难加工，国家标准推荐孔降低一级与轴相配合，使孔、轴的加工难易程度相当；而对标准公差>IT8 或公称尺寸

＞500mm 的孔、轴的配合，因孔的测量精度比轴容易保证，国家标准推荐孔、轴采用同级配合。

2）各公差等级的应用范围

各公差等级的应用范围没有严格的划分，表 5－1 列出了各公差等级的大致应用范围，配合尺寸公差等级的应用见表 5－2。

表 5－1　各公差等级的应用

公差等级 应用	01	0	1	2	3	4	5	6	7	8	9	10	11	12	13	14	15	16	17	18
量　块	+	+	+																	
量　规			+	+	+	+	+	+	+											
配合尺寸							+	+	+	+	+	+	+	+						
特别精密零件				+	+	+	+													
非配合尺寸														+	+	+	+	+	+	+
原材料							+	+	+	+	+	+	+							

表 5－2　配合尺寸公差等级 IT5～IT12 的应用

公差等级	应　用
IT5	主要用在配合公差、形状公差要求甚小的地方，它的配合性质稳定，一般在机床、发动机、仪表等重要部位应用。如与 5 级滚动轴承配合的箱体孔；与 6 级滚动轴承配合的机床主轴，机床尾架与套筒，精密机械及高速机械中轴颈，精密丝杠轴颈等
IT6	配合性质能达到较高的均匀性，如与 6 级滚动轴承相配合的孔、轴颈；与齿轮、蜗轮、联轴器、带轮、凸轮等连接的轴颈，机床丝杠轴颈；摇臂钻立柱；机床夹具中导向件外径尺寸；6 级精度齿轮的基准孔，7、8 级精度齿轮基准轴颈
IT7	7 级精度比 6 级稍低，应用条件与 6 级基本相似，在一般机械制造中应用较为普遍。如联轴器、带轮、凸轮等孔；机床卡盘座孔，夹具中固定钻套，可换钻套；7、8 级齿轮基准孔，9、10 级齿轮基准轴
IT8	在机器制造中属于中等精度。如轴承座衬套沿宽度方向尺寸，9～12 级齿轮基准孔；11～12 级齿轮基准轴
IT9～IT10	主要用于机械制造中轴套外径与孔；操纵件与轴；空轴带轮与轴；单键与花键
IT11～IT12	配合精度很低，装配后可能产生很大间隙，适用于基本上没有什么配合要求的场合。如机床上法兰盘与止口；滑块与滑移齿轮；加工中工序间尺寸；冲压加工的配合件；机床制造中的扳手孔与扳手座的连接

3）熟悉各种加工方法的加工精度

常用加工方法能够达到的公差等级，见表 5－3。

4）相关件和相配件的精度要匹配

如齿轮孔与轴的配合，它们的公差等级取决于相关件齿轮的精度等级；与标准件滚动轴承相配合的机壳孔和轴颈的公差等级会受滚动轴承精度的制约。

表 5 - 3　常用加工方法能够达到的公差等级

公差等级 加工方法	01	0	1	2	3	4	5	6	7	8	9	10	11	12	13	14	15	16	17	18
研磨	+	+	+	+	+	+	+													
珩磨						+	+	+	+											
圆磨							+	+	+	+										
平磨							+	+	+	+										
金刚石车							+	+	+											
金刚石镗							+	+	+											
拉削							+	+	+											
铰孔								+	+	+	+	+								
精车精镗									+	+	+									
粗车												+	+	+						
粗镗												+	+	+						
铣										+	+	+	+							
刨、插												+	+							
钻削												+	+	+	+					
冲压												+	+	+	+	+				
滚压、挤压												+	+							
锻造																	+			
砂型铸造、气割																		+		
金属型铸造																+	+			

5）根据配合性质选择公差等级

对于过盈、过渡和较紧的间隙配合，公差等级不能过低，推荐孔的标准公差≤IT8，轴的标准公差≤IT7。因为公差等级过低，会使过盈配合在保证最小过盈的条件下最大过盈增大，当材料强度不足时零件易受到破坏；过渡配合的公差等级较低时，会导致最大过盈和最大间隙都增大，不能保证相配合的孔轴既装拆方便又能实现定心要求；低公差等级间隙配合会产生较大的平均间隙，就满足不了较紧的间隙配合要求，如高公差等级的 H6/g5 是较紧的间隙配合，低公差等级的 H11/g11 是较松的间隙配合。一般的间隙配合则不受此限制。

6）联系加工成本选择公差等级

应考虑在满足使用要求的前提下，实现有效地降低加工成本，不重要的相配件的公差等级可以低 2～3 级，如图 5.2 中箱体孔与轴承端盖的配合为 φ110J7/f9。

对某些配合来讲，可采用计算法来确定公差等级。如根据经验和使用要求，获知配合的间隙或过盈的变化范围（即配合公差），就可用计算查表法来分配孔和轴的公差，确定相应的公差等级。

3. 配合的选择

选择配合的主要目的是解决相配合零件（孔和轴）在工作时的相互关系，实现预定的工作性能。配合的选用就是在确定了配合制的基础上，根据使用中允许间隙或过盈的大小及其变化范围（配合公差 T_f），选定非基准件的基本偏差代号。应尽可能地选用优先配合和常用配合，如果优先和常用配合不能满足要求时，可选国家标准中推荐的一般用途的孔、轴公差带，按使用要求组成需要的配合。

1）根据使用要求确定配合的类别

在进行配合类别选择时，应根据具体的使用要求来确定是采用间隙配合，还是采用过渡或过盈配合。如当孔、轴有相对运动（转动或移动）要求时，应选择间隙配合；若孔、轴间无相对运动，须根据具体的工作条件来确定应为过盈、过渡甚至间隙配合。表 5-4 给出了配合类别选择的大体方向。

表 5-4　配合类别选择的大体方向

		不可拆卸		较大过盈的过盈配合
无相对运动	要传递转矩	可拆结合	要精确定心	过盈量较小的过盈配合、过渡配合或基本偏差为 H(h)[①] 的间隙配合加紧固件[②]
			不需精确定心	间隙配合加键、销等紧固件
	不需要传递转矩，要精确定心			过渡配合或过盈量较小的过盈配合
有相对运动	只有移动			基本偏差为 H(h)、G(g)[①] 等间隙配合
	转动或转动与移动的复合运动			基本偏差为 D~F(d~f)[①] 等间隙配合

注：① 指非基准件的基本偏差代号。
　　② 紧固件指键、销钉和螺钉等。

2）选择基本偏差（配合代号）的方法

在明确了配合大类的基础上，就要具体选择与基准件配合的孔或轴的基本偏差代号。具体有 3 种选择方法：计算法、试验法和类比法。

计算法是根据一定的理论和公式，经计算得出所需间隙或过盈量大小来选定配合的方法。如根据液体润滑理论，计算保证液体摩擦状态下所需要的最小间隙。对依靠过盈来传递运动和负载的过盈配合，可根据弹性变形理论公式，计算出能保证传递一定负载所需要的最小过盈和不使工件损坏的最大过盈。由于影响间隙和过盈的因素很多，理论计算结果只是一个近似值，实际应用中还需经试验来验证。一般情况下，很少使用计算法。

试验法就是用试验的方法确定满足产品工作性能的间隙或过盈范围。该方法主要用于对产品性能影响很大而又缺乏经验的配合。试验法比较可靠，但周期长、成本高，应用也较少。

类比法就是参照同类型机器或机构中经过生产实践验证的配合实例，再结合所设计产品的使用要求和应用条件来确定配合，该方法应用最广。

3）用类比法选择配合时应考虑的因素

用类比法来选择配合，首先要掌握各种配合的特征和应用场合，尤其是对国家标准所规定的优先配合应非常熟悉。表 5-5 是轴的基本偏差的特征及应用。表 5-6 是公称尺寸至 500mm 基孔制优先配合的特征及应用。

表 5-5　轴的基本偏差选用说明和应用

配合	基本偏差	特性及应用
间隙配合	a、b	可得到特别大的间隙,应用很少。例如,起重机吊钩的铰链、带榫槽的法兰盘推荐配合为 H12/b12
	c	可得到很大的间隙,一般适用于缓慢、松弛的间隙配合。用于工作条件较差(如农业机械)、受力变形或为了便于装配,而必须保证有较大的间隙时,推荐配合为 H11/c11。其较高等级的配合,如 H8/c7 适用于轴在高温工作的紧密间隙配合,例如内燃机排气阀和导管
	d	一般用于 IT7～IT11 级,适用于松的转动配合,如密封盖、滑轮、空转带轮等与轴的配合,也适用于大直径滑动轴承的配合,如球磨机、轧钢机等重型机械的滑动轴承
	e	多用于 IT7～IT9 级,通常用于要求有明显间隙,易于转动的支承配合,如大跨距支承、多支点支承等配合。高等级的 e 轴也适用于大的、高速、重载的支承,如蜗轮发电机、大型电动机及内燃机的主要轴承、凸轮轴轴承等配合
	f	多用于 IT6～IT8 级的一般转动配合,当温度影响不大时,被广泛用于普通润滑油(或润滑脂)润滑的支承,如齿轮箱、小电动机、泵等的转轴与滑动轴承的配合
	g	配合间隙很小,制造成本高,除了很轻负荷的精密机构外,一般不用作转动配合。多用于 IT5～IT7 级,最适合不回转的精密滑动配合,也用于插销等定位配合,如精密连杆轴承、活塞及滑阀、连杆销、钻套与衬套、精密机床的主轴与轴承、分度头轴颈与孔的配合等。例如,钻套与衬套的配合为 H7/g6
	h	配合的最小间隙为零,用于 IT4～IT11 级。广泛用于无相对转动的零件,作为一般定位配合。若无温度、变形影响,也用于精密滑动配合。例如,车床尾座体孔与顶尖套筒的配合为 H6/h5
过渡配合	js	平均起来为稍有间隙的配合,多用于 IT4～IT7 级,要求间隙比 h 轴小,并允许稍有过盈的定位配合,如联轴器,可用手或木槌装配
	k	平均起来没有间隙的配合,适用于 IT4～IT7 级,推荐用于稍有过盈的定位配合,例如,为了消除振动用的定位配合,一般用木槌装配
	m	平均起来具有不大过盈的过渡配合,适用于 IT4～IT7 级,用于精密定位的配合,如蜗轮的青铜轮缘与轮毂的配合为 H7/m6。一般可用木槌装配,但在最大过盈时,要求相当的压入力
	n	平均过盈比 m 轴稍大,很少得到间隙,适用于 IT4～IT7 级,用锤或压力机装配,拆卸较困难
过盈配合	p	与 H6 或 H7 配合时是过盈配合,与 H8 孔配合时为过渡配合。对非铁制零件,为较轻地压入配合,当需要时易于拆卸。对钢、铸铁或铜、钢组件装配是标准压入配合。它主要用于定心精度很高、零件有足够的刚性、受冲击负载的定位配合
	r	对铁制零件,为中等打入配合,对非铁制零件,为轻打入的配合,当需要时可以拆卸。与 H8 孔配合,直径在 100mm 以上时为过盈配合,直径小时为过渡配合
	s	用于钢铁件的永久或半永久结合,可产生相当大的结合力。当用弹性材料,如轻合金时,配合性质与铁制零件的 p 轴相当。例如,套环压装在轴上、阀座等的配合。尺寸较大时,为了避免损伤配合表面,需用热胀或冷缩法装配
	t、u、v、x、y、z	过盈量依次增大,一般不推荐。例如,联轴器与轴的配合 H7/t6

表 5-6　尺寸至 500mm 基孔制优先配合的特征及应用

配合	基本偏差	特性及应用
间隙配合	H11/c11	间隙非常大，用于很松的、转速低的间隙配合；要求大公差与大间隙的外露组件；要求装配方便的，很松的配合
	H9/d9	间隙很大的自由转动配合，用于精度非主要要求时，或有大的温度变化、高转速或轴颈压力很大时的配合
	H8/f7	间隙不大的转动配合，用于中等转速与中等轴颈压力的精确转动；也用于装配较易的中等定位配合
	H7/g6	间隙很小的滑动配合，用于不希望自由转动，但可自由移动和滑动并精密定位的配合；也可用于要求明确的定位配合
	H7/h6、H8/h7、H9/h9	均为间隙定位配合，在最大实体条件下的间隙为零，在最小实体条件下的间隙由公差等级决定。用于零件可自由装拆，零件可缓慢移动，而工作时一般没有相对运动
过渡配合	H7/k6	用于精密定位配合
	H7/n6	允许有较大过盈的更精密定位配合
过盈配合	H7/p6	过盈定位配合，即小过盈配合，用于定位精度特别重要时，能以最好的定位精度达到部件的刚性及对中性要求，而对内孔承受压力无特殊要求，不依靠配合的紧固性传递摩擦负荷的配合
	H7/s6	中等压入配合，适用于一般钢件，或用于薄壁件的冷缩配合，用于铸铁件可得到最紧的配合
	H7/u6	压入配合，适用于可以承受高压入力的零件，或不宜承受大压入力的冷缩配合

注：国家标准规定的基轴制优先配合的应用与本表中的同名配合相同。

用类比法选择配合时还应考虑如下一些因素。

（1）受载情况。若载荷较大，过盈配合过盈量应增大；对间隙配合应减小间隙；对过渡配合要选用过盈概率大的过渡配合。

（2）拆装情况。经常拆装的孔和轴的配合比不常拆装的配合要松些。有时零件虽然不经常拆装，因受结构或空间的限制，装配较困难的配合件，也应要适当选松一些的配合。

（3）配合件的结合长度和几何误差。若零件上有配合要求的部位结合面较长，因受几何误差影响，实际形成的配合比结合面短的配合要紧些，故在选择配合时应适当减小过盈或增大间隙。

（4）配合件的材料。当配合件中有一件是铜或铝等塑性材料时，应考虑到材料自身易变形的影响，在选择配合时可适当增大过盈或减小间隙。

（5）温度变形的影响。由于国家标准规定图样标注的公差与配合以及测量条件等均以20℃为标准温度，故当工作温度偏离 20℃时要进行温度修正，尤其是在孔、轴工作温度或线胀系数相差较大的场合。如内燃机中活塞和缸体的配合，因两者材质不同，其线胀系数相差较大，工作温度与室温差别也较大，因此在设计时应充分考虑温度变化对装配间隙的影响。除非有特殊说明，一般均应将工作条件的配合要求，换算成 20℃时的极限与配合标注在图样上，这对于在高温或低温下工作的机械尤为重要。

(6) 装配变形的影响。它主要是针对一些薄壁零件的装配。如图 5.4 所示，由于套筒外表面与机座孔装配会产生较大的过盈，在套筒压入机座孔(壁厚较大)后套筒内孔会收缩，孔径变小，就满足不了 $\phi 60H7/f6$ 的使用要求。在选择套筒内孔与轴的配合时，应考虑此变形量。具体办法有：一是将内孔做大些(如按 $\phi 60G7$ 进行加工)以补偿装配变形；二是用工艺措施来保证，将套筒压入机座孔后，再按 $\phi 60H7$ 精加工套筒内孔，以满足其公差带要求。

(7) 尺寸分布特性的影响。大批大量生产，多用"调整法"加工，提取尺寸通常按正态分布。单件小批量生产，多用"试切法"加工，提取尺寸多为偏态分布，且分布中心偏向最大实体尺寸一侧，如图 5.5 所示。对于采用同一种配合来讲，这两种加工方式所得到的实际配合性质是不同的，单件小批量生产往往会紧一些。因此对于同一使用要求，单件小批生产时选择的配合应比大批大量生产时要松一些。如采用大批大量方式来生产 $\phi 50H7/js6$ 的配合，若在单件小批生产方式下就应选择 $\phi 50H7/h6$。不同工作情况对过盈或间隙量的影响见表 5-7。

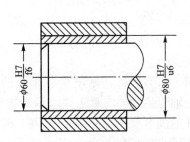

图 5.4 具有装配变形的结构

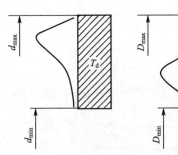

图 5.5 偏态分布

表 5-7 不同工作条件影响配合间隙或过盈的趋势

具体情况	过盈增或减	间隙增或减
材料强度低	减	—
经常拆卸	减	—
有冲击载荷	增	减
工作时孔温高于轴温	增	减
工作时轴温高于孔温	减	增
配合长度增大	减	增
配合面形状和位置误差增大	减	增
装配时可能歪斜	减	增
旋转速度增高	增	增
有轴向运动	—	增
润滑油黏度增大	—	增
表面趋向粗糙	增	减
单件生产相对于成批生产	减	增

4) 根据极限盈、隙确定配合

根据已知极限间隙（过盈）确定配合的步骤：确定配合制→按给出的极限间隙（或过盈）计算配合公差→根据配合公差查表选取标准公差等级→按公式计算基本偏差值→查表确定基本偏差代号（或最接近要求的基本偏差代号）→校核计算结果（验算极限盈、隙是否满足要求，必要时进行调整），计算公式见表 5-8。

表 5-8　计算—查表法确定基本偏差代号的计算公式

间隙配合	可按 X_{min} 来选择基本偏差代号	对基孔制间隙配合有　$es \leqslant -X_{min}$ 对基轴制间隙配合有　$EI \geqslant +X_{min}$
过渡配合	可按 X_{max} 来选择基本偏差代号	对基孔制过渡配合有　$T_h - ei \leqslant X_{max}$ 对基轴制过渡配合有　$ES - (-T_s) \leqslant X_{max}$
过盈配合	可按 Y_{min} 来选择基本偏差代号	对基孔制过渡配合有　$T_h - ei \leqslant Y_{min}$ 对基轴制过渡配合有　$ES - (-T_s) \leqslant Y_{min}$

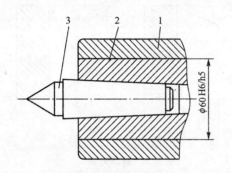

图 5.6　车床尾座顶尖套筒与尾座体配合的选择
1—尾座体；2—套筒；3—顶尖

5) 公差与配合选择示例

【例 5-1】　图 5.6 所示为车床尾座（局部）简图，试选择顶尖套筒与尾座体的配合（用类比法）。

解：（1）分析：尾座在车床上的作用是与主轴顶尖共同支承工件，承受切削力。该部件的配合要求主要为：顶尖 3 的轴线应与车床主轴同轴，并在工作时不允许晃动。而顶尖 3 与套筒 2 之间采用无间隙的莫氏锥面连接，故只需严格控制套筒 2 与尾座体 1 的间隙即可；工作时套筒 2 与尾座体 1 之间相对静止，而套筒 2 调整时要在孔中缓慢移动，对润滑要求不高。

（2）选择：综上所述，此处应选用定心性好、配合间隙很小以及公差等级高的间隙配合。因无特殊要求，故优先选用基孔制。参考表 5-6 可知，可选用优先配合 H/h，为提高配合精度，选用 $\phi 50H6/h5$。

【例 5-2】　有一孔、轴配合，公称尺寸为 $\phi 100mm$，要求配合的过盈或间隙在 $-0.048 \sim +0.041mm$ 范围内。试确定此配合的孔、轴公差等级，孔、轴公差带和配合代号。

解：（1）确定孔、轴公差等级。由给定条件可知，此孔、轴结合为过渡配合，其允许的配合公差为

$$T_f = |X_{max} - Y_{max}| = |0.041mm - (-0.048mm)| = 0.089mm$$

假设孔与轴为同级配合，则：

$$T_h = T_s = T_f/2 = 0.089mm/2 = 0.0445mm = 44.5\mu m$$

查表 2-2 可知，$44.5\mu m$ 介于 $IT7 = 35\mu m$ 和 $IT8 = 54\mu m$ 之间，而在这个公差等级范围内，国家标准要求采用孔比轴低一级的配合，于是取孔公差等级为 IT8，轴公差等级为 IT7。

$$IT7+IT8=0.035mm+0.054mm=0.089mm=T_f$$

（2）确定孔和轴的公差带代号。由于没有特殊的要求，所以应优先选用基孔制配合，即孔的基本偏差代号为 H，则孔的公差带代号为 $\phi100H8$。孔的基本偏差为 EI＝0，孔的另一个极限偏差为 ES＝EI＋IT8＝0＋0.054mm＝0.054mm。

根据 $ES-ei\leqslant X_{max}=0.041mm$，所以轴的下极限偏差 $ei\geqslant ES-X_{max}=0.054mm-0.04mm=+0.013mm$，查表 2-7 得：基本偏差代号 m 的下偏差 ei＝＋0.013mm，正好满足要求，即轴为 $\phi100m7$。轴的另一个极限偏差为 es＝ei＋IT7＝＋0.013mm＋0.035mm＝＋0.048mm。

（3）选择的配合为 $\phi100\dfrac{H8\left(^{+0.054}_{0}\right)}{m7\left(^{+0.048}_{+0.013}\right)}$。

（4）验算：

$$X_{max}'=ES-ei=0.054mm-0.013mm=+0.041mm$$
$$Y_{max}'=EI-es=0-0.048mm=-0.048mm$$

因此，满足要求。

实际应用时，计算出的公差数值和极限偏差数值不一定与表中的数据正好一致。应按照实际的精度要求，适当选择。

对于大批生产，一般规定 $|\Delta|/T_f<10\%$ 仍可满足使用要求（Δ 为实际极限盈隙与给定极限盈隙的差值）。

【例 5-3】 图 5.7 所示为钻模的一部分。钻模板 4 上装有固定衬套 2，快换钻套 1 与固定衬套 2 配合，在工作中要求快换钻套 1 能迅速更换。在压紧螺钉 3 不必取下的情况下，快换钻套 1 以其铣成的缺边 A 对正压紧螺钉 3 时，可直接进行装卸；当装入快换钻套 1 并顺时针旋转一个角度，钻套螺钉 3 的下端面就盖住快换钻套 1 的台阶面 B，快换钻套 1 被固定，防止其在钻削时，因切屑排出所产生的摩擦力致使快换钻套 1 轴向窜动和周向转动，甚至被带出衬套 2 的孔外。

若用图 5.7 所示的钻模来加工工件上的 $\phi12mm$ 孔，试选择固定衬套 2 与钻模板 4、快换钻套 1 与固定衬套 2 以及快换钻套 1 的内孔与钻头之间的配合（公称尺寸如图 5.7 所示）。

解：（1）配合制的选择：对固定衬套 2 与钻模板 4 的配合以及快换钻套 1 与固定衬套 2 的配合，因结构无特殊要求，按国标规定，应优先选用基孔制。

对钻头与快换钻套 1 内孔的配合，因钻头属标准刀具，应采用基轴制配合。

（2）公差等级的选择：参看表 5-1，钻模各元件的连接，可按用于配合尺寸的 IT5～IT12 级选用。

参看表 5-2 中关于夹具中固定衬套、可换钻套选择，本例中钻模板 4 的孔、固定衬套 2 的孔、快换钻套 1 的孔统一按 IT7 选用。而固定衬套 2 的外圆、快换钻套 1 的外圆则按 IT6 选用。

（3）配合的选择：固定衬套 2 与钻模板 4 的配合，

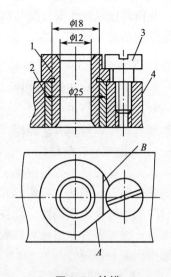

图 5.7 钻模

1—快换钻套；2—固定衬套；
3—钻套螺钉；4—钻模板

要求联接牢靠，在轻微冲击和负荷下不能发生松动，即使固定衬套内孔被磨损，需更换拆卸的次数也不多。因此参看表 5-5 可选平均过盈率大的过渡配合 n，本例配合选为 ϕ25H7/n6。

快换钻套 1 与固定衬套 2 的配合，要求经常用手更换，故需一定间隙保证更换迅速。

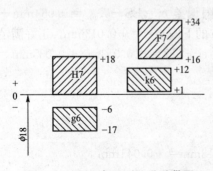

图 5.8 H7/g6 与 F7/k6 公差带图

但因又要求有较准确的定心，间隙不能过大，为此参看表 5-5 可选精密滑动配合 g。但必须指出：快换钻套 1 与固定衬套 2 的内孔配合，根据上面分析本应选 ϕ18H7/g6，考虑到 GB/T 2263（夹具标准）为了统一钻套内孔与衬套内孔的公差带，规定了统一选用 F7，因此快换钻套 1 与固定衬套 2 内孔的配合，应选相当于 H7/g6 的配合 F7/k6。因此，本例中快换钻套 1 与固定衬套 2 内孔的配合应为 ϕ18F7/k6（非基准制配合）。图 5.8 所示为 ϕ18H7/g6 与 ϕ18F7/k6 两种配合的公差带图解。

至于快换钻套 1 内孔，因要引导旋转刀具进给，既要保证一定的导向精度，又要防止间隙过小卡刀。因钻孔切削速度多为中速，参看表 5-5 应选中等转速的基本偏差 F，本例选为 ϕ12F7。

5.3 几何精度的设计

几何精度设计是机械精度设计的重要内容。几何误差直接影响着零部件的旋转精度、连接强度、密封性及承载均匀性等，因此正确、合理地选用几何公差对保证产品的功能要求、提高产品质量和经济效益具有十分重要的意义。

几何精度设计主要包括几何公差特征项目选择、公差等级（公差值）确定、基准要素和公差原则的选择等。

1. 几何公差特征项目的选择

几何公差特征项目的选择一般应根据零件的几何特征、使用要求、测量条件和经济性等因素，经综合分析后确定。选择原则是：在保证零件功能要求的前提下，应尽量使几何公差项目减少，检测方法简便，能获得较好的经济效益。具体应考虑以下几点。

1）考虑零件几何特征

几何公差项目主要是按要素的几何形状特征制定的，零件几何特征不同，就会存在不同的几何误差。因此，要素的几何形状特征是选择被测要素公差项目的基本依据。如圆柱形零件的外圆会出现圆度、圆柱度误差，其轴线会出现直线度误差；平面零件会出现平面度误差；槽类零件会出现对称度误差；阶梯轴（孔）会出现同轴度误差；凸轮类零件会出现轮廓度误差；等等。

2）考虑零件功能要求

零件功能要求不同，所提出的几何公差项目也应不同。可供选择的几何公差项目较多，应从要素的几何误差对零件在机器中的使用性能和装配关系的影响入手，来确定所须控制的几何公差项目。如圆柱形零件，当仅需保证顺利装配或减少有相对运动的轴、孔之间的磨损时，可选轴心线的直线度公差；若配合的轴、孔之间既有相对运动，又要求密封性好，为保证整个配合表面能均匀接触，就应标注圆柱度公差，以确保综合控制圆度、素线直线度和轴线直线度（如柱塞与柱塞套、阀芯与阀体等）。又如减速器上各轴承孔轴线间平行度误差会影响齿轮的接触精度和齿侧间隙的均匀性，为保证齿轮的正确啮合，需对其规定轴线之间的平行度公差等。

3）考虑几何公差的控制功能

各项几何公差的控制功能不尽相同，应尽量选择能综合控制的公差项目，以减少几何公差项目种类。如位置公差可以控制与之有关的方向误差和形状误差；方向公差可以控制与之有关的形状误差；跳动公差可以控制与之有关的位置、方向和形状误差等。这种几何公差之间的关系可作为优先选择几何公差项目的参考依据。

4）考虑检测的方便性

确定公差项目必须与检测条件相结合，考虑现有条件检测的可能性与经济性。当几项公差项目均能满足零件功能要求时，应选用检测简便的项目。如对轴类零件，可用径向圆跳动或径向全跳动代替圆度、圆柱度以及同轴度公差；端面对轴线的垂直度公差可用轴向圆跳动或轴向全跳动公差来代替。因为跳动公差检测方便，与零件工作状态比较吻合，且具有综合控制功能。

由于零件种类繁多，功能要求各异，设计者只有在充分明确所设计零件的功能要求、熟悉零件的加工工艺和具有一定的检测经验的情况下，才能对零件提出更合理、恰当的几何公差项目。

2. 基准要素的选择

基准要素的选择包括零件上基准部位的选择、基准数量的确定、基准顺序的合理安排等。合理地选择基准有利于保证零件的精度。

1）基准部位的选择

根据设计、使用要求及零件结构特征来选择基准部位，并兼顾基准统一（即设计基准、定位基准、检测基准和装配基准应尽量统一）等原则。具体应考虑以下几个方面。

（1）选用零件在机器中定位的配合面为基准部位，如箱体的底平面和侧面、盘类零件的轴线、回转零件的支承轴颈或支承孔等。

（2）基准要素应具有足够的刚度和尺寸，以保证定位稳定可靠。如应选择较宽大的平面、较长的轴线作为基准，确保定位稳定。

（3）选用加工精度较高的表面作为基准部位。

（4）尽量做到装配、加工和检验基准的统一。一是可消除因基准不统一而产生的误差，二是可简化夹具、量具的设计与制造，方便测量。

2）基准数量的确定

一般来说，应根据公差项目的方向、位置几何功能要求来确定基准数量。方向公差大多只需一个基准，而位置公差则需一个或多个基准。如平行度、垂直度、同轴度和对称度等，一般只用一个平面或一条轴线做基准要素；对于位置度，就可能要用到两个或三个基准要素。

3) 基准顺序的安排

当选用两个或三个基准要素时，就要明确基准要素的次序，并按顺序填入公差框格中。在安排基准顺序时，须考虑零件结构特点及装配和使用要求。所选基准顺序正确与否，不仅会直接影响零件的装配质量和使用性能，还会影响零件的加工工艺及工艺装备设计等。如图 5.9 所示的零件，要求控制 $\phi 10$ 轴线对基准 A 和 B 的位置度，具体以哪一基准为第一基准要素就应根据零件的功能要求而定。图 5.9(b) 是以 A 为第一基准，其结果是在端面贴合后，允许轴在孔中歪斜状态下，来控制 $\phi 10$ 轴线的位置度；图 5.9(c) 是以 B 为第一基准，其结果是在轴与孔配合良好，而端面仅局部贴合状态下，来控制 $\phi 10$ 轴线的位置度。由此可见，基准顺序不同，所要表达的设计意图也就不同，故在加工和检测时，均不可随意调换基准顺序。

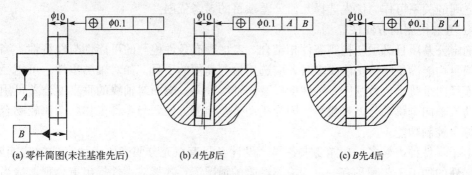

(a) 零件简图(未注基准先后)　　　(b) A先B后　　　(c) B先A后

图 5.9　基准顺序的选择

3. 几何公差值(公差等级)的确定

几何公差值的选择原则是：在满足零件功能要求的前提下，尽量选用大公差值，以满足经济性要求。

迄今为止，几何公差值的确定尚无精确可靠的理论计算方法，仍以类比法为主。选择时主要考虑以下问题。

(1) 几何公差与尺寸公差的关系。通常，同一要素上给出的形状公差值、方向公差值、位置公差值和尺寸公差值应满足关系式

$$T_{形状} < T_{方向} < T_{位置} < T_{尺寸}$$

若对两平行表面提出几何公差要求，其平面度公差值应小于平行度公差值，平行度公差值应小于其相应的距离公差值；当确定圆柱形零件的形状公差值(轴线的直线度除外)时，一般应小于其尺寸公差值。

(2) 有配合要求时几何公差值与尺寸公差值的关系。有配合要求并要严格保证其配合性质的要素，应采用包容要求。在工艺上，其形状公差大多按分割尺寸公差的百分比来确定，即

$$T_{形状} = K T_{尺寸}$$

在常用尺寸公差等级 IT5~IT8 的范围内，通常取 $K = 25\% \sim 65\%$。K 值过小，会对工艺设备的精度要求过高；K 值过大，则会使尺寸的实际公差过小，给加工带来困难。

(3) 考虑零件结构特点。对于结构复杂、刚性较差(如细长轴、薄壁件等)或不易加工和测量的零件，在满足零件功能要求的前提下，可适当降低 1~2 级选用，具体如下。

① 孔相对于轴。

② 细长比(长度与直径之比)较大的轴或孔。

③ 距离较大的轴或孔。

④ 宽度较大(一般大于 1/2 长度)的零件表面。

⑤ 线对线和线对面相对于面对面的平行度或垂直度。

(4) 凡有关标准已对几何公差做出规定的,如与滚动轴承相配的轴和壳体孔的圆柱度公差、机床导轨的直线度公差、齿轮箱体孔的轴线的平行度公差等,都应按相应的标准确定。

公差等级具体选用时要考虑多种因素,表 5-9～表 5-12 列出了部分几何公差等级的应用举例,供选用时参考。

表 5-9 直线度、平面度公差等级的应用举例

公差等级	应用举例
1～2	用于精密量具、测量仪器和精度要求极高的精密机械零件,如 0 级样板平尺、0 级宽平尺、工具显微镜等精密测量仪器的导轨面,喷油器针阀体端面,油泵柱塞套端面等高精度零件
3	1 级宽平尺工作面、1 级样板平尺工作面,测量仪器圆弧导轨,测量仪器的测杆
4	0 级平板,测量仪器的 V 形导轨,高精度平面磨床的 V 形导轨和滚动导轨,轴承磨床及平面磨床的床身导轨
5	1 级平板,2 级宽平尺,平面磨床的纵导轨、垂直导轨、立柱导轨及工作台,液压龙门刨床和六角车床床身导轨,柴油机进气、排气阀门导杆,摩托车曲轴箱体,汽车变速器壳体
6	普通机床导轨面,如普通车床、龙门刨床、滚齿机、自动车床等的床身导轨、立柱导轨,柴油机壳体结合面
7	2 级平板,机床主轴箱、摇臂钻床底座和工作台,镗床工作台,液压泵盖结合面,减速器壳体结合面
8	机床传动箱体,交换齿轮箱体,车床溜板箱体,柴油机汽缸体,连杆分离面,缸盖结合面,汽车发动机缸盖、曲轴箱结合面,液压管件和法兰连接面
9	3 级平板,自动车床床身底面,摩托车曲轴箱体,汽车变速箱壳体,手动机械的支承面

表 5-10 圆度和圆柱度公差等级的应用举例

公差等级	应用举例
0～1	高精度量仪主轴,高精度机床主轴,滚动轴承的滚珠和滚柱
2	精密测量仪主轴、外套、套阀、纺锭轴承,精密机床主轴轴颈,针阀圆柱表面,喷油泵柱塞及柱塞套
3	高精度外圆磨床轴承,磨床砂轮主轴套筒,喷油器针阀体,高精度轴承内外圈等
4	较精密机床主轴、主轴箱孔,高压阀门、活塞、活塞销、阀体孔高压油泵柱塞,较高精度滚动轴承配合轴,铣削动力头箱体孔
5	一般计量仪器主轴、测杆外圆柱面,陀螺仪轴颈,一般机床主轴轴颈及主轴轴承孔,柴油机、汽油机活塞、活塞销、与 6 级滚动轴承配合的轴颈

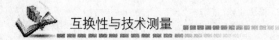
（续）

公差等级	应用举例
6	仪表端盖外圆柱面,一般机床主轴及箱体孔,泵、压缩机的活塞、汽缸、汽车发动机凸轮轴,减速器轴颈,高速船用柴油机、拖拉机曲轴主轴颈,与6级滚动轴承配合的外壳孔,与0级滚动轴承配合的轴颈
7	大功率低速柴油机曲轴轴颈、活塞、活塞销、连杆、汽缸,高速柴油机箱体轴承孔,千斤顶或压力油缸活塞,汽车传动轴,水泵及通用减速器轴颈,与0级滚动轴承配合的外壳孔
8	低速发动机,减速器,大功率曲柄轴轴颈,拖拉机汽缸体、活塞,印刷机传墨辊,内燃机曲轴,柴油机机体孔、凸轮轴,拖拉机、小型船用柴油机汽缸套等
9	空气压缩机缸体,液压传动筒,通用机械杠杆与拉杆用套筒销子,拖拉机活塞环、套筒孔等

表 5-11　平行度、垂直度、倾斜度公差等级的应用举例

公差等级	应用举例	
	平 行 度	垂直度和倾斜度
1	高精度机床、测量仪器以及量具等主要基准面和工作面	
2～3	精密机床、测量仪器、量具、模具的基准面和工作面,精密机床重要箱体主轴孔对基准面的要求	精密机床导轨,普通机床主要导轨,机床主轴轴向定位面,精密机床主轴肩端面,滚动轴承座圈端面,齿轮量仪的心轴,光学分度头的心轴,涡轮轴端面,精密刀具、量具的基准面和工作面
4～5	普通机床、测量仪器、量具、模具的基准面和工作面,高精度轴承座圈、端盖,挡圈的端面,机床主轴孔对基准面的要求,重要轴承孔对基准面的要求,主轴箱体重要孔间要求,一般减速器壳体孔,齿轮泵的轴孔端面等	普通机床导轨,精密机床重要零件,机床重要支承面,发动机轴和离合器的凸缘,汽缸的支承端面,装4、5级轴承的箱体凸肩,液压传动轴瓦端面,刀具、量具的工作面和基准面等
6～8	一般机床零件的工作面或基准面,压力机和锻锤的工作面,中等精度钻模的工作面,一般刀、量、模具,机床一般轴承孔对基准面要求,床头箱一般孔间要求,变速器箱体孔,主轴花键对定心直径的要求,重型机械轴承盖的端面等	普通机床主要基准面和工作面,回转工作台端面,一般导轨,主轴箱体孔,刀架、砂轮架及工作台回转中心,机床轴肩,汽缸配合面对其轴线,活塞销孔对活塞中心线,安装6、0级轴承端面对轴承壳体孔的轴线等
9～10	低精度零件,重型机械滚动轴承端盖,柴油和煤气发动机的曲轴孔、轴颈等	花键轴轴肩端面,带式运输机法兰盘等端面对轴线,手动卷扬机及传动装置中轴承端面,减速器壳体平面等

表 5-12　同轴度、对称度和跳动公差等级的应用举例

公差等级	应用举例
1～2	旋转精度要求很高、尺寸公差高于IT5级的零件,如精密测量仪器的主轴和顶尖,柴油机喷油器针阀等
3～4	机床主轴轴颈,砂轮轴轴颈,汽轮机主轴,测量仪器的小齿轮轴,安装高精度齿轮的轴颈,高精度滚动轴承内、外圈等

（续）

公差等级	应用举例
5～7	应用范围较广的公差等级。用于精度要求比较高，一般需按尺寸公差 IT6 或 IT7 级制造的零件。5 级精度常用于机床主轴轴颈，机床主轴箱孔，计量仪器的测杆，汽轮机主轴，柱塞油泵转子，高精度滚动轴承外圈，一般精度滚动轴承内圈；6～7 级精度用于内燃机曲轴、凸轮轴轴颈、柴油机体主轴承孔，齿轮轴、水泵轴、汽车后桥输出轴，电机转子，印刷机传墨辊的轴颈，键槽，0 级精度滚动轴承内圈等
8～9	常用于一般精度要求、按尺寸公差 IT8～IT9 级制造的零件。8 级精度用于拖拉机发动机分配轴轴颈，与 9 级精度以下齿轮相配的轴颈，水泵叶轮，离心泵体，棉花精梳机前后滚子，键槽等；9 级精度用于内燃机汽缸套配合面、齿轮轴的配合面、水泵叶轮、离心泵、自行车中轴等

4. 公差原则的选择

选择公差原则应根据被测要素的功能要求，综合考虑各种公差原则的应用场合，充分发挥公差的职能和所采用公差原则的可行性和经济性。

1）独立原则

独立原则是处理几何公差与尺寸公差关系的基本原则，主要用于以下场合。

（1）尺寸精度和几何精度要求都较严，且需要分别满足要求。如齿轮箱体上的孔，为保证与轴承的配合和齿轮的正确啮合，要分别保证孔的尺寸精度和孔的轴线间的平行度要求。

（2）尺寸精度与几何精度要求相差较大。如平板尺寸精度要求较低，平面度要求较高，应分别满足要求。

（3）用于保证运动精度、密封性等特殊要求，常单独提出与尺寸精度无关的几何公差要求，如机床导轨为保证运动精度，提出直线度要求，与尺寸精度无关；汽缸套内孔，为保证活塞环在直径方面的密封性，在保证尺寸精度的同时，还要单独保证很高的圆度或圆柱度公差要求。

（4）零件上的未注几何公差遵循独立原则。

2）相关要求

（1）包容要求。主要用于需保证配合性质，特别是要求精密配合的场合。采用包容要求用最大实体边界来控制零件的尺寸和几何误差的综合结果，以保证配合要求的最小间隙或最大过盈。

（2）最大实体要求。主要用于导出要素，保证可装配性的场合。如用于盖板、箱体及法兰盘上孔系的位置度等。这些孔系的位置度公差采用最大实体要求时，可极大地满足其可装配性，提高零件的合格率，降低成本。

（3）最小实体要求。主要用于需保证零件强度和最小壁厚的场合。

（4）可逆要求。不能单独使用，须与最大（最小）实体要求联用，能充分利用公差带，扩大被测要素提取尺寸范围，使提取尺寸超过最大（或最小）实体尺寸而体外（或体内）作用尺寸未超过最大（或最小）实体实效边界的"废品"变为合格品，提高了经济效益。在不影响使用性能的前提下可以选用。

有时独立原则、包容要求和最大实体要求都能满足某种功能要求，在选用它们时应注意其经济性和合理性。如孔或轴采用包容要求时，它的提取尺寸与形状误差之间可相互调整(补偿),从而使整个尺寸公差带得到充分利用,技术经济效益较高。但另一方面,包容要求所允许的形状误差大小,完全取决于提取尺寸偏离最大实体尺寸的数值。如果孔或轴的提取尺寸处处皆为最大实体尺寸或者趋近于最大实体尺寸,那么,它必须具有理想形状或者接近于理想形状才合格,而实际上极难加工出这样精确的形状。

5.4 表面粗糙度的选用

1. 表面粗糙度参数值的选择原则

表面粗糙度评定参数值选择的一般原则:在满足功能要求的前提下,尽量选用较大的表面粗糙度参数值,以便于加工,降低生产成本,获得较好的经济效益。

在确定表面粗糙度要求时,经对载荷、润滑、材料、运动方向、速度、温度、制造成本等因素考虑后,才可确定出适当的标准参数值。在工程实际中,由于表面粗糙度与功能的关系十分复杂,因而很难准确地确定参数的允许值,在具体设计时,一般多根据经验统计资料,采用类比法来选用。具体应注意以下几点。

(1)同一零件上,工作表面粗糙度值应比非工作表面的粗糙度值小。

(2)摩擦表面比非摩擦表面的粗糙度值小,且速度越高,单位面积压力越大的摩擦表面,则表面粗糙度值应越小,尤其是对滚动摩擦表面应更小。

(3)承受交变负荷的表面,特别是容易产生应力集中的部位(如沟槽、圆角处),其表面粗糙度值应小。

(4)对于要求配合性质稳定可靠的表面,粗糙度应从严要求。如小间隙配合表面、承受重载的过盈配合表面,均应选择较小的表面粗糙度值。

(5)在确定零件配合表面的粗糙度时,应与其尺寸公差相协调。通常,尺寸及几何公差值小,表面粗糙度值也应小,同一尺寸公差等级的轴比孔的粗糙度值小。尺寸公差、形状公差和表面粗糙度之间没有确定的函数关系,设计时可参考表 5-13 选取。

表 5-13 尺寸公差、形状公差和表面粗糙度参数值之间的关系

形状公差 t 与尺寸公差 IT 的关系 $t/IT(\%)$	表面粗糙度与尺寸公差 IT 的关系	
	$Ra/IT(\%)$	$Rz/IT(\%)$
≈60	5	20
≈40	2.5	10
≈25	1.25	5

(6)对有防腐蚀、密封性及外表美观要求的表面,其粗糙度值应小。接触刚度或测量精度要求高的表面,粗糙度值也应小。

(7)凡有关标准已对表面粗糙度值要求做出规定(如轴承、量规、齿轮等),应按标准规定选取表面粗糙度值,且与标准件的配合面应按标准件要求标注。

表 5-14 为轴和孔的表面粗糙度推荐值,表 4-5 为表面粗糙度应用举例,供类比时参考。

表 5-14　轴和孔的表面粗糙度推荐值

应用场合			$Ra/\mu m$	
			基本尺寸/mm	
示　例	公差等级	表面	≤ 50	> 50～500
经常拆装零件的配合表面(如挂轮、滚刀等)	IT5	轴	≤ 0.2	≤ 0.4
		孔	≤ 0.4	≤ 0.8
	IT6	轴	≤ 0.4	≤ 0.8
		孔	≤ 0.8	≤ 1.6
	IT7	轴	≤ 0.8	≤ 1.6
		孔		
	IT8	轴	≤ 0.8	≤ 1.6
		孔	≤ 1.6	≤ 3.2

应用场合			$Ra/\mu m$		
			基本尺寸/mm		
示　例	公差等级	表面	≤ 50	> 50～120	> 120～500
(1) 过盈配合的配合表面 (2) 用压力机装配 (3) 用热孔法装配	IT5	轴	≤ 0.2	≤ 0.4	≤ 0.4
		孔	≤ 0.4	≤ 0.8	≤ 0.8
	IT6～IT7	轴	≤ 0.4	≤ 0.8	≤ 1.6
		孔	≤ 0.8	≤ 1.6	≤ 1.6
	IT8	轴	≤ 0.8	≤ 1.6	≤ 3.2
		孔	≤ 1.6	≤ 3.2	≤ 3.2
	IT9	轴	≤ 1.6	≤ 3.2	≤ 3.2
		孔	≤ 3.2	≤ 3.2	≤ 3.2
滚动轴承的配合表面	IT6～IT9	轴	≤ 0.8		
		孔	≤ 1.6		
	IT10～IT12	轴	≤ 3.2		
		孔	≤ 3.2		

应用场合			径向跳动公差/μm					
精密定心零件配合表面	公差等级	表面	2.5	4	6	10	16	25
	IT5～IT8	轴	≤ 0.05	≤ 0.1	≤ 0.1	≤ 0.2	≤ 0.4	≤ 0.8
		孔	≤ 0.1	≤ 0.2	≤ 0.2	≤ 0.4	≤ 0.8	≤ 1.6

2. 表面粗糙度选用方法和步骤

(1) 依据对零件功能的分析，来判断有没有必要规定表面粗糙度要求(指用去除材料的方法获得表面），如无必要，则按非加工表面处理。

（2）如有表面粗糙度要求，则应明确所要求的是单向或双向、上限值（或下限值）还是极限值；且幅度参数（Ra 或 Rz）和取样长度是必须要规定的。

（3）当然也考虑零件表面粗糙度要求是否已有标准规定，如有，则应按标准规定选择，如与滚动轴承配合面、齿轮齿坯表面等；如无标准规定，则应按零件功能要求的需要，依次选择各评定参数。同时应注意各评定参数特点、适用场合、检测方法等。

（4）对有特殊功能要求的零件，可选用一些附加规定来满足使用要求，如加工方法、加工纹理要求等。如有的摩擦滑动表面，就要求表面加工纹理方向应与相对滑动方向平行等。

5.5 机械精度设计举例

图 5.10 所示的零件为某圆柱齿轮减速器的输出轴。

两个 $\phi55m6$ 轴颈分别与 0 级圆锥滚子轴承内圈配合，$\phi58p6$ 与一 7 级精度的圆柱齿轮配合，$\phi45k6$ 轴颈与联轴器配合，$\phi50h9$ 外圆处采用接触式密封（皮碗密封）。各尺寸均已确定，现按类比法进行精度设计。

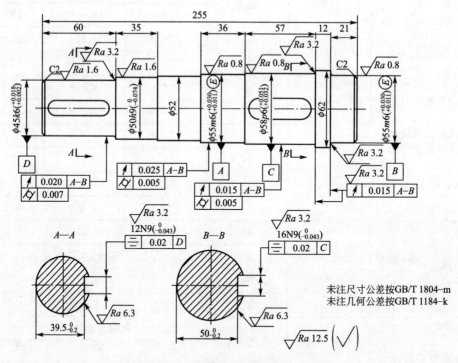

图 5.10　减速器输出轴精度设计示例

1. 尺寸精度设计

（1）轴承内圈与轴颈的配合及公差等级（参见第 8 章）。轴承为标准部件，应按滚动轴承的国家标准 GB/T 275—2000 选取。该减速器为正常负荷，根据轴承的类型和轴承内圈的公称尺寸，选取该轴颈的公差带为 m6，它与轴承内圈的配合为基孔制小过盈配合。

（2）轴与齿轮孔的配合及公差等级。配合采用基孔制。根据 7 级精度齿轮的要求，参考设计手册和齿轮齿坯的要求（参见第 12 章），将轴与齿轮孔的配合确定为 H7/p6（优先配合），具有良好的对中性，并通过键来传递运动和转矩。

（3）轴与联轴器之间的配合及公差等级。配合采用基孔制。联轴器与输出轴之间通过键来传递运动和转矩，为保证装拆方便和有一定的定心精度，选择有较小间隙的过渡配合 H7/k6。

（4）其他配合及公差等级。键为标准件，轴上键槽与键的配合应采用基轴制。查设计手册，根据普通平键国家标准，按一般键联接配合（参见第 10 章），选公差带和精度等级为 N9。

与皮碗密封圈接触轴颈的尺寸采用一般精度即可，选择为 $\phi50h9$。

轴上未注尺寸公差按 GB/T 1804-m 控制。

2. 几何精度设计

选择几何公差时，主要依据该轴的结构特征和功能要求，其次还应便于测量等。具体选用如下。

1）$\phi55m6$ 圆柱面

依据使用要求和装配关系，$2\times\phi55m6$ 圆柱面是该轴的支承轴颈，用以安装滚动轴承，是该轴的装配基准，故应选择 $2\times\phi55m6$ 圆柱面的公共轴线为设计基准。

为使轴及轴承工作时运转灵活，$2\times\phi55m6$ 支承轴颈应规定同轴度要求，但从检测的可行性与经济性分析，最佳方案应采用综合控制项的径向圆跳动公差，参照表 5-11 确定公差等级为 6 级，查表 3-17，其公差值为 0.015mm。

$2\times\phi55m6$ 是与 0 级滚动轴承内圈配合的重要表面，为保证配合性质和轴承的几何精度，采用包容原则，还应提出圆柱度公差。查滚动轴承标准 GB/T 275—2000，公差值为 0.005mm。

2）$\phi58r6$、$\phi45k6$ 圆柱面

$\phi58r6$、$\phi45k6$ 圆柱面分别用于安装齿轮和联轴器，其轴线分别为齿轮和联轴器的装配基准，为保证齿轮的正确啮合及运转平稳，应规定其对 $2\times\phi55m6$ 圆柱面公共轴线的径向圆跳动公差，根据 7 级精度齿轮和联轴器的使用要求，径向圆跳动公差等级分别选择为 6 级和 7 级，公差值对应为 0.015mm 和 0.020mm。为满足配合需要，还应对其规定 6 级和 7 级的圆柱度公差，查表 3-15，公差值为 0.005mm 和 0.007mm。

3）轴肩

$\phi62mm$ 轴肩的左、右端面分别为齿轮和轴承的轴向定位基准，为保证零件定位可靠，轴肩端面应与基准轴线垂直，结合检验要求，最佳方案应选用综合控制项的轴向圆跳动公差。根据齿轮和滚动轴承的使用要求，公差等级可取 6 级，查表 3-17，其公差值为 0.015mm。从装配关系看，轴向圆跳动的基准应为各自圆柱面轴线，但为便于加工和检测，应采用统一的基准，即 $2\times\phi55m6$ 圆柱面的公共轴线。

4）键槽 12N9 和键槽 16N9

为使装配后的键受力均匀和拆装方便，须规定键槽的对称度公差。键槽的对称度公差一般取 7～9 级，此处选用 9 级，查表 3-17，其公差值为 0.02mm。对称度的基准应为键槽所在轴颈的轴心线。

5）其他要素

轴上其余要素的几何精度应按未注几何公差控制，其要求为 GB/T 1184 - k。

3. 表面粗糙度的选择

对一般零件的多数表面来讲，通常只规定表面粗糙度的幅度参数就基本上能满足零件的功能要求。粗糙度参数值的选择，应综合考虑零件的功能要求、与尺寸公差和形状公差相匹配及其加工经济性等。在本例中，表面粗糙度的选用如下。

1）与轴承、齿轮和联轴器配合的表面

各配合面的配合性质要求较高，尺寸公差、形状公差的等级也必然较高，表面粗糙度只能选较小值。查滚动轴承和齿轮标准并参考设计手册，与轴承和齿轮配合轴颈选用 $Ra0.8$，与联轴器配合轴颈选用 $Ra1.6$。

2）各轴肩表面

在各轴肩表面中，$\phi62mm$ 轴肩左、右端面虽为非配合表面，但它是轴承和齿轮的轴向定位面，查相关标准，粗糙度参数值选用 $Ra3.2$，其余轴肩均选用 $Ra12.5$。

3）两键槽侧面和底面

键槽侧面是键的配合面，底面为非配合面。根据普通平键国家标准的规定，键侧面应选用 $Ra3.2$，底面可选用 $Ra6.3$。

4）其他表面

与皮碗密封圈接触轴颈 $\phi50h9$，虽然尺寸和形状精度要求不高，但为减轻与密封圈的摩擦与磨损、提高密封效果，粗糙度值应选用 $Ra1.6$。

轴台处的过渡圆角，为减轻应力集中，防止疲劳破坏，粗糙度要求不可太低，粗糙度值选用 $Ra3.2$。

其他表面均是非工作表面，从经济性和外表美观出发，选取 $Ra12.5$。

本 章 小 结

（1）精度设计对产品的使用性能、质量和制造成本都有很大的影响，对零件进行精度设计也是极限与配合、几何公差和表面粗糙度等相关国家标准的综合应用。基本原则是：经济地满足功能要求，即保证产品性能优良、制造上经济可行。方法主要有类比法、计算法和试验法，其中类比法最为常用。

（2）尺寸精度设计主要是极限与配合的选用，主要包括：基准制的选用，一般应优先选用基孔制，必要时才选用基轴制，特殊需要时可采用非基准制。

（3）几何精度设计是机械精度设计的重要内容。主要包括几何公差特征项目选择、公差等级（公差值）的确定、基准要素和公差原则的选择等。相对尺寸精度而言，几何精度设计难度更大。基准要素的选择涉及设计、制造方面的知识较多，是精度设计的关键。

（4）粗糙度的选择时，应了解各种常用加工方法能够达到的表面粗糙度参数值，了解常用零件表面应有的粗糙度值。

习题与思考题

一、判断题

1. 公差等级的选用应在满足使用要求的前提下，尽量选取较低的公差等级。（　　）

2. 计算法确定零件几何要素的精度比较科学，在精度设计中被广泛使用。（　　）

3. 选择几何公差项目要考虑检测的方便性。（　　）

4. 可逆要求不能单独使用。（　　）

5. 零件表面的粗糙度值越低越好。（　　）

二、选择题

1. 键是标准件，故键与键槽的配合，应采用_____。

    A. 基孔制　　　　　B. 基轴制　　　　　C. 非基准制

2. 有定心（对中性）要求的基孔制配合中，应选用_____。

    A. JS/h　　　　B. H/k　　　　C. H/e　　　　D. H/s

3. 同一零件上，_____粗糙度值应比_____的粗糙度值小。

    A. 工作表面　　　B. 加工表面　　　C. 非工作表面　D. 基准表面

4. 在满足零件功能要求的前提下，_____相对于_____的平行度可适当降低1~2级选用。

    A. 面对面　　　　B. 被测要素　　　C. 基准要素　　D. 线对线

5. 应选用_____的表面作为基准部位。

    A. 加工精度较低　　B. 加工精度较高

三、填空题

1. 选择粗糙度值时，摩擦表面比_____的粗糙度值小，尤其是对滚动摩擦表面应_____。

2. 采用类比法进行精度设计的基础是资料的_____，它是大多数零件要素精度设计_____的方法。

3. 尺寸精度的设计主要是极限与配合的选用，其内容包括_____、_____和_____ 3个方面。

4. 基准要素的选择包括零件上_____的选择、_____的确定、基准顺序的合理安排等。合理地选择基准有利于保证零件的_____。

5. 包容要求主要用于_____场合。采用包容要求用_____边界来控制零件的尺寸和几何误差的综合结果。

四、问答题

1. 在配合制选择时，为什么优先采用基孔制？

2. 简述用类比法选择配合时应考虑的因素有哪些。

3. 简述几何公差特征项目选择时应考虑哪几个方面。

4. 基准部位的选择时应考虑哪些方面？

5. 独立原则主要用于什么场合？

五、图5.11所示为钻床的钻模夹具简图。夹具由定位套3、钻模板1和钻套4组成，安装在工件 5 上。钻头 2 的直径为 $\phi10mm$。已知：

（1）钻模板 1 的中心孔与定位套 3 上端的圆柱面的配合有定心要求，公称尺寸为 $\phi50mm$。

（2）钻模板 1 上圆周均布的 4 个孔分别与钻套 4 的配合有定心要求，公称尺寸分别为 $\phi18mm$，它们皆采用过盈量不大的固定联接。

（3）定位套 3 下端的圆柱面的公称尺寸为 $\phi80mm$，它与工件 5 的 $\phi80mm$ 定位孔的配合有定心要求，在安装和取出定位套 3 时，它需要轴向移动。

（4）钻套 4 的 $\phi10mm$ 导向孔与钻头 2 的配合有导向要求，且钻头应能在其转动状态下进出该导向孔。

试选择上述 4 个配合部位的配合种类，并简述其理由。

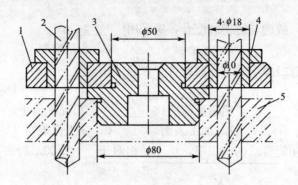

图 5.11　习题五图

1—钻模板；2—钻头；3—定位套；4—固定钻套；5—工件

第 **6** 章

测量技术的基础知识

 本章教学目标

能力培养	知识要点
掌握测量的基本概念	绝对与相对误差、正确度 、精密度、准确度
掌握误差分析及测量结果数据处理方法	误差分类与产生根源，正态分布规律及特征，3σ 准则
了解测量原理与方法	测量方法的分类、原理及应用
了解计量器具的分类及其主要技术指标	计量器具的分类、功用及其主要技术指标

导入案例

在内燃机、压缩机和大排量乳化液泵等产品中，曲轴是其实现动力和运动方式转换的关键件之一。当曲轴安装上与其配合的连杆之后，就构成典型曲柄滑块机构，可将滑块的上、下往复运动转变成曲轴的循环旋转运动。它一般由主轴颈，曲拐轴颈、过渡轴颈、平衡块、前端和后端等组成。就其结构而言，它属于有严格空间位置关系要求的复杂件。如多曲拐曲轴各曲拐之间的相位角、相邻曲拐之间的中心距以及各曲拐与基准主轴颈的位置尺寸等均要求极高，在实际生产中，无论是对其空间尺寸的测量，如曲拐之间相位角、中心距等，还是对简单几何配合尺寸的测量，如主轴颈、曲拐轴颈的几何配合尺寸等。只有通过正确地选择量具量仪、科学地设计测量方法以及合理地采用测量数据处理措施，才能严格控制和保证曲轴上各类几何参数的设计与使用要求，才能制造出高精度、低成本的曲轴。

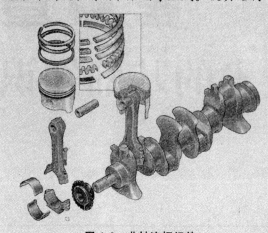

图 6.0　曲轴连杆组件

6.1　测量的基本概念

加工后的零件的几何精度是否满足设计所规定的要求，只有经过测量或检验，方可判定。正确地测量或检验是贯彻质量标准的技术保证。

（1）测量：是指为确定被测量的量值而进行的实验过程，即将被测的量 L 与复现计量单位的标准量 E 进行比较，从而确定两者比值的实验过程，即

$$测量值＝被测量/测量单位＝L/E$$

（2）检验：是指判断被测量是否合格的过程，通常不一定要求得到被测量的具体数值。

（3）检定：是判定计量器具精度是否合格的实验过程。它是以保持量值统一和传递为目的的专门测量，也称为计量。

在机械制造业中所说的技术测量，主要指几何参数的测量，包括长度、角度、表面粗糙度、几何误差等的测量。

测量要有被测对象和所采用的计量单位，同时还要采用与被测对象相适应的测量方法，以使测量结果达到所要求的测量精度。因此，任何一个完整的测量过程必须包含以下4个要素。

（1）被测对象：研究的被测对象是几何量，即长度、角度、形状、位置、表面粗糙度以及螺纹、齿轮等零件的几何参数。

（2）计量单位：我国制定法定计量单位，就是为了保证测量过程中标准量的统一。国务院于 1984 年 2 月 27 日颁发了《关于在我国统一实行法定计量单位的命令》。国际单位制是我国法定计量单位的基础，一切属于国际单位制的单位都是我国法定计量单位。在几何量测量中，规定长度的基本单位是米（m），同时使用的还有米的十进倍数和分数的单位，如毫米（mm）、微米（μm）等；平面角的角度单位为弧度（rad）及度（°）、分（'）、秒（"）。在机械零件制造中，常用的长度计量单位是毫米（mm），在几何量精密测量中，常用的长度计量单位是微米（μm），在超精密测量中，常用的长度计量单位是纳米（nm）。常用的角度计量单位是弧度、微弧度（μrad）和度、分、秒。$1\mu rad = 10^{-6} rad$，$1° = 0.0174533 rad$。

（3）测量方法：测量时所采用的测量原理、测量器具和测量条件的总和。

（4）测量精度：测量结果与被测量真值的一致程度。测量时不仅要合理地选择测量器具和测量方法，还应正确估计测量误差的性质和大小，以保证测量结果具有较高的置信度。

6.2 测量基准和尺寸传递系统

1. 长度基准及尺寸和角度量值传递系统

为保证工业生产中长度测量的准确度，必须建立统一、可靠的长度基准和尺寸传递系统。

1）长度基准

长度的自然基准是光波波长。米是光在真空中于 1/299 792 458 秒（s）时间间隔内的行程长度。米定义的复现主要采用稳频激光，1985 年，我国用自己研制的碘吸收稳定的 $0.633\mu m$ 氦氖激光辐射来复现我的国家长度基准。显然，此长度基准是无法直接用于生产的。在机械制造中，实用的长度基准（工作基准）是端面基准（量块）和线纹基准。

2）尺寸和角度量值传递系统

量值传递就是将国家基准（标准）所复现的计量单位量值，通过计量标准逐级传递到工作计量器具，以保证被测对象所测量值的准确一致。传递一般是自上而下，由高级向低级进行，为此应建立统一的量值传递系统。

我国长度量值通过两种平行的系统向下传递，如图 6.1 所示。其中一种是端面量具（量块）系统，另一种为刻线量具（线纹尺）系统。通过这两种传递系统就可将米的定义长度一级一级地、准确地传递到生产中所使用的计量器具上，再用其测量工件尺寸，从而保证量值的准确与统一。

角度也是机械制造中的重要几何量之一，由于圆周角定义为 360°，因此角度不需要与长度一样再建立一个自然基准。但是计量部门在实际应用中，为了常用特定角度的测量方便和便于对测角仪器进行检定，仍需建立角度量的基准。实际用作角度量基准的标准器具是标准多面棱体和标准度盘。机械制造中的一般角度标准是角度量块、测角仪或分度头等。

目前生产的多面棱体是用特殊合金钢或石英玻璃精细加工而成的。常见的有 4 面、6 面、8 面、12 面、24 面、36 面以及 72 面等。图 6.2 所示为 8 面棱体，在该棱体的同一横切面上，其相邻两面法线间的夹角为 45°。用它作基准可以测量任意的 $n \times 45°$ 的角度（n=

1，2，3，…）。以多面棱体作角度基准的量值传递系统如图 6.3 所示。

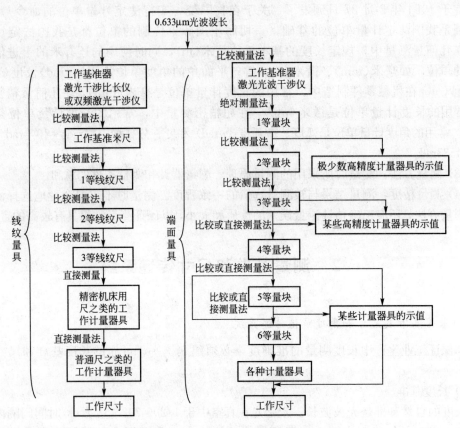

图 6.1　长度尺寸量值传递系统

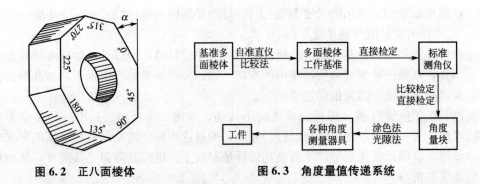

图 6.2　正八面棱体　　　　　　图 6.3　角度量值传递系统

　　量值传递是统一计量器具量值的重要手段，是保证计量结果准确可靠地基础。任何一种计量器具，不论何种原因，都会存在不同程度的误差。值得注意的是此误差在使用的过程中不是一成不变的。因此，在计量器具的使用上，需定期用规定等级的计量标准对其进行检定，根据检定结果最终做出进行修理或继续使用的判断。

　　2. 量块的基础知识

　　量块是没有刻度的、形状为长方形六面体的标准端面量具，如图 6.4 所示。它用特殊合金钢制成，具有线膨胀系数小、不易变形、硬度高、耐磨性好、工作面表面粗糙度值小及研合性好等特点。它有两个测量面和 4 个非测量面。从量块一个测量面上任意点到与其相对的另一个测量面相研合的辅助体表面之间的垂直距离(辅体的材料和表面质量应与量块相同)称为量块长度 l。对应于量块未研合测量面中心点的量块长度称为量块的中心长度 lc。标记在量块上，用以表明其与主单位(m)之间关系的量值称为标称长度，也称为量块长度的示值。标称长度至 10mm 的量块，其截面尺寸为 30mm×9mm；标称长度大于 10～1000mm 的量块，其截面尺寸为 35mm×9mm。

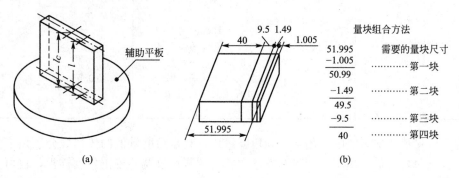

图 6.4 量块

量块在机械制造企业和各级计量部门中应用较广，常作为尺寸传递的长度标准和计量仪器示值误差的检定标准，也可作为精密机械零件测量、精密机床和夹具调整时的尺寸基准。

根据不同的使用要求，量块做成不同的精度等级。划分量块精度有两种规定："级"和"等"。GB/T 6096—2001《几何量技术规范(GPS)长度标准 量块》中按制造精度将量块分为 0、1、2、3 和 K 级，共 5 个等级，其中 0 级精度最高，3 级精度最低，K 级为校准级，用来校准 0、1、2 级量块。量块按"级"使用时，以量块的标称长度为工作尺寸，该尺寸包含量块的制造误差，并将被引入到测量结果中。由于不需要加修正值，故使用较方便。量块生产企业大都按级推向市场销售。

在各级计量部门，国家计量局标准 JJG 146—2003《量块检定规程》按检定精度将量块分为 1～5 等，精度依次降低。量块按"等"使用时，不再以标称长度作为工作尺寸，而是用量块经检定后所给出的实测中心长度作为工作尺寸，该尺寸排除了量块的制造误差，仅包含检定时的测量误差。

量块的"级"和"等"是从成批制造和单个检定两种不同的角度出发，对其精度进行划分的两种形式。就同一量块而言，检定时的测量误差要比制造误差小得多。所以，量块按"等"使用其精度要比按"级"使用高，且能在保持量块原有使用精度的基础上延长其使用寿命，磨损超过极限的量块经修复和检定后仍可作同"等"使用。

量块的测量平面十分光洁和平整，当用力推合两块量块使其测量平面能互相紧密接触并粘合在一起，这种特性称为研合性。利用量块研合性，可把几块量块组合使用，如图 6.4(b)所示。为了能用较少的块数组合成所需的尺寸，量块应按一定的尺寸系列成套生产供应。国家标准共规定了 17 种系列的成套量块，块数分别为 91、83、46、12、10、8、6、5 等。表 6-1 列出了其中一套量块(总块数为 83 块)的尺寸系列。

组合量块时，可从消去尺寸的最末位数开始，逐一选取。如使用 83 块一套的量块组，从中选取量块组成 51.995mm 尺寸的方法是：查表 6-1，按图 6.4(b)中的步骤选择量块尺寸。

表 6-1 成套量块的尺寸

成套量块的尺寸(摘自 GB/T 6093—2001)					
序	总块数	级别	尺寸系列/mm	间隔/mm	块数
1	83	0, 1, 2	0.5	—	1
			1	—	1
			1.005	—	1
			1.01, 1.02, …, 1.49	0.01	49
			1.5, 1.6, …, 1.9	0.1	5
			2.0, 2.5, …, 9.5	0.5	16
			10, 20, …, 100	10	10

在角度量值传递系统中，还会用到角度量块，它是角度量值的传递媒介。角度量块的性能与长度量块类似，用于检定和调整普通精度的测角仪器，校正角度样板，也可直接用于检验工件。

特别提示

量块按"级"使用时，采用标称尺寸，不必计入修正量，一般用于生产现场。量块按"等"使用时，采用中心长度实测值，主要用于精密测量及计量检定。组合量块时，应力争选用量块数最少为宜，最多也不要超过 4～5 块。量块保存时应做到：防腐防尘，杜绝手拿；恒温存放，妥善保管；"级"、"等"分明，分开管理；轻拿轻放，杜绝磕碰与跌落。

6.3 计量器具的分类及其主要技术指标

1. 计量器具的分类

计量器具为测量仪器和测量工具的统称。按原理、用途和结构特点，计量器具可分为以下 4 类。

(1) 标准(或基准)量具。以固定的形式复现量值的计量器具，包括单值量具(如量块、角度块等)和多值量具(如线纹尺等)两类。

(2) 极限量规。一种没有刻度的专用检验量具。用这种量具不能得到被检验工件的具体尺寸，但可判定被检工件是否合格，如光滑极限量规、螺纹量规等。

(3) 计量仪器。将被测量转换成可直接观察的示值或等效信息的计量器具。按结构特点和信号转换原理可分为以下几种。

① 游标式量仪，如游标卡尺、游标高度尺及游标深度卡尺等，如图 6.5 所示。

② 微动螺旋副式量仪，如外径千分尺、内径千分尺、深度千分尺等。其中如图 6.6 所示的外径千分尺在生产中应用广泛。

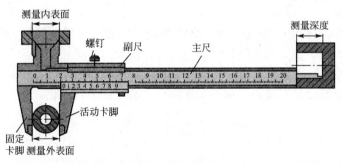

图6.5 游标量具

③ 机械式量仪。通过机械结构实现对被测量的感受、传递和放大的计量器具，如百分表、千分表、杠杆比较仪和扭簧比较仪等。这种量仪结构简单、性能稳定、使用方便。如图6.7所示为百分表；如图6.8所示为内径百分表，内径百分表由百分表和表架组成，用于测量孔的形状和孔径。

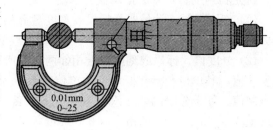

图6.6 外径千分尺

图6.7 百分表

图6.8 内径百分表

④ 光学式量仪。用光学方法实现对被测量的转换和放大的计量器具，如光学比较仪、自准直仪、投影仪、工具显微镜、干涉仪等。这种量仪精度高、性能稳定。如图6.9所示为数显式光学比较仪的外形图。

⑤ 电动式量仪。将被测量通过传感器转变为电量，再经过变换而获得读数的计量器具，如电感测微仪、电动轮廓仪等。这种量仪精度高、易于实现数据自动处理和显示，还可实现计算机辅助测量和自动化。

⑥ 气动式量仪。靠压缩空气通过气动系统时的状态（流量或压力）变化来实现对被测量的转换的计量器具，如水柱式和浮标式气动量仪等。这种量仪结构简单，可进行远距离测量，也可对难以用其他转换原理测量的部位（如深孔部位）进行测量，但示值范围小，被测参数不同需要

图6.9 数显式光学比较计

使用不同的测头。

⑦ 光电式量仪。利用光学方法放大或瞄准，通过光电元件再转换为电量进行检测的计量器具，如光电显微镜、光电测长仪等。

（4）计量装置。为确定被测几何量所必需的计量器具和辅助设备的总体。它能够测量较多的几何量和较复杂的零件，有助于实现检测自动化或半自动化，如连杆、滚动轴承中的零件的测量。

2. 计量器具的主要技术指标

计量器具的技术指标是用来说明计量器具的性能和功用的。它是选择和使用计量器具、研究和判别测量方法正确性的依据。其主要技术指标如下。

（1）刻度间距。计量器具标尺或刻度盘上相邻两刻线中心的距离或圆弧长度。为便于目力估读一个分度值的小数部分，一般将刻度间距取为 0.75～2.5mm。

（2）分度值。标尺或刻度盘上相邻两刻线所代表的量值，即一个刻度间距所代表的被测量量值，其单位与标在标尺上的单位一致。为便于读数，分度值一般取为 1、2 和 5 的十进制值，如千分表的分度值为 0.001mm，百分表的分度值为 0.01mm，游标卡尺的游标分度值为 0.1 mm、0.05 mm 或 0.02mm 等。对于数显式仪器，其分度值称为分辨率。一般来说，分度值越小，计量器具精度越高。

（3）示值范围。计量器具所显示或指示的最小值至最大值的范围。如图 6.10 所示为计量器具的示值范围为 ±0.1mm。

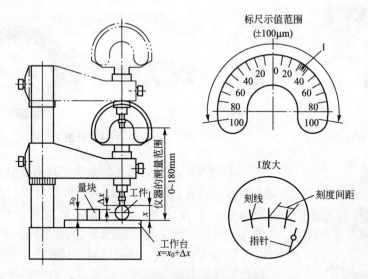

图 6.10 示值范围与测量范围

（4）测量范围。在允许误差极限范围内，计量器具所能测量零件的最小值至最大值的范围。图 6.10 所示的计量器具的测量范围为 0～180mm。

（5）灵敏度。计量器具对被测量变化的反应能力。若被测量变化为 ΔL，计量器具上相应变化为 Δx，则灵敏度 S 为

$$S = \Delta x / \Delta L \qquad (6-1)$$

当 Δx 和 ΔL 为同一类量时，灵敏度又称放大倍数，其值为常数。放大倍数 K 可用下

式来表示

$$K=c/i \qquad\qquad (6-2)$$

式中

c——计量器具的刻度间距，mm；

i——计量器具的分度值，mm。

(6) 测量力。指计量器具的测头与被测表面之间的接触力。在接触测量中，应保持一定的恒定测量力。

(7) 示值误差。计量器具上的示值与被测量真值的代数差。

(8) 示值变动。在测量条件不变的情况下，用计量器具对被测量测量多次(一般5~10)所得示值中的最大差值。

(9) 回程误差(滞后误差)。在相同条件下，对同一被测量进行往返两个方向测量时，计量器具示值的最大变动量。

(10) 不确定度。由于测量误差的存在，产生对被测量值不能肯定的程度。不确定度用极限误差表示，它是一个综合指标，包括示值误差、回程误差等。

6.4　测　量　方　法

测量方法是测量过程的四要素之一，是测量过程的核心部分。一种好的测量方法，必须依据被测对象的特性和精度要求，采用相应的标准量，遵循一定的测量原则，选择相应的计量器具，并考虑测量条件、测量力等的影响，实现被测量与标准量的比较过程，并能使测量结果的测量误差不超过一定范围。

1. 直接测量和间接测量

它是按所测得的量(参数)是否为欲测之量来分类的。

(1) 直接测量。从测量器具的读数装置上直接得到被测量值或对标准值的偏差的测量。

(2) 间接测量。通过直接测量与被测量有已知关系的其他量而得到该被测量量值的测量。如用"弦高法"测量大的圆柱形零件的直径 D，可由弦长 L 与弦高 h 的测量结果，通过 $D=L^2/4h+h$ 来求得零件的直径，如图6.11所示。

为减少测量误差，一般推荐采用直接测量，必要时才采用间接测量。

2. 绝对测量和相对测量

它是按示值是否为被测量的整个量值来分类的。

(1) 绝对测量。计量器具显示或指示的示值是被测量的整个量值，如用游标卡尺、千分尺测量轴径或孔径。

(2) 相对测量又称比较测量。由计量器具读数装置上得到的示值仅为被测量相对标准量的偏差值的一种测量。如用比较仪测量时，先用量块调整仪器零位，然后测量被测量，所获得的示值就是被测量相对于量块尺寸

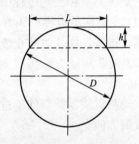

图6.11　用"弦高法"测量
圆柱体直径

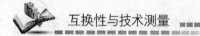

的偏差。该测量方法使得仪器的测量范围大大缩小，有利于简化仪器结构，提高仪器示值的放大倍数和测量精度。

在绝对测量中，温度偏离标准温度(20℃)以及测量力的影响可能会引起较大的测量误差。而在相对测量中，由于是在相同条件下将被测量对标准量进行比较，故可大大缩小因温度、测量力的变化所导致的误差。一般而言，相对测量法易于获得较高的测量精度，尤其在量块出现后，为相对测量法提供了有利条件，才在生产中被广泛应用。

3. 接触测量和非接触测量

它是按测量时被测表面与计量器具的测头是否接触来分类的。

(1) 接触测量。测量时，计量器具的测头与被测表面直接接触的测量，如用卡尺、千分尺测量工件。

(2) 非接触测量。测量时计量器具的测头与被测表面不直接接触的测量，如用光切显微镜测量表面粗糙度。

接触测量会在测头与被测工件表面直接接触，在机械测量力的作用下，工件表面与计量器具有关部分产生弹性变形，影响测量精度。非接触测量在测头与被测工件表面不直接接触，不存在测量力引起的误差，特别适宜于薄壁、易变形工件的测量。

4. 单项测量和综合测量

它是按工件上同时被测参数的多少及参数的特性来分类的。

(1) 单项测量。对工件上的每一参数分别进行测量。如分别测量螺纹单一中径、螺距和牙型半角的实际值，来分别判断各自的合格性。

(2) 综合测量。同时测量工件上几个有关几何参数的综合结果，以判断综合结果是否合格，而不要求得知有关单项值。如测量螺纹作用中径，测量齿轮的运动误差等。

特别提示

单项测量的效率比综合测量低，但单项测量结果便于工艺分析。采用综合测量只能得出判断检验结果，不能给出具体误差值，它常用于终检(验收检验)，其测量效率高，能有效地保证互换性，特别适用于成批和大量生产。

5. 主动测量和被动测量

它是按测量在工艺过程中所起作用来分类的。

(1) 主动测量也称在线测量。在零件加工过程中进行的测量。其测量结果可直接用以控制加工过程，能及时防止废品产生。

(2) 被动测量也称离线测量。在零件加工完毕后进行的测量，主要用来发现并剔除废品。

主动测量使检验与加工过程紧密结合，充分发挥检测的作用。因此，它代表着检测技术的发展方向。

6. 等精度测量和不等精度测量

它是按被测工件在测量时所处的状态来分类的。

(1) 等精度测量。在决定测量精度的全部因素或条件均基本不变的情况下进行的测量,即在对某一被测量测量的整个过程中,所使用的仪器,环境条件及测量者都不发生变化。

(2) 不等精度测量。指在测量过程中决定测量精度的全部因素或条件可能发生了完全改变或部分改变的测量。

一般情况下,为简化测量结果的处理,大都采用等精度测量。不等精度测量数据处理比较麻烦,只用于重要科研试验中的高精度测量。

上述测量方法的分类是从不同角度来进行划分的。对于一种具体的测量过程,可能兼有几种测量方法的特征。如在内圆磨床上用两点式测量头量具来进行测量,就包含了主动测量、直接测量、接触测量和相对测量等。在测量方法选择时,应综合考虑零件结构特点、精度要求、生产批量、技术条件及经济效果等因素,才能保证所采用的测量方法最科学、最合理。

6.5　测量误差与测量结果处理

6.5.1　测量误差的概述

1. 测量误差的基本概念

任何测量过程,由于受到计量器具和测量条件的影响,不可避免地会产生测量误差。所谓的测量误差 δ,是指测得值 x 与真值 μ 之差,即

$$\delta = x - \mu \tag{6-3}$$

由式(6-3)所反映的是测得值偏离真值的程度,也称为绝对误差。由于 x 可能大于或小于 μ,δ 也就可能为正值或负值,即

$$\mu = x \pm |\delta| \tag{6-4}$$

式(6-4)表明:$|\delta|$ 越小,测得值 x 与真值 μ 越接近,故可用测量误差 δ 来表示测量结果的精确度。绝对误差只适于评价同一大小被测量的测量精度。为了评价不同大小被测量的测量精度,可采用相对误差。

相对误差 ε 是指绝对误差的绝对值 $|\delta|$ 与被测量真值(通常以测得值 x 代替)之比,通常用百分数(%)表示,即

$$\varepsilon = \frac{|\delta|}{\mu} \times 100\% \approx \frac{|\delta|}{x} \times 100\% \tag{6-5}$$

如某轴两轴颈的测量值分别为:$x_1 = 25.43$mm,$x_2 = 41.94$mm;其绝对误差分别为 $\delta_1 = +0.02$、$\delta_2 = +0.01$mm,则由式(6-5)得其相对误差分别为 $\varepsilon_1 = 0.02/25.43 \times 100\% = 0.0786\%$,$\varepsilon_2 = 0.01/41.94 \times 100\% = 0.0238\%$,显然后者的测量精度要比前者高。

2. 测量误差的来源

产生测量误差的原因很多,通常可归纳为以下几个方面。

(1) 计量器具误差。计量器具本身在设计、制造和使用过程中产生的各项误差。在设计计量器具时,为简化结构而采用近似设计(如杠杆齿轮比较仪中测杆的直线位移与指针

的角位移不成正比，而表盘标尺却采用等分刻度），或者设计的计量器具不符合"阿贝原则"等因素，都会产生测量误差。

"阿贝原则"是指在测量长度时，应使被测零件的尺寸线（简称被测线）和量仪中作为标准的刻度线（简称标准线）重合或顺次排成一条直线。如千分尺的标准线（测微螺杆轴线）与工件被测线（被测直径）在同一条直线上，但游标卡尺作为标准长度的刻度尺就与被测直径不在同一条直线上。一般符合阿贝原则的测量引起的测量误差都很小，可略去不计，若不符合阿贝原则的测量引起的测量误差都会较大。

另外计量器具的零件的制造和装配误差同样会影响测量误差。如游标卡尺刻线不准确，指示盘刻度线与指针的回转轴安装有偏心等。

当然，计量器具的零件在使用过程中产生的变形、滑动表面的磨损等，也会引起测量误差。

此外，相对测量时使用的标准器，如量块、线纹尺等的误差，都是产生测量误差的根源。

 特别提示

在保证测量精确度和可靠性的前提下，还应考虑测量的经济性和测量基本原则。就测量基本原则而言，它主要包括的内容有：基准统一、变形最小、测量链最短、阿贝测长、闭合、重复、随机原则、测量公差等。

（2）测量方法误差。它是指测量方法不完善所引起的误差。主要包括计算公式不准确、测量方法选择不当、测量基准不统一、工件安装不合理及测量力不当等引起的误差。

（3）测量环境误差。它是指测量环境条件不符合标准条件所引起的误差。环境条件是指湿度、温度、振动、气压和灰尘等。其中，温度对测量结果的影响最大。在长度计量中，规定标准温度为 20℃。若不能保证在标准温度 20℃条件下进行测量，则引起的测量误差为

$$\delta = L\left[\alpha_2(t_2-20)-\alpha_1(t_1-20)\right] \tag{6-6}$$

式中

δ——测量误差；

L——被测尺寸，mm；

t_1，t_2——计量器具和被测工件的温度，单位为℃；

α_1，α_2——计量器具和被测工件的线胀系数。

（4）人员误差。它是指测量人员的主观因素（如技术熟练程度、分辨能力、思想情绪等）引起的误差。如测量人员眼睛的最小分辨能力和调整能力、量值估读错误等。

总之，造成测量误差的因素众多，有些误差是不可避免的，但有些误差是可以消除的。测量时应采取相应的措施，设法去减小或消除它们对测量结果的影响，以保证测量精度。

3. 测量误差的种类

测量误差按其性质可分为随机误差、系统误差和粗大误差（过失或反常误差）。

(1) 随机误差系。在一定测量条件下，多次测量同一量值时，其数值大小和符号以不可预定的方式变化的误差。它是由测量中的不稳定因素综合引起的，是不可避免的。如测量过程中温度的波动、振动、测量力的不稳定等所造成的误差，均属于随机误差。对于某一次测量结果的随机误差无规律可循，但如果进行了大量、多次重复测量，随机误差服从概率统计规律就能被发现。虽然随机误差不可被消除，但可采用概率论和数理统计的方法来处理和反省，以减小其影响。

(2) 系统误差。在同一测量条件下，多次测量同一量时，误差的大小和符号均不变，或在条件改变时按某一确定的规律变化的误差。前者称为定值（或常值）系统误差。如千分尺的零位不正确而引起的测量误差、调整量仪所用量块的误差所引起的测量误差等；后者称为变值系统误差。如量仪的刻度盘与指针回转轴偏心产生示值误差所引起的测量误差（按正弦规律变化）；长度测量中，由于温度变化引起的测量误差（按线性变化）等。当测量条件一定时，系统误差就可被看做一客观定值，即使采用多次测量的平均的办法，也不能减弱其影响。

(3) 粗大误差。由于主观疏忽大意或客观条件发生突然变化而产生的误差，在正常情况下，一般不会产生这类误差。如由于操作者的粗心大意，在测量过程中看错、读错、记错以及突然的冲击振动而引起的测量误差。通常情况下，这类误差的数值都比较大。正确的测量，不应包含粗大误差。所以在进行误差分析时，主要分析系统误差和随机误差，剔除粗大误差。

4. 关于测量精度的几个概念

测量精度是指测得值与其真值的接近程度。精度和误差的概念是相对的，误差是不准确、不精确的意思，即指测量结果偏离真值的程度。误差主要是系统误差和随机误差，如果采用笼统的精度概念，是不能反映上述误差的差异程度的，只有引用测量精度的概念，才能说明得更加清楚。

(1) 正确度。表示测量结果中的系统误差大小的程度。理论上可用修正值来消除。

(2) 精密度。表示测量结果中的随机分散的特性。它是指在规定的测量条件下连续多次测量时，所有测得值之间互相接近的程度。若随机误差小，则精密度高。

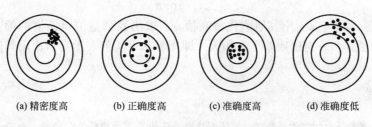

(a) 精密度高　　(b) 正确度高　　(c) 准确度高　　(d) 准确度低

图6.12　精密度、正确度和准确度

(3) 准确度。它是测量的精密和正确程度的综合反映，说明测量结果与真值的一致程度。

一般来说，精密度高而正确度不一定高，但准确度高，则精密度和正确度均会较高。以射击打靶为例，如图6.12(a)所示，随机误差小而系统误差大，表示打靶精密度高而正确度低；在图6.12(b)中，系统误差小而随机误差大，表示打靶正确度高而精密度低；在图6.12(c)中，系统误差和随机误差都小，表示打靶准确度高；在图6.12(d)中，系统误

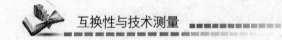

差和随机误差都大，表示打靶准确度低。

6.5.2 测量结果的处理

由于测量误差的不可避免性，测量结果不可能绝对精确地等于被测值的真值，因此，应根据要求对测量结果进行必要的处理和评定。

1. 测量列中随机误差的处理与评定

1）算术平均值原理

对同一被测值，在消除系统误差的前提下，重复进行一组"等精度测量"。可取算术平均值为被测值的最近真值，即算术平均值原理。以其来表示被测量的真值，用 $x_i(i=1, 2, \cdots, N)$代表一组等精度测得值，则随机误差为

$$\delta_i = x_i - \mu$$

而

$$\sum \delta_i = \sum x_i - N\mu \tag{6-7}$$

根据随机误差的基本特性，当 N 很大时，$\sum \delta_i \to 0$，而 $\dfrac{\sum x_i}{N} \to \mu$。因此，可用算术平均值 $\bar{x} = \dfrac{\sum x_i}{N}$ 来作为最近真值。

由于真值 μ 一般并不确定，所以随机误差 δ_i 通常也就不能按式（6-7）求解，若以算术平均值 $\bar{x}$ 代替真值 μ，则得

$$v_i = x_i - \bar{x} \tag{6-8}$$

式中

v_i——残余误差，简称残差。按算术平均值来确定残差，有以下特性。

（1）残差代数和等于零，即

$$\sum v_i = 0 \tag{6-9}$$

即残差的"相消性"，依特性就可检验 $\bar{x}$ 与 v_i 的计算结果是否存在误差。

（2）残差平方和为最小，即

$$\sum v_i^2 = \min \tag{6-10}$$

此式表明：若不取 $\bar{x}$ 而用其他值代替真值 μ，求出各测量值对该值的偏差，则所得出的这些偏差的平方和一定比残差平方和大。即用算术平均值表示真值比用其他值要精确。

特别提示

用不等精度测量得出的测量列处理，显然不能简单认为算术平均值为最佳值，而应考虑各测得值精度的高低，在运算中采用不同的权重。

2）正态分布随机误差的评定

大量实践表明：随机误差是符合正态分布的。根据概率论，正态分布曲线的数学表达式为

$$y = \frac{1}{\sigma\sqrt{2\pi}} e^{-\left(\frac{\delta^2}{2\sigma^2}\right)} \tag{6-11}$$

式中

　　y——概率密度；

　　σ——标准偏差（均方根误差）；

　　δ—— 随机误差；

　　e——自然对数的底，e＝2.71828。

从式（6-11）可看出：概率密度 y 与随机误差 δ 及标准偏差 σ 有关。

当 $\delta=0$ 时，y 最大，$y_{max} = 1/\sigma\sqrt{2\pi}$。不同的 σ 对应不同形状的正态分布曲线，σ 越小，y_{max} 值越大，曲线越陡，随机误差越集中，即测得值分布越集中，测量精密度越高；σ 越大，y_{max} 值越小，曲线越平坦，随机误差越分散，即测得值分布越分散，测量精密度越低。图 6.13 所示为 $\sigma_1<\sigma_2<\sigma_3$ 时 3 种正态分布曲线，因此，σ 可作为表征各测得值的精度指标。

从理论上讲，正态分布中心位置的均值 μ 代表被测量的真值 μ，标准偏差 σ 代表测得值的集中与分散程度。

根据误差理论，等精度测量列中单次测量的标准偏差 σ 是各随机误差 δ 平方和的平均值的正平方根，即

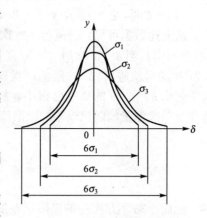

图 6.13　正态分布曲线

$$\sigma = \sqrt{\frac{\delta_1^2 + \delta_2^2 + \cdots + \delta_n^2}{n}} = \sqrt{\frac{\sum\limits_{i=1}^{n}\delta_i^2}{n}} \qquad (6-12)$$

式中

　　n——测量次数；

　　δ_i——测量列中各测得值相应的随机误差。

（1）随机误差的极限值。根据随机误差的有界性可知，随机误差不会超过某一范围。随机误差的极限值就是指测量极限误差。由于正态分布曲线和横坐标轴间所包含的面积等于所有随机误差出现的概率总和，故对（$-\infty\sim+\infty$）之间的随机误差的概率 P 为

$$P_{(-\infty,\infty)} = \int_{-\infty}^{+\infty} y\mathrm{d}\delta = \int_{-\infty}^{+\infty} \frac{1}{\sigma\sqrt{2\pi}} \mathrm{e}^{-\frac{\delta^2}{2\sigma^2}} \mathrm{d}\delta = 1 \qquad (6-13)$$

如果随机误差落在（$-\delta\sim+\delta$）之间时，则其概率为

$$P_{(-\delta,+\delta)} = \int_{-\delta}^{+\delta} y\mathrm{d}\delta = \int_{-\delta}^{+\delta} \frac{1}{\sigma\sqrt{2\pi}} \mathrm{e}^{-\frac{\delta^2}{2\sigma^2}} \mathrm{d}\delta \qquad (6-14)$$

为计算方便，令 $t =\delta/\sigma$，则 $\mathrm{d}t =\mathrm{d}\delta/\sigma$，将其代入式（6-10），得

$$P = \frac{1}{\sqrt{2\pi}} \int_{-t}^{+t} \mathrm{e}^{-\frac{t^2}{2}} \mathrm{d}t = \frac{2}{\sqrt{2\pi}} \int_{0}^{+t} \mathrm{e}^{-\frac{t^2}{2}} \mathrm{d}t \qquad (6-15)$$

令 $P =2\phi(t)$，则

$$\phi(t) = \frac{1}{\sqrt{2\pi}} \int_{0}^{+t} \mathrm{e}^{-\frac{t^2}{2}} \mathrm{d}t \qquad (6-16)$$

式(6-16)是将所求概率转化为变量 t 的函数，该函数称拉普拉斯(Laplace)函数，也称概率函数积分。只要确定了 t 值，就可由式(6-16)计算出 $2\phi(t)$ 值。实际使用时，可直接查取有关表格。下面列出几种特殊区间的概率值

当 $t=1$ 时，$\delta=\pm\sigma$，$\phi(t)=0.3413$，$P=0.6826=68.26\%$

当 $t=2$ 时，$\delta=\pm2\sigma$，$\phi(t)=0.4772$，$P=0.9544=95.44\%$

当 $t=3$ 时，$\delta=\pm3\sigma$，$\phi(t)=0.49865$，$P=0.9973=99.73\%$

当 $t=4$ 时，$\delta=\pm4\sigma$，$\phi(t)=0.49997$，$P=0.9999=99.99\%$

从上述数据可见：若进行 100 次等精度测量，当 $\delta=\pm\sigma$ 时，可能有 32 次测得值超出 $|\delta|$ 的范围；当 $\delta=\pm2\sigma$ 时，可能有 4.5 次测得值超出 $|\delta|$ 的范围；当 $\delta=\pm3\sigma$ 时，可能有 0.27 次测得值超出 $|\delta|$ 的范围；当 $\delta=\pm4\sigma$ 时，可能有 0.064 次测得值超出 $|\delta|$ 的范围。由于超出 $\delta=\pm3\sigma$ 的概率已很小，故在实践中常认为 $\delta=\pm3\sigma$ 的概率 $P\approx1$。从而将 $\pm3\sigma$ 看作是单次测量的随机误差的极限值，将此值称为极限误差，记作

$$\delta_{\lim}=\pm 3\sigma=\pm 3\sqrt{\frac{\sum\limits_{i=1}^{n}\delta_i^2}{n}} \qquad (6-17)$$

然而 $\pm3\sigma$ 不是唯一的极限误差估算式。选择不同的 t 值，就能得出不同的概率、不同的极限误差，其可信度也就不同。如果选 $t=2$，则 $P=95.44\%$，可信度达 95.44%。如果选 $t=3$，则 $P=99.73\%$，可信度达 99.73%。为反映这种可信度，将这些百分比称为置信概率。在几何量测量时，一般取 $t=3$，所以把式(6-17)作为极限误差的估算式，其置信概率为 99.73%。如某次测量的测得值为 50.002mm，若已知标准偏差 $\sigma=0.0003$mm，置信概率取 99.73%，则此测得值的极限误差为 $\pm3\times0.00003=\pm0.0009$mm，即被测量的真值有 99.73% 的可能性在 50.0011～50.0029mm 之间，写作 50.002±0.0009mm。即单次测量的测量结果为

$$x=x_i\pm\delta_{\lim}=x_i\pm 3\sigma \qquad (6-18)$$

式中

x_i——某次测得值。

如前所述，随机误差的集中与分散程度可用标准偏差 σ 这一指标来描述。对于有限测量次数的测量列，由于真值未知，所以随机误差 δ_i 也是未知的，为方便评定随机误差，在实际应用中，不能直接用式(6-12)求得 σ，而常用残差 v_i 代替 δ_i 计算标准偏差 σ，此时所得之值称为标准偏差 σ 的估计值，可表示为

$$S=\sqrt{\frac{1}{n-1}\sum_{i=1}^{n}v_i^2} \qquad (6-19)$$

由式(6-19)，算出 S 后，便可取 $\pm3S$ 代替 3σ 作为单次测量的极限误差。即

$$\delta_{\lim}=\pm 3S \qquad (6-20)$$

将式(6-20)代入式(6-18)得单次测量的测量结果为

$$x=x_i\pm\delta_{\lim}=x_i\pm 3S \qquad (6-21)$$

(2) 测量列算术平均值的标准偏差 $\sigma_{\bar{x}}$。相同条件下，对同一被测量，将测量列分为若干组，每组进行 n 次的测量称为多次测量。

标准偏差 σ 代表一组测得值中任一测得值的精密程度，但在多次重复测量中是以算术平均值作为测量结果的。因此，最重要的是要知道算术平均值的精密程度，可用算术平均值的标准偏差表示。根据误差理论，测量列算术平均值的标准偏差 $\sigma_{\bar{x}}$ 用下式计算

$$\sigma_{\bar{x}} = S/\sqrt{n} \tag{6-22}$$

测量列的算术平均值的测量极限误差为

$$\delta_{\lim(\bar{x})} = \pm 3\sigma_{\bar{x}} \tag{6-23}$$

因此，测量列的测量结果可表示为

$$\mu = \bar{x} \pm \delta_{\lim(\bar{x})} = \bar{x} \pm 3\sigma_{\bar{x}} \tag{6-24}$$

此时的置信概率 $P = 99.73\%$。

由式(6-22)可知：多次测量的总体算术平均值的标准偏差 $\sigma_{\bar{x}}$ 为单次测量值的标准差的 $1/\sqrt{n}$。这说明随着测量次数的增多，$\sigma_{\bar{x}}$ 越小，测量的精密度就越高。但当 S 一定时，$n > 20$ 以后，$\sigma_{\bar{x}}$ 减小缓慢，即用增加测量次数的方法来提高测量精密度，收效不大，故在精密测量中，一般取 $n = 5 \sim 20$，通常取 $\leqslant 10$ 次为宜。

特别提示

在单次测量值 x 遵循正态分布的条件下，只有当测量次数 n 较大时，算术平均值 $\bar{x}$ 的分布及其置信度才可按正态分布考虑；若测量次数 n 较小，则算术平均值 $\bar{x}$ 的分布及其置信度才应按 t 分布考虑。

2. 系统误差的处理

系统误差以一定的规律对测量结果产生较显著的影响。因此，分析处理系统误差的关键，首先就在于如何发现系统误差，进而才能设法去消除或减少系统误差，以便有效地提高测量精度。

1) 系统误差的发现

(1) 定值系统误差的发现。它可用实验对比的方法来发现，即通过改变测量条件进行不等精度的测量来揭示系统误差。如量块按标称尺寸使用时，由于量块的尺寸偏差，使测量结果存在定值系统误差。这时可用高精度仪器对量块的实际尺寸进行检定来发现，或用另一块高一级精度的量块进行对比测量。

(2) 变值系统误差的发现。它可从测得值的处理和分析观察中来揭示。常用的方法是残差观察法，即将测量列按测量顺序排列(或作图)观察各残差的变化规律，若各残差大体上正负相间，无明显的变化规律，如图 6.14(a)所示，则不存在变值系统误差；若各残差有规律地递增或递减，且在测量开始与结束时符号相反，如图 6.14(b)所示，则存在线性系统误差；若各残差的符号有规律地周期变化，如图 6.14(c)所示，则存在周期性系统误差；若残差按某种特定的规律变化，如图 6.14(d)所示，则存在复杂变化的系统误差。显然在应用残差观察法时，必须有足够的重复测量次数以及按各测得值的先后顺序，否则变化规律就不明显，判断就不可靠。

2) 系统误差的消除

系统误差常用以下方法消除或减小。

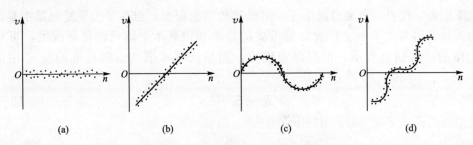

图 6.14　用残差作图来判断系统误差

（1）从产生误差根源上消除。它是消除系统误差最根本的方法，因此，在测量前，应对测量过程中可能产生系统误差的所有环节展开仔细分析，将误差从产生根源上加以消除。如在测量前仔细调整仪器工作台，调准零位，测量器具和被测工件应处于标准温度状态，测量人员要正对仪器指针读数和正确估读等。

（2）用加修正值的方法消除。这种方法是预先检定出测量器具的系统误差，并用其数值反号来修正值，用代数法加到实测值上，即可得到不包含该系统误差的测量结果。如量块的实际尺寸不等于标称尺寸，若按标称尺寸使用，就要产生系统误差，而按经过检定的实际尺寸使用，就可避免此项误差的产生。

（3）用两次读数方法消除。若两次测量所产生的系统误差大小相等（或相近）、符号相反，当取两次测量的平均值作为测量结果后，就可消除系统误差。如在工具显微镜上测量螺纹的螺距时，由于零件安装时其轴心线与仪器工作台纵向移动的方向不重合，使测量产生误差。如图 6.15 所示，实测左螺距比实际左螺距大，实测右螺距比实际右螺距小。为减小安装误差对测量结果的影响，必须分别测出左右螺距，取两者的平均值为测得值，就可减小安装不正确而引起的系统误差。

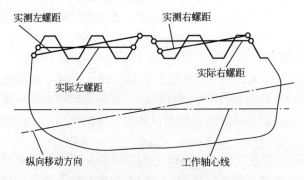

图 6.15　用两次读数消除系统误差

（4）用对称法消除。对于线性系统误差，可采用对称测量法来消除。如用比较测量时，温度均匀变化，存在随时间呈线性变化的系统误差，可安排等时间间隔的测量步骤：①测工件；②测标准件；③测标准件；④测工件。取①、④读数的平均值与②、③读数的平均值之差作为实测偏差。

（5）用半波法消除。对于周期变化的系统误差，可采用半波法来消除，即取相隔半个周期的两测量值的平均值作为测量结果。

系统误差从理论上讲是可以完全消除的，但由于许多因素的影响，实际上只能消除到一定程度。只要当系统误差影响减小到相当于随机误差的影响程度，便可认为已消除其影响。

3. 粗大误差

粗大误差对测量结果会产生明显的歪曲，应从测量数据中将其剔除。剔除粗大误差不能凭主观臆断，应根据判断粗大误差的准则予以确定。判断粗大误差常用拉依达（РайТа）准则（又称 3σ 准则）。

该准则的依据主要来自随机误差的正态分布规律。从随机误差的特性可知：测量误差越大，出现的概率越小，误差绝对值超过 $\pm3\sigma$ 的概率仅为 0.27%，即在连续370次测量中只有一次测量的残差超出 $\pm3\sigma$（$370\times0.0027\approx1$ 次），而连续测量的次数绝不会超过370次，测量列中就不应该有超过 $\pm3\sigma$ 的残差。因此，凡绝对值大于 3σ 的残差，就被看作为粗大误差予以剔除。在有限次测量时，其判断式为

$$|v_i| > 3S \tag{6-25}$$

剔除具有粗大误差的测量值后，应根据剩下的测量值重新计算 S，然后再根据 3σ 准则去判断剩下的测量值中是否还存在粗大误差。每次只能剔除一个，直到剔除完为止。

特别提示

3σ 准则是以测量次数充分大为前提的，当测量次数小于或等于10次时，用 3σ 准则是不可靠的。当测量次数较少时，最好不用 3σ 准则，推荐采用其他准则。

4. 等精度测量列的数据处理

1）等精度直接测量列的数据处理

对同一被测量进行多次重复测量获得的一系列测得值中，可能同时存在系统误差、随机误差和粗大误差，或者只含其中某一类或某两类误差。为了得到正确的测量结果，应对各类误差分别进行处理。对于定值系统误差，应在测量过程中予以判别，用修正值法来消除或减小，而后得到的测量列的数据按以下步骤进行处理：①计算测量列的算术平均值；②计算测量列的残差；③判断变值系统误差；④计算任一测得值的标准偏差；⑤判断有无粗大误差，若有则应予剔除，并重新组成测量列，重复上述计算，直到剔除完为止；⑥计算测量列算术平均值的标准偏差和极限误差；⑦确定测量结果。

【例6-1】 对某一轴径等精度测量14次，测得值见表6-2，假设已消除了定值系统误差，试求其测量结果。

解：（1）求出算术平均值 $\bar{x} = \dfrac{1}{n}\sum\limits_{i=1}^{n} x_i = 24.957\text{mm}$。

（2）计算残差。用式（6-7），计算值见表6-3，同时计算出 $\sum\limits_{i=1}^{n} v_i = 0$ 及 $\sum\limits_{i=1}^{n} v_i^2 = 68$，见表6-3。

（3）判断变值系统误差。根据"残差观察法"判断，由于该测量列中的残差大体上正负相间，无明显变化规律，可认为无变值系统误差。

（4）计算测量列单次测量的标准偏差。由式（6-19）得：$S = \sqrt{\dfrac{1}{n-1}\sum\limits_{i=1}^{n} v_i^2} \approx 2.287\mu\text{m}$。

单次测量的极限误差由式(6-20)得：$\delta_{\lim} = \pm 3S = \pm 3 \times 2.287 = \pm 6.86\ (\mu m)$。

表 6-2　测量数据计算表

测量序号	测得值 x_i(mm)	残差 $v_i = x_i - \bar{x}$(μm)	残差的平方 v_i^2
1	24.956	−1	1
2	24.955	−2	4
3	24.956	−1	1
4	24.958	+1	1
5	24.956	−1	1
6	24.955	−2	4
7	24.958	+1	1
8	24.956	−1	1
9	24.958	+1	1
10	24.956	−1	1
11	24.956	−1	1
12	24.964	+7	49
13	24.956	−1	1
14	24.958	+1	1
算术平均值　$\bar{x} = 24.957$mm		$\sum\limits_{i=1}^{n} v_i = 0$	$\sum\limits_{i=1}^{n} v_i^2 = 68$

(5) 判断粗大误差。用 3σ 准则判断式(6-25)，由测量列残差(表6-3)可知：测量序号为 12 的测得值的残差的绝对值已大于 $6.86\mu m$，故 12 序号的测得值存在粗大误差，应将 12 序号的测得值剔除后重新计算单次测量值的标准偏差。

重新计算平均值

$$\bar{x} = \frac{1}{n}\sum_{i=1}^{n} x_i = 24.9565\text{mm} \approx 24.957\text{mm}$$

$$\sum_{i=1}^{13} v_i^2 = 19\ (除去序号 12 值)$$

$$S = \sqrt{\frac{19}{13-1}} = 1.258\ (\mu m)$$

(6) 计算测量列算术平均值的标准偏差和极限误差。

由式(6-22)得

$$\sigma_{\bar{x}} = S/\sqrt{n} = 1.285/\sqrt{13} \approx 0.35\ (\mu m)$$

测量列算术平均值的极限误差　$\delta_{\lim(\bar{x})} = \pm 3\sigma_{\bar{x}} = \pm 3 \times 0.35 \approx \pm 1(\mu m)$

(7) 确定测量结果。由式(6-21)得单次测量的最终结果(如以第 8 次测得值 $x_8 = 24.956$ 为例)$\mu = x_8 \pm 3S = 24.956 \pm 0.00686$mm；多次测量的最终结果 $\mu = \bar{x} \pm 3\sigma_{\bar{x}} = 24.957 \pm 0.001$(mm)。此结果的置信概率为 99.73%。

 特别提示

在相同条件下，采用同一量仪，多次重复测量一定比单次测量的结果精密。单次测量主要应用于一般精度零件，多次重复测量才能满足高精度零件的检测要求。测量结果实际处理，应满足下列条件：随机误差占主导地位；消除系统误差和过失误差，或相对随机误差而言，可忽略不计。若系统误差与过失误差影响明显，则必须加以去除，经处理后的结果才有实际应用价值。

2）等精度间接测量列的数据处理

间接测量的被测量是测量所得到的各次实测量的函数，同理间接测量误差是各次实测量误差的函数，故称为函数误差。

（1）函数及其微分表达式。间接测量中，被测量 y 通常是实测量 x_i 的多元函数，它表示为

$$y = f(x_1, x_2, \cdots, x_n) \tag{6-26}$$

式（6-24）的全微分表达式为

$$dy = \frac{\partial f}{dx_1}dx_1 + \frac{\partial f}{dx_2}dx_2 + \cdots + \frac{\partial f}{dx_n}dx_n \tag{6-27}$$

式中

　dy——欲测量（函数）的测量误差；

　dx_i——实测量的测量误差；

　$\dfrac{\partial f}{dx_i}$——实测量的测量误差传递系数。

（2）函数的系统误差计算式。由各个实测量测得值的系统误差，可近似得到被测量（函数）的系统误差表达式为

$$\Delta y = \frac{\partial f}{dx_1}\Delta x_1 + \frac{\partial f}{dx_2}\Delta x_2 + \cdots + \frac{\partial f}{dx_n}\Delta x_n \tag{6-28}$$

式中

　Δy——欲测量（函数）的系统误差；

　Δx_i——实测量的系统误差。

（3）函数的随机误差计算式。由于各实测量的测得值中存在着随机误差，因此被测几何量（函数）也存在着随机误差。根据误差理论，函数标准偏差 σ_y 与各实测几何量的标准偏差 σ 的关系为

$$\sigma_y = \sqrt{\left(\frac{\partial f}{dx_1}\right)^2 \sigma_{x_1}^2 + \left(\frac{\partial f}{dx_2}\right)^2 \sigma_{x_2}^2 + \cdots + \left(\frac{\partial f}{dx_n}\right)^2 \sigma_{x_n}^2} \tag{6-29}$$

式中

　σ_y——欲测量（函数）的标准偏差；

　σ_{x_i}——实测量的标准偏差。

同理函数的测量极限误差公式为

$$\delta_{\lim(y)} = \pm\sqrt{\left(\frac{\partial f}{dx_1}\right)^2 \delta_{\lim(x_1)}^2 + \left(\frac{\partial f}{dx_2}\right)^2 \delta_{\lim(x_2)}^2 + \cdots + \left(\frac{\partial f}{dx_n}\right)^2 \delta_{\lim(x_n)}^2} \tag{6-30}$$

式中

　$\delta_{\lim(y)}$——欲测量（函数）的测量极限误差；

　$\delta_{\lim(x_i)}$——实测量的测量极限误差。

（4）间接测量列数据处理的步骤。

① 找出函数表达式 $y = f(x_1, x_2, \cdots, x_n)$；

② 求出欲测量(函数)值 y。

③ 计算函数的系统误差 Δy。

④计算函数的标准偏差值 σ_y 和函数的测量极限误差值 $\delta_{\lim(y)}$。

⑤ 给出欲测量(函数)的结果表达式：$y_e = (y - \Delta y) \pm \delta_{\lim(y)}$。　　　　　(6-31)

说明置信概率为 99.73%。

本 章 小 结

(1) 任何一种完整的测量过程必须包含被测对象、计量单位、测量方法和测量精度 4 个要素。长度的自然基准是光波波长，实用长度基准(工作基准)有端面基准(量块)和线纹基准。量值传递是将国家基准(标准)所复现的计量单位量值，通过计量标准逐级传递到工作计量器具，以保证被测对象所测量值的准确一致。传递方法是自上而下，由高级向低级进行的。

(2) 量块也叫块规，它是保持度量统一的标准端面量具。精度按"级"和按"等"来划分。按"等"使用精度高于按"级"使用。正常情况下，量块应组合使用，其原则是力争组合数最少。

(3) 计量器具可分为标准(或基准)量具 、极限量规 和计量装置；其主要技术指标主要有刻度间距、分度值 、示值范围 、测量范围 、灵敏度、测量力、示值误差、示值变动、回程误差(滞后误差)和不确定度。

(4) 测量方法从不同角度来考察可分为：直接测量和间接测量、绝对测量和相对测量、接触测量和非接触测量、单项测量和综合测量、主动测量和被动测量及等精度测量和不等精度测量。某具体测量过程中，可能会表现出多种测量方法的特征。

(5) 测量误差包括绝对误差和相对误差。测量误差的来源通常可归纳为：计量器具误差、测量方法误差、测量环境误差、人员误差。测量时应采取有效的措施，来减小或消除其影响。测量误差按其性质又可分为：随机误差、系统误差和粗大误差(过失或反常误差)。其中系统误差包括定值系统误差和变值系统误差。

(6) 测量精度可用正确度、精密度、准确度来评价。随机误差小，则精密度高。精密度高，正确度不一定高，但准确度高的，则精密度和正确度一定都高。

(7) 随机误差的分布服从概率统计规律，随机误差是不可消除的，但可用概率论和数理统计的方法来处理分析。可用实验对比的方法来发现定值系统误差，可从对测得值的处理和分析的过程中来揭示变值系统误差。能采用拉依达(РайТа))准则(又称 3σ 准则)来及时剔除粗大误差。只要采取一定的措施，系统误差是可以消除的。

习题与思考题

一、判断题

1. 在测量列中若发现有太大或太小的数值，直接将它删去就行。(　　)

2. 在相对测量(比较测量)中，仪器的示值范围应大于被测尺寸的公差值。(　　)

3. 分度值相同的仪器，其精度一定是相同的。(　　)

二、选择题

1. 用内径千分表测量孔的直径属于(　　)。

    A. 直接测量和相对测量　　　　　　　　　B. 间接测量和相对测量

    C. 直接测量和绝对测量

2. 预测量箱体上两孔的孔心距，应采用的测量方法是(　　)。

    A. 直接测量　　　　　　B. 间接测量　　　　　　C. 相对测量

3. 表示系统误差和随机误差综合影响的是(　　)。

    A. 精密度　　　　　　　B. 正确度　　　　　　　C. 准确度

4. 对某一尺寸进行系列测量得到一列测得值，测量精度明显受到环境温度的影响。此温度误差为(　　)。

    A. 系统误差　　　　　　B. 随机误差　　　　　　C. 粗大误差

5. 绝对误差与真值之比叫(　　)。

    A. 绝对误差　　　　　　B. 极限误差　　　　　　C. 剩余误差

6. 用比较仪测量零件时，调整仪器所用量块的尺寸误差，按性质为(　　)。

    A. 系统误差　　　　　　B. 随机误差　　　　　　C. 粗大误差

7. 游标卡尺主尺的刻线间距为(　　)。

    A. 1mm　　　　　　　　B. 0.5mm　　　　　　　C. 2mm

8. 百分表内装有游丝，是为了(　　)。

    A. 消除齿轮侧隙　　　　B. 产生测力　　　　　　C. 控制测力

9. 一列测得值中有一测得值为 29.965mm，在进行数据处理时，若保留四位有效数字，则该值可取成(　　)mm。

    A. 29.96　　　　　　　　B. 29.97　　　　　　　　C. 30.00

10. 公称尺寸为100mm的量块，若其实际尺寸为 100.001mm，用此量块作为测量的基准件，将产生 0.001mm 的测量误差，此误差性质是(　　)。

    A. 系统误差　　　　　　B. 随机误差　　　　　　C. 粗大误差

11. 精度是表示测量结果中(　　)影响的程度。

    A. 系统误差大小　　　　B. 随机误差大小　　　　C. 粗大误差大小

三、填空题

1. 若 $Y = X_1 - X_2$，则当 X_1 和 X_2 的极限测量误差分别为 ± 0.04 和 ± 0.03 时，Y 的极限测量误差为_____。

2. 对某尺寸测量 4 次，若任一测得值的测量极限误差为 $\pm 0.004mm$，则算术平均值的测量极限误差为_____。

3. 某一测量范围为 0～25mm 的外径千分尺，当活动测杆与测头可靠接触时，其读数为 +0.02mm，若用千分尺测工件尺寸，读数为 10.95mm，其修正后的测量结果为_____。

四、问答题

1. 测量的实质是什么？一个完整的测量过程包括哪几个要素？

2. 什么是尺寸传递系统？为什么要建立尺寸传递系统？

3. 量块的"级"和"等"是根据什么划分的？按"级"和按"等"使用有何不同？

4. 试从 83 块一套的量块中，同时组合下列尺寸：48.98mm，33.625mm，10.56mm。

5. 计量器具的基本度量指标有哪些？

6. 说明分度值、标尺间距、灵敏度三者有何区别。

7. 举例说明测量范围与示值范围的区别？

8. 何为测量误差？其主要来源有哪些？

9. 试说明随机误差、系统误差和粗大误差的特性和不同。

10. 为什么要用多次重复测量的算术平均值表示测量结果？以它表示测量结果可减少哪一类测量误差对测量结果的影响？

五、计算题

1. 用千分尺对某轴进行了 15 次等精度测量，测得值如下（单位为 mm）：20.216，20.213，20.215，20.214，20.215，20.215，20.217，20.216，20.213，20.215，20.216，20.214，20.217，20.215，20.214。假设已消除了定值性系统误差，试求其测量结果。

2. 在立式光学比较仪上，用工作尺寸 $L=30mm$ 的四等量块做基准，测量通规某处直径尺寸（公称尺寸为 30mm 的光滑极限量规）。测量时室温为 $(20\pm1)℃$，测量前有等温过程。若所用的立式光学比较仪有 $+0.3$ 的零位误差，所用量块中心长度的实际偏差为 -0.2，检定四等量块的测量不确定度允许值（极限偏差）为 ±0.3，重复 10 次测量的读数（单位 μm）依次为 $+4.5$，$+4.3$，$+4.4$，$+4.6$，$+4.2$，$+4.4$，$+4.3$，$+4.6$，$+4.2$，$+4.5$。设 10 次测量列中不存在变值系统误差。试计算多次测量和第 5 次测量的测量结果。

第7章
光滑工件尺寸检验与量规设计

 本章教学目标

能力培养	知识要点
掌握工件验收极限的确定、通用计量器具的选择方法	验收产生误收和误废的原因，工件验收极限及计量器具选择
掌握光滑极限量规的设计方法	光滑极限量规公差带分布特征、光滑极限量规工作尺寸的计算方法及光滑极限量规形式的选择

导入案例

　　汽车和拖拉机企业均为大批量生产的模式，在其生产过程中，诸如对传动轴和发动机箱体孔等几何尺寸合格性的检测方法，主要采用检验效率高的量规。其中卡规或环规是用来对轴进行几何尺寸检验的，塞规是用来对孔进行几何尺寸检验的。其原理是用模拟装配状态的方法来检验工件。

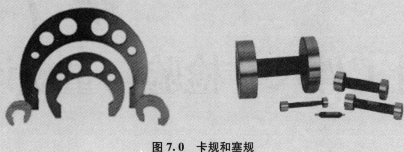

图 7.0　卡规和塞规

　　为最终保证产品质量，除了必须在图样上规定尺寸公差与配合、形状、位置、表面粗糙度等要求以外，还必须规定相应的检验原则。只有按测量检验标准规定的方法来确认零件的合格性，才能满足设计和使用要求。

　　由于被测工件的形状、大小、精度要求和使用工况不同，要求所采用的计量器具也应不同。在实际生产中，单件或小批量生产，常采用通用计量器具（如用游标卡尺、千分尺等）来测量；大批量生产，多采用检测效率高的光滑极限量规来检验。为此，在国家标准《极限与配合》中的测量与检验部分就相应规定出两种检测方法的国家标准：《产品几何技术规范（GPS）光滑工件尺寸的检验》（GB/T 3177—2009）和《光滑极限量规技术条件》（GB/T 1957—2006）。

7.1　光滑工件尺寸检验

　　GB/T 3177—2009《产品几何技术规范（GPS）光滑工件尺寸的检验》对验收原则、验收极限和计量器具的选择等做出了具体的规定。该标准适用于车间使用的普通计量器具（如游标卡尺、千分尺及比较仪等）对图样上注出的公差等级为 IT6～IT18 级、基本尺寸至 500mm 的光滑工件尺寸的检验，也适用于对一般公差尺寸的检验。

7.1.1　验收原则、验收极限与安全裕度

1. 工件验收原则

　　加工完成的工件其提取尺寸应位于上、下极限尺寸之间，包括提取尺寸正好等于上、下极限尺寸，都应认为是合格的。但由于测量误差存在，测量所得到的提取尺寸并非工件公称尺寸的真值。尤其在车间生产现场，一般不会采用多次测量取平均值的办法来减少随机误差的影响，也不会对温度、湿度等环境因素引起的测量误差进行修正，通常只进行一

次测量来判断工件的合格与否。因此，当提取尺寸在工件上、下极限尺寸附近时，极易产生两种错误判断：一种是将处在规定极限尺寸内的合格品判为废品而给予报废，称为误废；另一种是将处在规定极限尺寸之外的废品判为合格品而接收，称为误收。

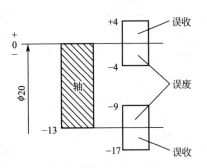

图 7.1　误收或误废

如用极限误差 Δ 为 $\pm 4\mu m$ 的一级千分尺测轴 $\phi 20h6$（${}_{-0.013}^{0}$）mm，其公差带图如图 7.1 所示。由于测量器具的极限误差 $\Delta = \pm 4\mu m$ 的存在，当工件的实际偏差在 $0\sim +4\mu m$ 或 $-13\sim -17\mu m$ 时，有可能将这些废品判定为合格品；当工件的实际偏差在 $0\sim -4\mu m$ 或 $-9\sim -13\mu m$ 时，又有可能将这些合格品判定为废品，即产生误收或误废。

特别提示

误收会影响零件原定的配合性能，满足不了设计的功能要求，造成废品和浪费；误废提高了加工精度，使得成本提高而造成不必要的经济损失。

GB/T 3177—2009 确定的验收原则规定：所用的验收方法应只接收位于规定的极限尺寸以内的工件。即只允许有误废，而不允许有误收。测量的标准温度为 20℃。

2. 验收极限与安全裕度 A

验收极限是指检验工件尺寸时，判断工件合格与否的尺寸界线。为保证零件满足互换性要求，将误收减至最少，国标规定了验收极限和两种确定验收极限的方式。

1）内缩方式

由于规定验收极限时的检测条件是在符合车间实际检测的情况下进行的，对温度、测量力引起的误差以及计量器具和标准器的系统误差，一般均不予修正。此类误差只在规定验收极限时加以考虑。规定验收极限是从图样上标注的上极限尺寸和下极限尺寸分别向工件公差带内移动一个安全裕度 A 来确定，如图 7.2 所示。A 的数值可从标准规定的表 3-2 中查得，它与工件的公差等级有关，是按工件公差的 1/10 来确定的。

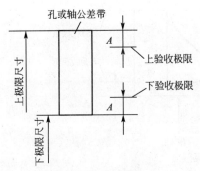

图 7.2　内缩方式

按此规定，尺寸的验收极限应为

上验收极限尺寸＝上极限尺寸－A

下验收极限尺寸＝下极限尺寸＋A

显然，这种方式可减少误收，但增加了误废的可能性，着眼点是保证产品质量。

2）不内缩方式

验收极限等于图样上标注的上极限尺寸和下极限尺寸，即 A 等于零，如图 7.3 所示。

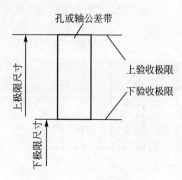

图 7.3　不内缩方式

总之，在进行上述两种验收方式的选择时，应综合考虑尺寸的功能要求及重要程度、尺寸公差等级、测量不确定度和工艺能力等因素。

3）验收极限的适用性

验收极限一般可按下述原则选定。

（1）对采用包容要求的尺寸、公差等级较高的尺寸，应选用内缩方式确定验收极限。

（2）当工艺能力指数 $C_p > 1$ 时（$C_p = T/6\sigma$），其验收极限可按不内缩的方式确定；但当采用包容要求时，在最大实体尺寸一侧仍应按内缩方式确定验收极限，如图 7.4 所示。

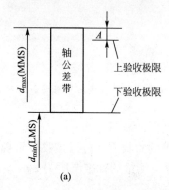

(a)

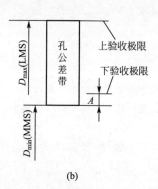

(b)

图 7.4　$C_p > 1$ 采用包容要求时的验收极限

（3）当工件的实际尺寸服从偏态分布时，可只对尺寸偏向的一侧（如生产批量不大，用试切法获得尺寸时，尺寸会偏向 MMS 一边）按内缩方式确定验收极限，如图 7.5 所示。

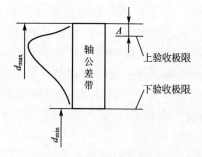

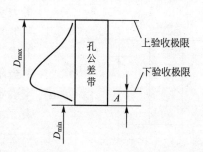

图 7.5　偏态分布时的验收极限

（4）对于非配合尺寸和一般公差尺寸，可按不内缩的方式确定验收极限。

7.1.2　计量器具的选择

机械制造中，计量器具的选择主要有以下两点要求。

（1）选择计量器具应与被测工件的部位、外形及尺寸相适应。使所选择的计量器具的测量范围应满足工件检验规范要求。

（2）选择计量器具应与被测工件的精度等级相适应。考虑计量器具的误差将会带入工件的测量结果中，因此选择的计量器具所允许的极限误差应小。但计量器具的极限误差愈小，其价格就愈高，对使用的环境条件和操作者的要求也愈高。因此，在选择计量器具时，应将技术指标和经济指标综合进行考虑。

特别提示

通常计量器具的选择应依据相关检测标准来选。对没有检测标准的，应使所选用的计量器具的极限误差占被测工件公差的1/10～1/3，其中对精度低的工件采用1/10，对高精度的工件采用1/3甚至1/2。由于工件精度愈高，对计量器具的精度要求也愈高。高精度的计量器具制造困难，所以使其极限误差占工件公差的比例适当增大。一般情况下，计量器具的极限误差约占被测工件公差的1/5。

常用的一些计量器具的极限误差见表7－1。

表7－1　计量器具的极限误差

计量器具名称	分度值/mm	所用量块		尺寸范围/mm							
		检定级别	精度级别	1～10	10～50	50～80	80～120	120～180	180～2600	260～360	360～500
				量极限误差/±μm							
立式卧式光学计测外尺寸	0.001	4 5	1 2	0.4 0.7	0.6 1.0	0.8 1.3	1.0 1.6	1.2 1.8	1.8 2.5	2.5 3.5	3.0 4.5
立式卧式测长仪测外尺寸	0.001	绝对测量		1.1	1.5	1.9	2.0	2.3	2.3	3.0	3.5
卧式测长仪测内尺寸	0.001	绝对测量		2.5	3.0	3.3	3.5	3.8	4.2	4.8	—
测长机	0.001	绝对测量		1.0	1.3	1.6	2.0	2.5	4.0	5.0	6.0
万能工具显微镜	0.001	绝对测量		1.5	2	2.5	2.5	3	3.5	—	—
大型工具显微镜	0.01	绝对测量		5	5						
接触式干涉仪				$\Delta \leqslant 0.1\,\mu m$							

由于测量误差的存在，同一真实尺寸的测得值必须有一分散范围，表示测得尺寸分散程度的测量范围称为测量不确定度。

测量检验工件时要做到不误收，单靠内缩方式还是不够可靠，因为若计量器具的测量不确定度足够大，还是会产生误收现象。标准对此做出如下规定。

按计量器具所引起的测量不确定度的允许值 u_1 选择计量器具，要求所选的计量器具的测量不确定度数值 $u_{计}$ 不大于其允许值 u_1（u_1 可查表7－2）。

考虑计量器具的经济性，$u_{计}$ 应尽可能地接近 u_1。表7－3～表7－5列出了有关计量器具不确定度的允许值。

表7-2 安全裕度(A)与计量器具的测量不确定度允许值(u_1)

公差等级		IT6					IT7					IT8					IT9				
基本尺寸/mm		T	A	u_1			T	A	u_1			T	A	u_1			T	A	u_1		
大于	至			Ⅰ	Ⅱ	Ⅲ			Ⅰ	Ⅱ	Ⅲ			Ⅰ	Ⅱ	Ⅲ			Ⅰ	Ⅱ	Ⅲ
—	3	6	0.6	0.54	0.9	1.4	10	1.0	0.9	1.5	2.3	14	1.4	1.3	2.1	3.2	25	2.5	2.3	3.8	5.6
3	6	8	0.8	0.72	1.2	1.8	12	1.2	1.1	1.8	2.7	18	1.8	1.6	2.7	4.1	30	3.0	2.7	4.5	6.8
6	10	9	0.9	0.81	1.4	2.0	15	1.5	1.4	2.3	3.4	22	2.2	2.0	3.3	5.0	36	3.6	3.3	5.4	8.1
10	18	11	1.1	1.0	1.7	2.5	18	1.8	1.7	2.7	4.1	27	2.7	2.4	4.1	6.1	43	4.3	3.9	6.5	9.7
18	30	13	1.3	1.2	2.0	2.9	21	2.1	1.9	3.2	4.7	33	3.3	3.0	5.0	7.4	52	5.2	4.7	7.8	12
30	50	16	1.6	1.4	2.4	3.6	25	2.5	2.3	3.8	5.6	39	3.9	3.5	5.9	8.8	62	6.2	5.6	9.3	14
50	80	19	1.9	1.7	2.9	4.3	30	3.0	2.7	4.5	6.8	46	4.6	4.1	6.9	10	74	7.4	6.7	11	17
80	120	22	2.2	2.0	3.3	5.0	35	3.5	3.2	5.3	7.9	54	5.4	4.9	8.1	12	87	8.7	7.8	13	20
120	180	25	2.5	2.3	3.8	5.7	40	4.0	3.6	6.0	9.0	63	6.3	5.7	9.5	14	100	10	9.0	15	23
180	250	29	2.9	2.6	4.4	6.5	46	4.6	4.1	6.9	10	72	7.2	6.5	11	16	115	12	10	17	26
250	315	32	3.2	2.9	4.8	7.2	52	5.2	4.7	7.8	12	81	8.1	7.3	12	18	130	13	12	19	29
315	400	36	3.6	3.2	5.4	8.1	57	5.7	5.1	8.4	13	89	8.9	8.0	13	20	140	14	13	21	32
400	500	40	4.0	3.6	6.0	9.0	63	6.3	5.7	9.5	14	97	9.7	8.7	15	22	155	16	14	23	35

公差等级		IT10					IT11					IT12				IT13			
基本尺寸/mm		T	A	u_1			T	A	u_1			T	A	u_1		T	A	u_1	
大于	至			Ⅰ	Ⅱ	Ⅲ			Ⅰ	Ⅱ	Ⅲ			Ⅰ	Ⅱ			Ⅰ	Ⅱ
—	3	40	4.0	3.6	6.0	9.0	60	6.0	5.4	9.0	14	100	10	9.0	15	140	14	13	21
3	6	48	4.8	4.3	7.2	11	75	7.5	6.8	11	17	120	12	11	18	180	18	16	27
6	10	58	5.8	5.2	8.7	13	90	9.0	8.1	14	20	150	15	14	23	220	22	20	33
10	18	70	7.0	6.3	11	16	110	11	10	17	25	180	18	16	27	270	27	24	41
18	30	84	8.4	7.6	13	19	130	13	12	20	29	210	21	19	32	330	33	30	50
30	50	100	10	9.0	15	23	160	16	14	24	36	250	25	23	38	390	39	35	59
50	80	120	12	11	18	27	190	19	17	29	43	300	30	27	45	460	46	41	69
80	120	140	14	13	21	32	220	22	20	33	50	350	35	32	53	540	54	49	81
120	180	160	16	15	24	36	250	25	23	38	56	400	40	36	60	630	63	57	95
180	250	185	18	17	28	42	290	29	26	44	65	460	46	41	69	720	72	65	110
250	315	210	21	19	32	47	320	32	29	48	72	520	52	47	78	810	81	73	120
315	400	230	23	21	35	52	360	36	32	54	81	570	57	51	86	890	89	80	130
400	500	250	25	23	38	56	400	40	36	60	90	630	63	57	95	970	97	87	150

注:u_1分Ⅰ、Ⅱ、Ⅲ档,一般情况下应优先选用Ⅰ档,其次选用Ⅱ档、Ⅲ档。

在计量器具的内在误差(如随机误差、未定系统误差)、测量条件(如温度、压陷效应)及工件形状误差等综合作用下,势必会引起测量结果对其真值的分散,其分散程度可由测量不确定度来评定。显然,测量不确定度的允许值U由计量器具不确定度的允许值u_1和温度、压陷效应及工件形状误差等因素影响所引起的不确定度允许值u_2两部分组成。据统计分析可知:$u_2=0.45U$,$u_1=0.9U$,测量不确定度的允许值$U=\sqrt{u_1^2+u_2^2}$。

【例7-1】 试确定$\phi150$H9Ⓔ(即采用的是包容要求)的验收极限,并选择计量器具。

解:(1)确定安全裕度A和验收极限。

查表确定$\phi150$H9公差带的上下偏差应为$\phi150^{+0.100}_{0}$mm,再根据表7-2查得$A=0.010$mm,$u_1=0.009$mm(Ⅰ档)。

工件尺寸采用包容要求,应按内缩方式确定验收极限,则

上验收极限＝$D_{max}-A$＝150＋0.100－0.010＝150.090mm

下验收极限＝$D_{min}+A$＝150＋0.010＝150.010mm

（2）选择计量器具。

由表7－3查得分度值为0.01mm的内径千分尺，它的测量不确定度为0.008 mm，小于u_1＝0.009mm，且数值最为接近，可以满足要求。

表7－3　千分尺和游标卡尺的不确定度（摘要）　　　　（mm）

尺寸范围	计量器具类型			
	分度值0.0.1 外径千分尺	分度值0.0.1 内径千分尺	分度值0.02 游标卡尺	分度值0.05 游标卡尺
	不确定度			
0～50	0.004	0.08	0.020	0.05
50～100	0.005			
100～150	0.006			
150～200	0.007	0.013		
200～250	0.008			
250～300	0.009			
300～350	0.010	0.020		0.100
350～400	0.011			
400～450	0.012			
450～500	0.013	0.025		

注：当采用比较测量时，千分尺的不确定度可小于本表规定的数值，一般可减小40％。

表7－4　比较仪的不确定度　　　　（mm）

尺寸范围		所使用的计量器具			
大于	至	分度值为0.0005 （相当于放大倍数2000倍）的比较仪	分度值为0.001 （相当于放大倍数1000倍）的比较仪	分度值为0.002 （相当于放大倍数400倍）的比较仪	分度值为0.005 （相当于放大倍数250倍）的比较仪
		不确定度			
	25	0.0006	0.0010	0.0017	0.0030
25	40	0.0007			
40	65	0.0008	0.0011	0.0018	
65	90	0.0008			
90	115	0.0009	0.0012	0.0019	
115	165	0.0010	0.0013		
165	215	0.0012	0.0014	0.0020	0.0035
215	265	0.0014	0.0016	0.0021	
265	315	0.0016	0.0017	0.0022	

注：测量时，使用的标准器由4块1级（或4等）量块组成。

表 7-5　指示表的不确定度

尺寸范围		所使用的计量器具			
		分度值为 0.001 的千分表(0 级在全程范围内，1 级在 0.2mm 内)分度值为 0.002 的千分表(在 1 转范围内)	分度值为 0.001、0.002、0.005 的千分表(1 级在全程范围内)分度值为 0.01 的百分表(0 级在任意 1mm 内)	分度值为 0.01 的百分表(0 级在全程范围内，1 级在任意 1mm 内)	分度值为 0.01 的百分表(1 级在全程范围内)
大于	至	不确定度			
	25	0.005	0.010	0.018	0.030
25	40				
40	65				
65	90				
90	115				
115	165				
165	215	0.006			
215	265				
265	315				

7.2　光滑极限量规设计

7.2.1　量规的作用与分类

量规是一种无刻度(不可读数)的定值专用检验工具。用量规检验零件，只能判断零件是否在规定的检验极限范围内，而不能得出零件实际尺寸、形状和位置误差的具体值。但由于其结构简单，使用方便、可靠，检验效率高，故在大批量生产中被广泛应用。

量规的种类根据检验对象不同可分为光滑极限量规、光滑圆锥量规、位置量规、花键量规及螺纹量规等。在此仅介绍光滑极限量规。

1. 光滑极限量规的作用

光滑极限量规是检验光滑工件尺寸的一种量具。其原理是用模拟装配状态的方法来对工件的合格性做检验。其中检验孔径的光滑极限量规做成像被配合的轴一样，称为塞规；检验轴径的光滑极限量规做成像被配合的孔一样，称为环规或卡规。

量规有通规(或通端)和止规(或止端)两种，如图 7.6 所示。能被合格品通过的量规叫通规。因此孔用量规的通规尺寸为孔的下极限尺寸 D_{min}($D_{min} = D_{MMS}$)，轴用量规的通规尺寸为轴的上极限尺寸 d_{max}($d_{max} = d_{MMS}$)，很明显，通规尺寸就是孔或轴的最大实体尺寸

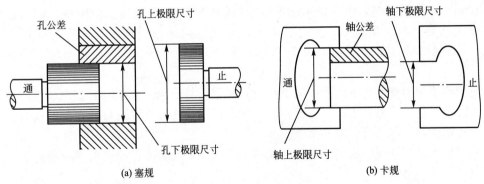

(a) 塞规   (b) 卡规

图 7.6　光滑极限量规

(MMS)。

　　不能被合格品通过的量规叫止规。因此孔用量规的止规尺寸为孔的上极限尺寸 D_{max}($D_{max} = D_{LMS}$)，轴用量规的止规尺寸为轴的下极限尺寸 d_{min}($d_{min} = d_{LMS}$)，止规尺寸就是孔或轴的最小实体尺寸(LMS)。

**特别提示**

用光滑极限量规检验零件时，应成对使用，并且只要通规通过，止规不通过，就能判定被测件合格。

2. 光滑极限量规的种类

　　光滑极限量规国标(GB 1597—2006)将光滑极限量规按用途分为以下几种。

　　(1) 工作量规。在制造过程中，工人用来检验工件时所使用的量规。工作量规的"通规"用代号"T"表示，"止规"用代号"Z"表示。

　　(2) 验收量规。检验部门和用户代表验收工件时使用的量规。

　　光滑极限量规国标(GB 1597—2006)没有规定验收量规标准，但标准推荐：制造厂检验工件时，生产工人应该使用新的或磨损较少的工作量规"通规"；检验部门应该使用与生产工人相同形式且已磨损较多的工作量规"通规"。这样，由生产工人用工作量规自检合格的工件，检验人员用验收量规验收时也一定合格。

　　(3) 校对量规。用来检验量规(卡规或环规)在制造中是否符合制造公差，在使用中是否已达到磨损极限时所使用的量规。它分为以下 3 种。

　　检验轴用量规通规的校对量规，校验时要求通过，称为"校通—通"量规，用代号"TT"表示；检验轴用量规止规的校对量规，校验时要求通过，称为"校止—通"量规，用代号"ZT"表示；检验轴用量规通规磨损极限的校对量规，校验时要求不通过，若通过则磨损已超过极限，称为"校通—损"量规，用代号"TS"表示，见表 7-6。

表 7-6　校对量规的分类、对比

名称	代号	被检参数	合格标志
校通—通	"TT"	工作卡规(环规)通端的下极限尺寸	通过
校止—通	"ZT"	工作卡规(环规)止端的下极限尺寸	通过
校通—损	"TS"	磨损极限尺寸(被测轴的上极限尺寸)	不通过

在制造工作量规时，由于轴用工作量规（通常为卡规）的测量比较困难，使用过程中这种量规又易于磨损和变形，所以必须用校对量规对其进行检验和校对；而孔用量规（通常为塞规）是轴状的外尺寸，便于用通用计量仪器进行检验，所以孔用量规没有校对量规。

对工作量规通规和止规的上极限尺寸没有设置校对量规，这是因为工作量规的公差值很小，校对量规的公差值更小。若工作量规的上极限尺寸再设置校对量规，不仅增加制造成本，还增大新工作量规的误检率。

用户代表在用量规验收工件时，通规应接近工件最大实体尺寸，止规应接近工件最小实体尺寸。

特别提示

在用上述规定的量规检验工件时，如果判断有争议，应使用下述尺寸的量规来仲裁：通规应等于或接近工件最大实体尺寸；止规应等于或接近工件最小实体尺寸。

7.2.2　量规的设计原理

提取尺寸合格的零件，由于形状误差的存在，也不能完全保证配合性质。为确保孔和轴能满足装配要求的性能，光滑极限量规设计应遵循泰勒原则。

泰勒原则是指工件的体外作用尺寸不允许超过最大实体尺寸；任何部位的提取尺寸不允许超过最小实体尺寸，可表示为

$$D_{\min(MMS)} \leqslant D_{fe} \leqslant D_a \leqslant D_{\max(LMS)}$$
$$d_{\min(LMS)} \leqslant d_a \leqslant d_{fe} \leqslant d_{\max(MMS)}$$

如何才能满足泰勒原则对尺寸的要求呢？由于通规的尺寸就是孔或轴的最大实体尺寸（MMS），将通规做成一个完整的圆柱形，被检孔如果被通规通过，则说明该孔的体外作用尺寸 $D_{fe} \geqslant D_{\min(MMS)}$，被检轴被通规通过，则说明该轴的体外作用尺寸 $d_{fe} \leqslant d_{\max(MMS)}$；将止规做成不全形的，被检孔如果被止规不通过，则说明该孔的提取尺寸 $D_a \leqslant D_{\max(LMS)}$，被检轴被止规不通过，则说明该轴的提取尺寸 $d_a \geqslant d_{\min(LMS)}$。用通规和止规联合使用来检验工件，就可知被检工件的作用尺寸和提取尺寸是否在极限尺寸范围内，从而可按泰勒原则判断出工件是否合格。

由于通规用来控制工件的作用尺寸，止规用来控制工件的提取尺寸，因此符合泰勒原则的形状应为：通规的测量面应是与孔或轴形状相对应的完整表面（即全形量规），且量规长度等于配合长度；止规的测量面应是点状的（即不全形量规）。

量规尺寸和形状如果背离泰勒原则，将会造成误判，如图 7.7 所示。在图 7.7(a)中被检孔的最大提取尺寸 $D_{a\max}$ 已经超出了上极限尺寸($D_{\max}$)，为不合格品，应被止规通过。但孔的最小提取尺寸 $D_{a\min}$ 小于上极限尺寸($D_{\max}$)，所以全形止规不能通过该不合格品，结果造成误收；在图 7.7(b)中被检孔的体外作用尺寸 D_{fe} 小于下极限尺寸($D_{\min}$)，为不合格品，应不被通规通过。但其 $D_{a\max} > D_{\min}$，不全形通规能通过该不合格品造成误收。

在实际生产中，由于量规的制造和使用等方面的原因，光滑极限量规常常偏离泰勒原则。国标规定，允许在被检工件的形状误差不影响配合性质的条件下，使用偏离泰勒原则的量规。如为了量规的标准化，量规厂供应的标准通规的长度，常不等于工件的配合长

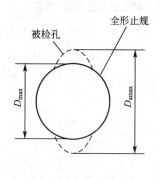

(a) 全形止规的影响　　　　　　　　　(b) 不全形通规的影响

图 7.7　量规形状背离泰勒原则对测量结果的影响示意图

度，对大尺寸的孔和轴通常使用非全形的塞规(或杆规)和卡规检验，以代替笨重的全形通规；由于环规不能检验曲轴，允许通规用卡规；为了减少磨损，止规也可不用点接触工件，一般制成小平面、圆柱面或球面；检验小孔时，止规常常制成全形塞规。

为尽量避免在使用偏离泰勒原则的量规检验时造成的误判，操作时一定要注意。如使用非全形的通端塞规时，应在被检孔的全长上沿圆周的几个位置上检验；使用卡规时，应在被检轴的配合长度内的几个部位并围绕被检轴的圆周的几个位置上检验。

7.2.3　量规公差带

量规是一种精密检验工具，制造量规和制造工件一样不可避免地会产生误差，故必须规定制造公差。量规制造公差的大小决定了量规制造的难易程度。

为保证产品质量，防止误收，国家标准(GB 1597—2006)规定量规公差带位于被检工件尺寸公差带之内，采用内缩方案，如图 7.8 所示。由于通规要经常通过被检工件产生工作面磨损，为延长量规使用寿命，除规定制造公差外，还规定了磨损公差和磨损极限。通规的公差带的中线由工件的最大实体尺寸向工件公差带内缩一个距离 Z(位置要素)；通规的磨损极限与被检工件的最大实体尺寸重合。由于止规很少通过工件，磨损较少，因此不留磨损公差。

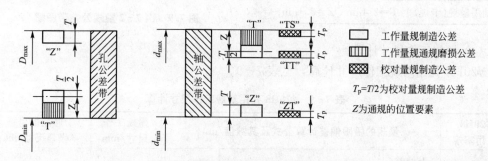

图 7.8　工作量规及轴用校对量规的公差带图解

为不使量规占用过多的工件公差，并考虑到量规的制造工艺水平及使用寿命，国家标准按被检工件的基本尺寸和公差等级规定了工作量规的制造公差 T 和通规公差带的位置要素 Z 的数值，见表 7-7。

表7-7 工作量规制造公差和通规公差带的位置要素值(摘要) (μm)

工件基本尺寸/mm	IT6			IT7			IT8			IT9			IT10			IT11			IT12		
	IT6	T	Z	IT7	T	Z	IT8	T	Z	IT9	T	Z	IT10	T	Z	IT11	T	Z	IT12	T	Z
≤3	6	1	1	10	1.2	1.3	14	1.6	2	25	2	3	40	2.4	4	60	3	6	100	4	9
3~6	8	1.2	1.4	12	1.4	2	18	2	2.6	30	2.4	4	48	3	5	75	4	8	120	5	11
6~10	9	1.4	1.6	15	1.8	2.4	22	2.4	3.2	36	2.8	5	58	3.6	6	90	5	9	150	6	13
10~18	11	1.6	2	18	2	2.8	27	2.8	4	43	3.4	6	70	4	8	110	6	11	180	7	15
18~30	13	2	2.4	21	2.4	3.4	33	3.4	5	52	4	7	84	5	9	130	7	13	210	8	18
30~50	16	2.4	2.8	25	3	4	39	4	6	62	5	8	100	6	11	160	8	16	250	10	22
50~80	19	2.8	3.4	30	3.6	4.6	46	4.6	7	74	6	9	120	7	13	190	9	19	300	12	26
80~120	22	3.2	3.8	35	4.2	5.4	54	5.4	8	87	7	10	140	8	15	220	10	22	350	14	30

【例7-2】 计算 $\phi20H8/f7$ 孔与轴用量规的工作尺寸。

解:(1)由表7-7、表7-8查出孔、轴上下偏差为 $\phi20\dfrac{H8(^{+0.033}_{0})}{f7(^{-0.020}_{-0.041})}$。

(2)由表7-7查出工作量规制造公差 T 和位置要素 Z,见表7-8。

(3)画公差带图,如图7.9所示。

表7-8 例7-2量规制造公差和位置要素

工作量规	制造公差	位置要素
孔用量规(塞规)	$T=3.4\mu m$	$Z=5\mu m$
轴用量规(卡规)	$T=2.4\mu m$	$Z=3.4\mu m$

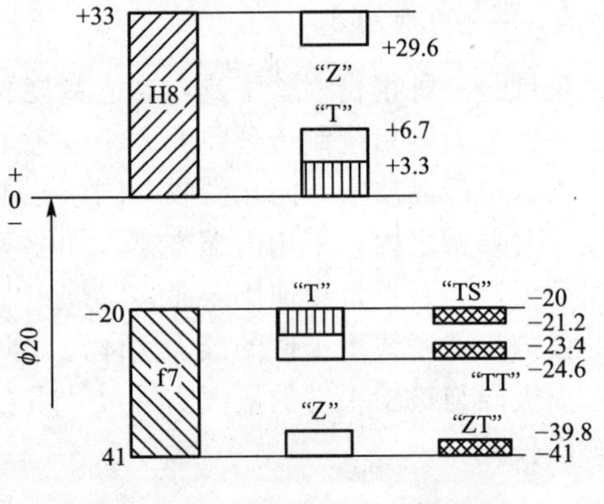

图7.9 例7-2量规公差带图解

(4)量规工作尺寸计算。

$\phi20H8$ 孔用塞规工作尺寸计算,见表7-9。

表7-9 $\phi20H8$ 孔用塞规工作尺寸计算

$\phi20H8$孔用塞规		量规的极限偏差计算公式及其数值/μm		量规工作尺寸/mm	通规的磨损极限尺寸/mm
通规(T)	上偏差	EI+Z±T/2=0+5±1.7	+6.7	$\phi20^{+0.0067}_{+0.0033}$	$D_{MMS}=20$
	下偏差		+3.3		
止规(Z)	上偏差	ES	+33	$\phi20^{+0.033}_{+0.0296}$	
	下偏差	ES-T=33-3.4	+29.6		

ϕ20f7 轴用卡规工作尺寸计算，见表 7 - 10。

ϕ20f7 轴用卡规的校对量规工作尺寸计算，见表 7 - 11。

表 7 - 10 ϕ20f7 轴用卡规工作尺寸计算

ϕ25f7 轴用卡规	量规的极限偏差计算公式及其数值/μm			量规工作尺寸/mm	通规的磨损极限尺寸/mm
通规（T）	上偏差	es$-Z\pm T/2=-20-3.4\pm1.2$	-22.2	$\phi20^{-0.0222}_{-0.0246}$	$d_{MMS}=d+$es $=19.980$
	下偏差		-24.6		
止规（Z）	上偏差	ei$+T=-41+2.4$	-38.6	$\phi20^{-0.0386}_{-0.041}$	
	下偏差	ei	-41		

表 7 - 11 ϕ20f7 轴用卡规的校对量规工作尺寸计算

校对量规	校对量规的极限偏差计算公式及其数值/μm		量规工作尺寸/mm
"校通—通"量规（TT）	上偏差	es$-Z-T/2+T_P=-20-3.4-1.2+1.2=-23.4$	TT$=\phi20^{-0.0234}_{-0.0246}$
	下偏差	es$-Z-T/2=-20-3.4-1.2=-24.6$	
"校通—损"量规（TS）	上偏差	es$=-20$	TS$=\phi20^{-0.020}_{-0.0212}$
	下偏差	es$-T_p=-20-1.2=-21.2$	
"校止—通"量规（ZT）	上偏差	ei$+T_p=-41+1.2=-39.8$	ZT$=\phi20^{-0.0398}_{-0.041}$
	下偏差	ei$=-41$	

7.2.4 量规的技术要求

1. 量规型式的选择

光滑极限量规的型式很多，合理地选择和使用，对正确判断测量结果的影响很大。按照国标推荐，测孔时，可采用全形塞规、不全形塞规、片状塞规、球端杆规，如图 7.10（a）所示；测轴时，可采用环规、卡规，如图 7.10(b)所示。它们的具体结构及尺寸应用范围，可参看国标 GB/T 10920—2008《螺纹量规和光滑极限量规 型式与尺寸》。

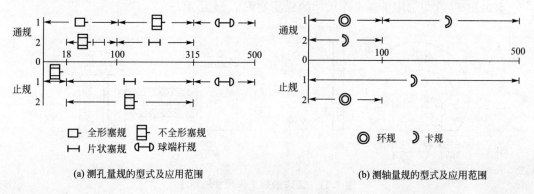

(a) 测孔量规的型式及应用范围　　　　　　　(b) 测轴量规的型式及应用范围

图 7.10 量规型式及应用范围

2. 量规的技术要求

1) 量规材料

量规测量面一般用淬硬钢(合金工具钢、碳工具素钢、渗碳钢)和硬质合金等材料制造，通常用淬硬钢制造的量规，其测量面的硬度应为 HRC 58~65，以保证其耐磨性。

2) 量规的形位公差

国家标准规定工作量规的形状和位置误差，应在工作量规的制造公差范围内，其形位公差值不大于量规制造公差的 50%，当量规制造公差小于或等于 0.002mm 时，其形状和位置公差为 0.001mm。

校对量规的制造公差，为被校对的轴用量规制造公差的 50%。其形状公差应在校对量规的制造公差范围内。

3) 量规的表面粗糙度

量规测量面的表面粗糙度，取决于被检验工件的公称尺寸、公差等级和表面粗糙度以及量规的制造工艺水平。量规表面粗糙度值，随上述因素和量规结构型式的变化而异，一般不低于光滑极限量规国标推荐的表面粗糙度数值，见表 7-12。校对量规测量面的表面粗糙度比工作量规更小。

表 7-12　量面粗糙度

工作量规	工件基本尺寸/mm		
	至 120	>120~315	>315~500
	表面粗糙度 Ra(不大于)/μm		
IT6 级孔用量规	0.04	0.08	0.16
IT6~IT9 级轴用量规 IT7~IT9 级孔用量规	0.08	0.16	0.32
IT10~IT12 级孔、轴用量规	0.16	0.32	0.63
IT13~IT16 级孔、轴用量规	0.32	0.63	0.63

注：校对量规测量面的表面粗糙度数值比被校对的轴用量规测量面的粗糙度数值略小一点。

$\phi 20 H8/f7$ 孔与轴用量规工作尺寸的标注如图 7.11 所示。

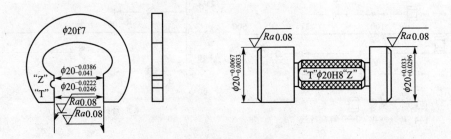

图 7.11　工作量规工作尺寸的标注

本 章 小 结

(1) 通常车间使用的普通计量器具在选用时，应使所选择的计量器具不确定度 $u_{计}$ 不大于且接近于计量器具不确定度的允许值 u_1；验收极限可采用内缩和不内缩两种方式来确定，见表 7-13。

表 7-13　验收极限的确定

确定验收极限的方式		验收极限	应用
内缩方式	将工件的验收极限从工件的极限尺寸向工件的公差带内缩一个安全裕度 A	上验收极限尺寸＝最大极限尺寸－A 下验收极限尺寸＝最小极限尺寸＋A	主要用于采用包容要求的尺寸和公差等级较高的尺寸
不内缩方式	安全裕度 $A=0$	上验收极限尺寸＝最大极限尺寸 下验收极限尺寸＝最小极限尺寸	主要用于非配合尺寸和一般公差尺寸

(2) 光滑极限量规是一种无刻度的专用检验量具，用它来检验工件，只能确定是否在允许的尺寸范围内，不能测出工件实际尺寸的大小。但它较通用计量器具方便快捷，一般用于大批量生产有配合要求的零件。分为工作量规、验收量规和校对量规 3 种。

光滑极限量规的设计应遵循泰勒原则，符合泰勒原则的量规，通规应是全形的，止规应是不全形（两点式）。但实际生产中，由于制造和使用上的原因，往往偏离泰勒原则。

国家标准规定量规的尺寸公差带位于被检验尺寸的公差带以内，对工作量规"通规"规定了磨损极限。量规的形位误差应在尺寸公差带内，一般为量规制造公差的 50%。

工作量规的设计步骤为：①由国标"公差与配合（GB/T 1800.2—2009）查出孔与轴的上、下偏差；②由表 7-7 查出工作量规制造公差 T 和位置要素 Z。按工作量规制造公差 T，确定工作量规形状公差和校对规的制造公差；③计算各种量规的极限偏差和工作尺寸。

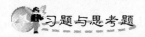 习题与思考题

一、判断题

1. 规定内缩式验收极限，既可以防止误收，也可以防止误废。（　　）
2. 光滑极限量规的止规采用全形量规会产生误收而没有误废。（　　）

二、问答与计算题

1. 检测时，误收与误废是怎样产生的？检测标准中采用什么方法解决这个问题？
2. 国家标准中验收原则是如何规定的？什么是安全裕度？安全裕度的大小与什么

有关?

3. 试述光滑极限量规的作用和分类，为什么孔用量规没有校对量规?

4. 设有如下工件尺寸，试按《光滑工件尺寸的检验》标准选择计量器具，并确定验收极限。

(1) $\phi 150H9$；(2) $\phi 50h8$。

5. 有一配合 $\phi 50\ \dfrac{H8\left(^{+0.039}_{0}\right)}{f7\left(^{-0.025}_{-0.050}\right)}$，试按泰勒原则分别写出孔、轴尺寸合格条件。在实际测量中如何体现这一合格条件?

6. 计算检验 $\phi 20H8/f7$ 用工作量规及轴用校对量规的工作尺寸，并画出量规公差带图。

第**8**章
滚动轴承的公差与配合

本章教学目标

能力培养	知识要点
掌握滚动轴承的公差等级及应用	滚动轴承的尺寸公差和旋转精度,滚动轴承公差等级的划分及应用
掌握滚动轴承公差与配合的特点及轴颈、座孔配合的选择	滚动轴承内、外圈公差带的特点;与滚动轴承配合的轴颈及座孔的常用公差带;滚动轴承负荷分析;滚动轴承与轴颈及座孔的配合
掌握与滚动轴承配合的轴颈和座孔的形位公差与表面粗糙度的确定及图样标注	轴颈及座孔形位公差与表面粗糙度轮廓幅度参数及其数值的选用,图样上标注方法

滚动轴承是机械制造业中应用极为广泛的、由专业厂家生产的一种标准部件。滚动轴承的工作性能和使用寿命，既取决于本身的制造精度，也与其同配偶件的配合性质相关。

图 8.0　滚动轴承

滚动轴承是以滑动轴承为基础发展起来的标准部件，它与滑动轴承相比具有摩擦力小、消耗功率低、起动容易及更换方便等许多优点，是在各类机械上被广泛使用的支承部件，由专业化的滚动轴承制造厂生产。

滚动轴承工作时，要求运转平稳、旋转精度高、噪声小。为保证工作性能，除了轴承本身的制造精度外，还要正确选择滚动轴承内圈与轴颈的配合、外圈与壳体孔的配合以及轴颈和外壳孔的尺寸公差带、形位公差和表面粗糙度轮廓幅度参数值等。

8.1　滚动轴承精度等级

1. 滚动轴承的结构与组成

滚动轴承的基本结构如图 8.1 所示，由外圈、内圈、滚动体(钢球或滚柱)和保持架(隔离圈)等组成，如图 8.1(a)所示。通常，滚动轴承内圈与传动轴的轴颈相配合，并随轴一起旋转，外圈安装在与其相配合的机体孔中，起支承作用。当然在有些机器中，也有采用外圈与其相配合的机体孔一起旋转，而内圈与轴颈固定不动的，如车轮轮毂和轴承的配合。滚动体是承受载荷并使轴承内外圈产生相对转动的元件。保持架是一种隔离元件，其作用是将轴承内的滚动体均匀分开，让每个滚动体均匀地承受载荷，并保持滚动体在轴承内、外滚道间正常滚动。

滚动轴承的型式很多。按滚动体的形状不同，可分为球轴承和滚子轴承；按承受负荷力的主要作用方向，则可分为向心轴承、推力轴承、向心推力轴承。

滚动轴承外圈的外径(D)和内圈的内径(d)是滚动轴承与结合件配合的基本尺寸。轴承内圈内孔和外圈外圆柱面应具有完全互换性，以便于在机器上安装轴承和更换新轴承；对于轴承的装配，基于技术经济上的考虑，轴承某些零件的特定部位采用不完全互换性。

滚动轴承工作时为保证其工作性能，还必须满足必要的旋转精度和合适的游隙。

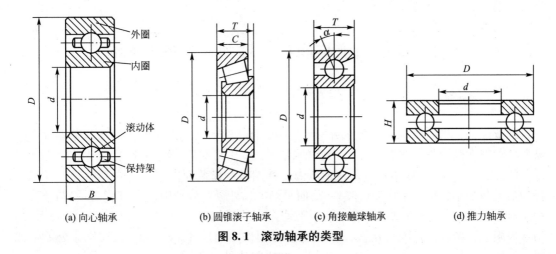

(a) 向心轴承	(b) 圆锥滚子轴承	(c) 角接触球轴承	(d) 推力轴承

图 8.1　滚动轴承的类型

2. 滚动轴承的公差等级与应用

1) 滚动轴承的公差等级

滚动轴承的公差等级由轴承尺寸公差和旋转精度决定。尺寸公差是指轴承内径 d、外径 D 和宽度 B 等尺寸公差；旋转精度是指轴承内、外圈作相对转动时跳动的程度，包括轴承内、外圈的径向跳动和端面跳动，内圈基准端面对内孔的跳动等。

GB/T 307.3—2005《滚动轴承　通用技术规则》规定：轴承按尺寸公差与旋转精度分级，向心轴承的公差等级分为 0、6、5、4、2 共 5 级，圆锥滚子轴承则分 0、6X、5、4 共 4 级，推力轴承分为 0、6、5、4 四级，按其顺序公差等级依次由低到高，即 0 级精度最低，2 级最高。6X 级轴承与 6 级轴承的内径公差、外径公差和径向跳动公差均分别相同，所不同的是前者装配宽度要求较为严格。有关公差值按国家标准 GB/T 307.1—2005《滚动轴承　向心轴承　公差》、GB/T 307.4—2005《滚动轴承　推力轴承　公差》规定来确定。其中 2 级和 0 级轴承内圈内径公差数值分别与 GB/T 1800.3—2009 中 IT3 和 IT5 的公差数值相近，而外圈外径公差数值分别与 IT2 和 IT5 的公差数值相近，可见轴承加工精度之高。

2) 不同公差等级的滚动轴承的应用

不同公差等级的滚动轴承的应用范围见表 8-1。

表 8-1　各公差等级轴承的应用

公差等级	应用范围
0	普通精度级，在各种机器上的应用最广。它适用于中等负荷、中等转速、对旋转精度和运转平稳性要求不高的一般机构中，如减速器的旋转机构，普通机床的变速、进给机构，汽车、拖拉机的变速机构，普通电机、水泵、压缩机的旋转机构等
6(6X)	中等精度级，应用在旋转精度和运转平稳性要求较高或转速较高的旋转机构中，如普通机床主轴后轴承，精密机床的传动轴使用的轴承
5，4	较高级、高级精度，应用在旋转精度和运转平稳性要求高或转速高的旋转机构中，如精密机床的主轴轴承，精密仪器和机械使用的轴承
2	精密级，多用于转速很高或旋转精度要求很高的机床和机器的旋转机构中，如精密坐标镗床的主轴轴承、高精度齿轮磨床以及数控机床的主轴轴承多采用 2 级轴承

8.2 滚动轴承与座孔、轴颈的公差与配合

1. 滚动轴承公差带的特点

轴承配合是指内圈与轴颈及外圈与座孔的配合。滚动轴承内、外圈均属薄壁零件，极易变形，但在轴承与具有正确几何形状的轴颈、座孔装配后，此变形很容易被矫正。因此，GB/T 307.1—2005 中规定，在轴承内、外圈任一横截面内测得的内圈内径、外圈外径的最大与最小直径的平均值(即单一平面平均内、外径，分别用 d_{mp}、D_{mp} 表示)与公称直径(分别用 d、D 表示)的差(即单一平面平均内、外径偏差，分别用 Δd_{mp}、ΔD_{mp} 表示)必须在极限偏差范围内，因为 d_{mp}、D_{mp} 是配合时起作用的尺寸。d_{mp} 和 D_{mp} 的尺寸公差带如图 8.2 所示，部分向心轴承的 Δd_{mp} 和 ΔD_{mp} 的极限值见表 8-2。

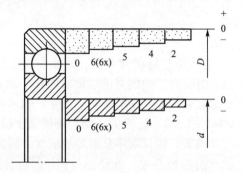

图 8.2 滚动轴承单一平面平均内 d_{mp}、外径 D_{mp} 的公差带

表 8-2 部分向心轴承 Δd_{mp} 和 ΔD_{mp} 的极限值

公差等级			0		6		5		4		2	
基本尺寸/mm							极限偏差					
大于		到	上偏差	下偏差	上偏差	下偏差	上偏差	下偏差	上偏差	下偏差	上偏差	下偏差
内圈	18	30	0	−10	0	−8	0	−6	0	−5	0	−2.5
	30	50	0	−12	0	−10	0	−8	0	−6	0	−2.5
外圈	50	80	0	−13	0	−11	0	−9	0	−7	0	−4
	80	120	0	−15	0	−13	0	−10	0	−8	0	−5

滚动轴承是标准件，滚动轴承内圈与轴颈的配合应采用基孔制，外圈与外壳孔的配合应采用基轴制。

GB/T 307.1—2005 规定：内圈基准孔公差带，不同于普通基准孔的公差带，而是位于以公称内径 d 为零线的下方，且上偏差为零，如图 8.2 所示。这样规定主要是考虑轴承内圈与轴颈配合的特殊需要：一方面轴承内圈与轴颈一起旋转时，为防止内圈与轴颈的配合面发生相对滑动而导致它们的配合面间产生磨损，影响轴承的工作性能，因此要求两者的配合应具有一定的过盈量，但由于轴承的内圈是薄壁零件，易弹性变形胀大，影响轴承

的游隙；另一方面轴承又是易损件，在使用一定时间后将要被拆换，故过盈量不能太大。依据国标规定，轴承内圈与基本偏差代号为 k、m、n 等的轴颈配合时就可形成具有小过盈的配合。

轴承外圈安装在机器壳体孔中。机器工作时，温度升高会使轴热膨胀。若外圈不旋转，则应使外圈与壳体孔的配合稍微松一点，允许轴连同轴承一起作轴向移动，以便能够补偿轴热膨胀产生的微量伸长；否则会造成轴的弯曲，轴承内、外圈之间的滚动体也有可能被卡死。GB/T 307.1—2005 规定：轴承外圈外圆柱面公差带位于以公称外径 D 为零线的下方，且上偏差为零。该公差带的基本偏差与一般基轴制配合的基准轴公差带的基本偏差(其代号为 h)相同，但这两种公差带的公差数值不相同。

2. 滚动轴承与座孔、轴颈常用的公差带

GB/T 275—1993《滚动轴承与轴和外壳孔的配合》规定了 0 级和 6 级轴承与轴颈和壳体孔配合时轴颈和壳体孔的常用公差带，其中轴颈规定了 17 种常用公差带，如图 8.3 所示，壳体孔规定了 16 种常用公差带(图 8.4)。这些公差带分别采用 GB/T 1800.2—2009 中的轴公差带和孔公差带。

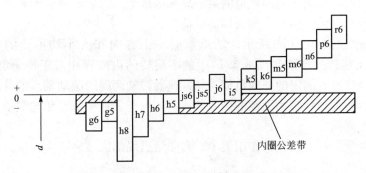

图 8.3　与滚动轴承配合的轴颈的常用公差带

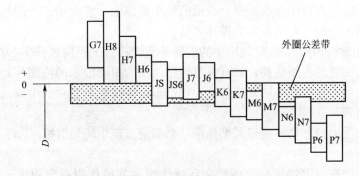

图 8.4　与滚动轴承配合的外壳孔的常用公差带

如图 8.3 所示，轴承内圈与轴颈的配合比（GB/T 1801—2009）中基孔制同名配合偏紧一些，g5、g6、h5、h6、h7、h8 轴颈与轴承内圈的配合已变成过渡配合，k5、k6、m5、m6、n6 轴颈与轴承内圈的配合已变成过盈较小的过盈配合，其余的也有所偏紧。如图 8.4 所示，轴承外圈与壳体孔的配合与 GB/T 1801—2009 中基轴制同名配合的，配合性质基本一致。

8.3 滚动轴承与座孔、轴颈配合选用

8.3.1 滚动轴承与座孔、轴颈配合时应考虑的主要因素

正确选择滚动轴承与轴颈、壳体孔的配合，对保证机器正常运转、提高轴承的使用寿命、充分发挥其承载能力的影响很大。滚动轴承的配合一般用类比法选择，选择时主要考虑下列影响因素。

1. 负荷类型

根据作用在轴承上合成径向负荷相对套圈的旋转情况，轴承内、外圈所承受的负荷类型有以下 3 种。

1) 局部负荷

当套圈相对于径向负荷的作用线不旋转，或者该径向负荷的作用线相对于套圈不旋转时，该径向负荷始终作用在套圈轨道的某一局部区域上，它表示该套圈相对于负荷方向固定，此时套圈所承受的这种负荷称为局部负荷。

如图 8.5(a) 和图 8.5(b) 所示，轴承承受一个方向和大小均不变的径向负荷 F_r，图 8.5(a) 中的不旋转的外圈和图 8.5(c) 中的不旋转的内圈皆相对于径向负荷 F_r 方向固定，前者的运动状态为固定的外圈负荷，如减速器转轴两端的滚动轴承的外圈相对于负荷方向固定；后者的运动状态为固定的内圈负荷，如汽车、拖拉机车轮轮毂中滚动轴承的内圈相对于负荷方向固定。

此时套圈的受力特点是负荷作用集中，套圈滚道局部区域易产生磨损。

2) 循环负荷

当径向负荷的作用线相对于轴承套圈旋转，或者套圈相对于径向负荷的作用线旋转时，该径向负荷就依次作用在套圈整个轨道的各个部位上，它表示该套圈相对于负荷方向旋转，该套圈所承受的这种负荷称为循环负荷。

图 8.5(a) 中旋转内圈和图 8.5(b) 中的旋转外圈皆相对于径向负荷 F_r 方向旋转，前者的运动状态称为旋转的内圈负荷，如减速器转轴两端的滚动轴承的内圈相对于负荷方向旋转；后者的运动状态称为旋转的外圈负荷，如汽车、拖拉机车轮轮毂中滚动轴承的外圈相对于负荷方向旋转。

此时套圈的受力特点是负荷呈周期作用，套圈滚道产生均匀磨损。

3) 摆动负荷

当大小和方向按一定规律变化的径向负荷依次往复地作用在套圈滚道的一段区域上时，此时该套圈相对于负荷方向摆动。如图 8.5(c) 和图 8.5(d) 所示，轴承套圈承受一个大小和方向均固定的径向负荷 F_r 和一个旋转的径向负荷 F_c(它的方向是转动的)，两者合成的径向负荷的大小将由小逐渐增大，再由大逐渐减小，周而复始地周期性变化，这样的径向负荷称为摆动负荷。当 $F_r > F_c$ 时，如图 8.6 所示，按照向量合成的平行四边形法则，F_r 与 F_c 的合成负荷 F 就在 AB 区域内摆动。那么，不旋转的套圈相对于负荷的方向摆动，而旋转的套圈相对于负荷 F 的方向旋转。当 $F_r < F_c$ 时，F_r 与 F_c 的合成负荷则沿整

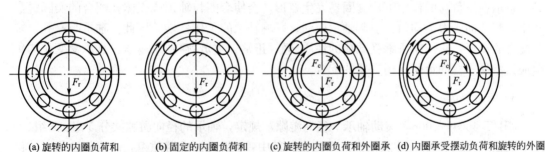

(a) 旋转的内圈负荷和 固定的外圈负荷　　(b) 固定的内圈负荷和 旋转的外圈负荷　　(c) 旋转的内圈负荷和外圈承 受摆动负荷　　(d) 内圈承受摆动负荷和旋转的外圈 负荷

图 8.5　轴承套圈相对于负荷方向的运转状态

个圆周变动，因此不旋转的套圈相对于合成负荷的方向旋转，而旋转的套圈则相对于合成负荷的方向摆动。

　　轴承套圈相对于负荷方向的运转状态不同，该套圈与轴颈或壳体孔的配合的松紧程度也应不同。当套圈相对于负荷方向固定时（局部负荷），为保证套圈滚道的磨损均匀，该套圈与轴颈或壳体孔的配合应稍松些，以便在摩擦力矩的作用下，它们可作非常缓慢的相对滑动，从而避免套圈滚道的局部磨损，此时一般选平均间隙较小的过渡配合或具有极小间隙的间隙配合。当套圈相对负荷方向旋转时（循环负荷），套圈与轴颈或壳体孔的配合应较紧，以避免产生相对滑动，从而实现套圈滚道均匀磨损，此

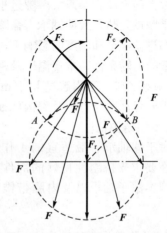

图 8.6　摆动负荷

时一般选用过盈小的过盈配合或过盈概率大的过渡配合，必要时，过盈量的大小可通过计算确定。当套圈相对于负荷方向摆动时（摆动负荷），该套圈与轴颈或壳体孔的配合的松紧程度，一般与套圈相对于负荷方向旋转时选用的配合相同，或稍松一些。

　　2. 负荷的大小

　　轴承与座孔、轴颈的配合的松紧程度跟负荷的大小有关。对于向心轴承，GB/T 275—1993 按其径向当量动负荷 P_r 与径向额定动负荷 C_r 的比值将负荷状态分为轻负荷、正常负荷和重负荷三类，见表 8-3，表中 P_r 和 C_r 的数值分别由计算公式求出和轴承产品样本查出。

表 8-3　轴承的负荷类型

负荷类型	P_r 值的大小		
	球轴承	滚子轴承（圆锥轴承除外）	圆锥轴承
轻负荷	$P_r \leqslant 0.07C_r$	$P_r \leqslant 0.08C_r$	$P_r \leqslant 0.13C_r$
正常负荷	$0.07C_r < P_r \leqslant 0.15C_r$	$0.08C_r < P_r \leqslant 0.18C_r$	$0.13C_r < P_r \leqslant 0.26C_r$
重负荷	$>0.15C_r$	$>0.18C_r$	$>0.26C_r$

轴承在重负荷的作用下，套圈易发生变形，会使套圈与轴颈或壳体孔配合的实际过盈减小，配合面受力不均匀，引起轴承松动，影响轴承的工作性能。因此，轴承与座孔、轴颈配合的选择，应依据所承受载荷的性质(轻、正常、重负荷)越来越紧，且承受变化的负荷应比承受平稳的负荷选用更紧的配合。

3. 径向游隙

GB/T 4604—2006《滚动轴承 径向游隙》规定，轴承的径向游隙共分 5 组：2 组、0 组、3 组、4 组、5 组，游隙依次由小到大。其中，0 组为标准游隙组，应优先选用。若供应的轴承无游隙标记，则指标准游隙组。

轴承的径向游隙应适中，当游隙过大，会引起较大的径向跳动和轴向窜动，轴承将要产生较大的振动和噪声。游隙过小，则会使轴承滚动体与套圈间产生较大的接触应力，加剧轴承摩擦发热，致使轴承寿命降低。

在过盈配合和温度的影响下，轴承的工作游隙应小于原始游隙。0 组径向游隙值适用于一般的运转条件、常规温度及常用的过盈配合，即球轴承不得超过 j5、k5(轴)和 j6(座孔)；对滚子轴承不得超过 k5、m5(轴)和 k6(座孔)。对于采用较紧配合、内外圈温差较大、需要降低摩擦力矩及深沟球轴承承受较大轴向载荷或需改善调心性能的工况，宜采取 3、4、5 组游隙值。

对于球轴承、最适宜的工作游隙是趋于 0。对于滚子轴承，可保持少量的工作游隙。在要求支持刚性良好的部件中(如机床主轴)，轴承应有一定的预紧。角接触球轴承、圆锥滚子轴承以及内圈带锥孔的轴承等，因结构特点可在安装或使用过程中调整游隙。

4. 轴承工作时的微量轴向移动

轴承组件在运转时易受热而使轴产生微量伸长。为避免安装有不可分离型轴承的轴因受热伸长而产生弯曲，应满足轴受热后能自由地轴向移动的要求，因此轴承外圈与壳体孔的配合应松一些，并在外圈端面与端盖端面之间留有适当的轴向间隙，以允许轴带着轴承一起作微量轴向移动。

5. 轴承工作时的温度

轴承工作时，由于摩擦发热和其他热源的影响，套圈的温度会高于相配件的温度。内圈的热膨胀会引起它与轴颈的配合变松，而外圈的热膨胀则会引起它与壳体孔的配合变紧。因此，轴承工作温度高于 100℃时，应对所选择的配合作适当的修正。

6. 其他因素

当轴承的旋转速度较高，且在冲击振动负荷下工作时，轴承与轴颈、壳体孔的配合最好都选用具有小过盈的配合或较紧的配合。

剖分式壳体和整体壳体上的轴承孔与轴承外圈的配合的松紧程度应有所不同，前者的配合应稍松些，以避免箱盖和箱座装配时夹扁轴承外圈。

综上所述，影响滚动轴承配合的因素很多，通常难以用计算法确定，在生产实际中可采用类比法来选择轴承的配合(表 8-4～表 8-7)。

表 8-4 与向心轴承配合的轴颈的公差带(摘自 GB/T 275—1993)

运转状态		负荷状态	深沟球轴承、调心轴承和角接触轴承	圆柱滚子轴承和圆锥滚子轴承	调心滚子轴承	公差带
说明	举例		轴承公称内径/mm			
旋转的内圈负荷及摆动负荷	一般通用机械、电动机、机床主轴、泵、内燃机、正齿轮传动装置、铁路机车车辆轴箱、破碎机等	轻负荷	≤18 >18~100 >100~200 —	— ≤40 >40~140 >140~200	— ≤40 >40~140 >140~200	h5 j6① k6① m6①
		正常负荷	≤18 >18~100 >100~140 >200~280 — —	— ≤40 >40~100 >100~140 >140~200 >100~400	— ≤40 >40~65 >65~100 >100~140 >140~280 >280~500	j5、js5 k5② m5② m6 n6 p6③ r6
		重负荷	— — — —	>50~140 >140~200 >200 —	>50~100 >100~140 >140~200 >200	n6 p6 r6 r7
固定的内圈负荷	静止轴上的各种轮子、张紧轮、绳轮、振动筛、惯性振动器	所有负荷	所有尺寸			f6 g6① h6 j6
仅有轴向负荷			所有尺寸			j6、js6

注:1. 凡对精度有较高要求的场合,应该用 js5,k5,…以分别代替 j6,k6,…;

2. 圆锥滚子轴承和角接触球轴承配合对游隙的影响不大,可以选用 k6、m5 分别代替 k5、m5;

3. 重负荷下轴承游隙选用大于 0 组。

表 8-5 与向心轴承配合的外壳孔的公差带(摘自 GB/T 275—1993)

运转状态		负荷状态	其他状况		公差带①	
说明	举例				球轴承	滚子轴承
固定的外圈负荷	一般机械、铁路机车、车辆车厢电动机、泵、曲轴主轴承	轻、正常、重负荷	轴向容易移动	轴于高温下工作	G7②	
				采用剖分式外壳	H7	
摆动负荷		冲击负荷	轴向能移动,采用整体或剖分式外壳		J7、JS7	
		轻、正常负荷				
		正常、重负荷	轴向不能移动,采用整体式外壳		K7	
		冲击负荷			M7	

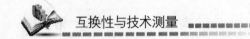

（续）

运转状态		负荷状态	其他状况	公差带[①]	
说明	举例			球轴承	滚子轴承
旋转的外圈负荷	张紧滑轮、轮毂轴承	轻负荷	轴向不能移动，采用整体式外壳	J7	K7
		正常负荷		K7、M7	M7、N7
		重负荷			N7、P7

注：1. 按并列公差带尺寸的增大从左至右选择；对旋转精度要求较高时，可相应提高一个公差等级；
   2. 不适用于剖分式外壳。

表 8-6　与推力轴承配合的轴颈的公差带（摘自 GB/T 275—1993）

运转状态	负荷状态	推力球轴承和推力滚子轴承	推力调心滚子轴承[②]	公差带
		轴承公称内径/mm		
仅有的轴向负荷		所有尺寸		j6、js6
固定的轴圈负荷	径向和轴向联合负荷	—	≤250	j6
		—	>250	js6
旋转的轴圈负荷或摆动负荷		—	≤200	k6[①]
		—	>250～400	m6[①]
		—	>400	n6[①]

注：1. 对要求过盈较小时，可用 js、k6、m6 以分别代替 k6、m6、n6；
   2. 也包括推力圆锥滚子轴承，推力角接触球轴承。

8.3.2　配偶件公差等级的确定

1. 配偶件的公差等级及公差带的确定

与滚动轴承配合的轴颈和壳体孔的精度包括尺寸公差带、形位公差和表面粗糙度轮廓幅度参数值。GB/T 275—1993 对与 0 级和 6 级滚动轴承配合的轴颈和座孔所要求的精度作了具体规定。

所选择轴颈和座孔的标准公差等级应与轴承公差等级协调。与 0 级轴承配合的轴颈一般为 1T6，外壳孔一般为 IT7。对旋转精度和运转平稳性有较高要求的工作场合，轴颈应为 IT5，座孔应为 1T6。

对轴承的旋转精度和运转平稳性无特殊要求的场合，轴承游隙为 0 组游隙。轴为实心或厚壁空心钢制轴，壳体（箱体）为铸钢件或铸铁件，轴承的工作温度不超过 100℃时，确定座孔和轴颈的公差带可根据设计手册（表 8-4～表 8-7）进行选择。

表 8-7　与推力轴承配合的外壳孔的公差带（摘自 GB/T 275—1993）

运转状态	负荷状态	轴承类型	公差带	备注
	仅有轴向负荷	推力球轴承	H8	
		推力圆柱滚子轴承、圆锥滚子轴承	H7	
		推力调心滚子轴承		外壳孔与座圈间间隙为 0.001D（D 为轴承公称外径）

（续）

运转状态	负荷状态	轴承类型	公差带	备注
固定的座圈负荷	径向和轴向联合负荷	推力角接触球轴承、推力调心滚子轴承、推力圆锥滚子轴承	H7	
旋转的座圈负荷或摆动负荷			K7	普通使用条件
			M7	有较大径向负荷时

2. 配偶件形位公差的确定

轴承套圈为薄壁件，装配后靠配偶件来矫正，故套圈工作时的形状与配偶件表面形状密切相关。为保证轴承的工作性能，还应确定轴颈、座孔表面的形位公差，见表 8-8。

表 8-8　轴和外壳孔的形位公差（摘自 GB/T 275—1993）

基本尺寸 /mm		圆柱度 t				端面圆跳动 t_1			
		轴颈		外壳孔		轴颈		外壳孔	
		轴承公差等级							
		0	6(6x)	0	6(6x)	0	6(6x)	0	6(6x)
超过	到	公差值/μm							
	6	2.5	1.5	4	2.5	5	3	8	5
6	10	2.5	1.5	4	2.5	6	4	10	6
10	18	3.0	2.0	5	3.0	8	5	12	8
18	30	4.0	2.5	6	4.0	10	6	15	10
30	50	4.0	2.5	7	4.0	12	8	20	12
50	80	5.0	3.0	8	5.0	15	10	25	15
80	120	6.0	4.0	10	6.0	15	10	25	15
120	180	8.0	5.0	12	8.0	20	12	30	20
180	250	10.0	7.0	14	10.0	20	12	30	20
250	315	12.0	8.0	16	12.0	25	15	40	25
315	400	13.0	9.0	18	13.0	25	15	40	25
400	500	15.0	10.0	20	15.0	25	15	40	25

为了保证轴承与轴颈、壳体孔的配合性质，轴颈和壳体孔应分别采用包容要求和最大实体要求的零形位公差。对于轴颈，在采用包容要求Ⓔ的同时，为保证同一根轴上两个轴颈的同轴度精度，还应规定这两个轴颈的轴线分别对它们的公共轴线的同轴度公差。

对于外壳上支承同一根轴的两个轴承孔，应按关联要素采用最大实体要求的零形位公差 $\phi0$ Ⓜ，来规定这两个孔的轴线分别对它们的公共轴线的同轴度公差，以同时保证指定的配合性质和同轴度精度。

此外，如果轴颈或壳体孔存在较大的形状误差，则轴承与它们安装后，套圈会产生变形而不圆，因此必须对轴颈和壳体孔规定严格的圆柱度公差。

轴的轴颈肩部和壳体上轴承孔的端面是安装滚动轴承的轴向定位面，若它们存在较大的垂直度误差，则滚动轴承与它们安装后，轴承套圈会产生歪斜，因此应规定轴颈肩部和壳体孔端面对基准轴线的端面圆跳动公差。

3. 配偶件表面粗糙度轮廓幅度参数值的确定

表面粗糙度的大小直接影响配合的性质和联接强度，因此对配偶件表面的粗糙度值通常都提出较高的要求，见表 8-9。

表 8-9　配合面的表面粗糙度

轴或轴承座直径/mm		轴或外壳配合表面直径公差等级								
		IT7			IT6			IT5		
		表面粗糙度/μm								
超过	到	Rz	Ra		Rz	Ra		Rz	Ra	
			磨	车		磨	车		磨	车
—	80	10	1.6	3.2	6.3	0.8	1.6	4	0.4	0.8
80	500	16	1.6	3.2	10	1.6	3.2	6.3	0.8	1.6
端面		25	3.2	6.3	25	3.2	6.3	10	1.6	3.2

8.3.3　滚动轴承的配合、配偶件的图样标注

由于滚动轴承是标准件，所以装配图上在滚动轴承的配合部位，不标注其内、外径的代号，而标注与之相配的轴颈、座孔的尺寸及公差代号，粗糙度及形位公差标注如图 8.7 所示。

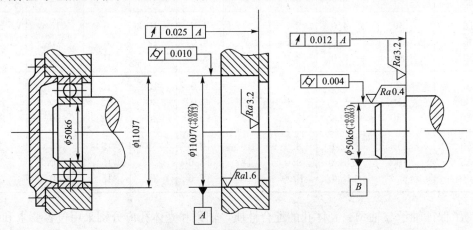

图 8.7　轴承与配偶件配合尺寸和技术要求标注

【例 8-1】　一圆柱齿轮减速器，小齿轮轴要求较高的旋转精度，装有 0 级单列深沟球轴承，轴承尺寸为 50mm×110mm×27mm，额度动负荷 $C_r=32000N$，轴承承受的当量径向负荷 $P_r=4000N$。试用类比法确定轴颈和座孔的配合尺寸和技术要求，并将它们分别标注在装配图和零件图上。

解：(1) 按给定条件，$P_r/C_r=4000/32000=0.125$，属于正常负荷。

减速器的齿轮传递动力，内圈承受旋转负荷，外圈承受局部负荷。

(2) 按轴承类型和尺寸规格，查表 8-4，轴颈的公差带为 k5；查表 8-5，座孔的公

差带为 G7 或 H7 均可，但由于该轴旋转精度要求较高，可相应提高一个公差等级，定为 H6。

查表 8－8，轴颈的圆柱度公差为 0.004mm，轴肩的圆跳动公差为 0.012mm；座孔的圆柱度公差为 0.010mm，孔肩的圆跳动公差为 0.025mm。

查表 8－9，轴颈表面粗糙度要求 $Ra=0.4\mu m$，轴肩表面 $Ra=1.6\mu m$，座孔表面 $Ra=1.6\mu m$，孔肩表面 $Ra=3.2\mu m$。

轴颈和座孔的配合尺寸和技术要求，在图样上的标注如图 8.7 所示。

本 章 小 结

（1）滚动轴承由外圈、内圈、滚动体和保持架等组成，内圈内径与轴颈配合，外圈外径与座孔配合；工作时，内圈和外圈以一定的转速作相对运动。

（2）滚动轴承的公差等级由高到低分为 2、4、5、6(6x)、0，其中 0 级精度最低，2 级最高。

（3）滚动轴承单一平面平均内、外径(d_{mp}、D_{mp})是滚动轴承内、外圈分别与轴颈和座孔配合的配合尺寸，它们的公差带均在零线下方，且上偏差均为零。

（4）滚动轴承内圈与轴颈、外圈与座孔间的配合性质由轴颈和座孔的公差带决定。国标对 0 级和 6 级轴承配合的轴颈规定了 17 种常用公差带，座孔规定了 16 种常用公差带。

（5）滚动轴承配合的选择一般采用类比法。选择时主要依据轴承所受负荷的类型和大小，先大致确定配合类别，见表 8－10，具体选择可参见表 8－4～表 8－7。

表 8－10　根据轴承所受负荷的类型确定配合类别

径向负荷与套圈的相对关系	负荷的类型	配合的选择
相对静止	局部负荷	选松一些的配合，如较松的过渡配合或间隙较小的间隙配合
相对旋转	循环负荷	选紧一些的配合，如过盈配合或较紧的过渡配合
相对于套圈在有限范围内摆动	摆动负荷	循环负荷或略松一点

（6）轴颈及外壳孔形位公差与表面粗糙度轮廓幅度参数及其数值的选用，滚动轴承的配合、配偶件的图样标注。

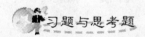习题与思考题

一、判断题

1. 滚动轴承的精度等级是根据内、外颈的制造精度来划分的。（　　）

2. 滚动轴承内圈与轴颈的配合采用基孔制，当内径为 $\phi50$mm 的滚动轴承与 $\phi50$m6 的轴相配合，其配合性质是过渡配合。（ ）

二、选择题

1. 某滚动轴承的内圈转动、外圈固定，则当它受方向固定的径向负荷作用时，外圈所受的是（ ）。

  A. 局部负荷   B. 循环负荷   C. 摆动负荷

2. 滚动轴承内圈与 $\phi50$js6 轴颈形成的配合与 $\phi50$H7/js6 配合的松紧程度相比较，（ ）。

  A. 前者较松   B. 前者较紧

  C. 两者松紧程度相同   D. 无法比较

3. 选择滚动轴承与轴颈、座孔的配合时，首先应考虑的因素是（ ）。

  A. 轴承的径向游隙

  B. 轴承套圈相对于负荷方向的运转状态和所承受负荷的大小

  C. 轴和外壳的材料与机构

  D. 轴承的工作温度

三、问答题

1. 为了保证滚动轴承的工作性能，其内圈与轴颈配合、外圈与外壳孔配合，应满足什么要求？

2. 滚动轴承的几何精度是由轴承本身的哪两项精度指标决定的？

3. GB/T 307.3—2005 对向心轴承、圆锥滚子轴承的公差等级分别规定了哪几级？试举例说明各个公差等级应用范围。

4. 滚动轴承内圈与轴颈的配合和外圈与座孔的配合分别采用哪种基准制？

5. 滚动轴承内圈内径公差带相对于以公称直径为零线的分布有何特点？其基本偏差是怎样规定的？

6. 选择滚动轴承与轴颈、外壳孔的配合时，应考虑的主要因素有哪些？

7. 根据滚动轴承套圈相对于负荷方向的不同，怎样选择轴承内圈与轴颈配合和外圈与外壳孔配合的性质和松紧程度？试举例说明。

8. 与滚动轴承配合的轴颈和座孔，除了采用包容要求（或最大实体要求的零形位公差）以外，为什么还要规定更严格的圆柱度公差？

9. 滚动轴承与轴颈及座孔的配合在装配图上的标注有何特点？

10. 如图 8.8 所示的车床床头箱，根据滚动轴承配合的要求，主轴轴颈和箱体孔的公差带分别选定为 $\phi60$js6 和 $\phi95$K7。试确定套筒 4 与主轴轴颈的配合代号（该配合要求 $X_{max}\leqslant+0.25$mm，$X_{min}\geqslant+0.08$mm）和箱体孔与套筒 1 外圆柱面的配合代号（该配合要求 $X_{max}\leqslant+0.25$mm，$X_{min}\geqslant+0.08$mm）。

11. 如图 8.9 所示，某闭式传动的减速器传动转轴上安装 0 级 609 深沟球轴承（内径 $\phi45$mm，外径 $\phi85$mm），其额定动负荷为 19700N。工作情况为：外壳固定，轴旋转，转速为 980r/min。承受的径向动负荷为 1300N。试确定：

（1）轴颈和外壳孔的尺寸公差带代号和采用的公差原则；

（2）轴颈和外壳孔的尺寸极限偏差以及它们与滚动轴承配合的有关表面的形位公差和表面粗糙度参数值；

将上述公差要求分别标注在装配图和零件图上。

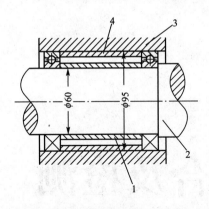

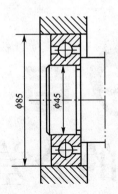

图 8.8 习题三－10 图

1、4—套筒；2—主轴；3—箱体

图 8.9 习题三－11 图

第**9**章
圆锥的公差配合及检测

本章教学目标

能力培养	知识要点
掌握圆锥公差项目和给定方法	圆锥公差要求及给定方法
掌握圆锥配合的配合种类及形成方式	圆锥配合种类
能够正确选用圆锥公差	圆锥直径公差与圆锥角公差的选用方法
了解圆锥配合的特点、基本参数	圆锥配合的特点和主要的配合尺寸
了解对圆锥锥度的测量方法	圆锥锥度的不同检测方法

导入案例

车床主轴前端锥孔、尾座套筒锥孔、锥度心轴、圆锥定位销等都是采用圆锥面配合。由于圆锥面配合的同轴度高、拆卸方便，当圆锥角较小时，还能传递很大转矩，因此圆锥配合广泛应用于机械行业中。

图 9.0 车床主轴

9.1 术语及定义

1. 基本术语

（1）圆锥表面。与轴线成一定角度且一端相交于轴线的一条线段（母线），围绕着该轴线旋转形成的表面称为圆锥表面，如图 9.1(a)所示。

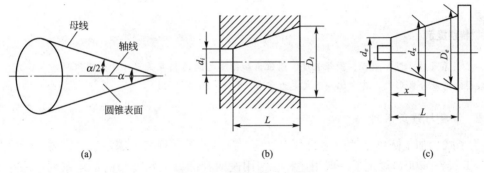

(a)　　　　　　　(b)　　　　　　　(c)

图 9.1　圆锥表面及内外圆

（2）圆锥体。由圆锥表面与一定尺寸所限定的几何体称为圆锥体。

（3）圆锥长度。最大圆锥直径截面与最小圆锥直径截面之间的轴向距离称为圆锥长度，用符号 L 表示，如图 9.1(b)、图 9.1(c)所示。

（4）圆锥配合长度。它是指内、外圆锥配合面的轴向距离，用符号 H 表示。

（5）圆锥直径。与圆锥轴线垂直截面内的直径称为圆锥直径。对于内、外圆锥，分别有最大圆锥直径 D_i、D_e，最小圆锥直径 d_i、d_e 和给定截面的圆锥直径 d_x，如图 9.1(b)、图 9.1(c)所示。

（6）基面距。它是指相互结合的内、外圆锥基准面间的距离，用符号 a 表示。

2. 相关标准

圆锥面是组成机械零件的一种常用的几何要素，圆锥联接是机械设备中常用的典型结构。圆锥配合与圆柱配合相比，具有较高精度的同轴度，配合间隙或过盈量的大小可自由调整，能实现磨损补偿，延长使用寿命，并能利用自锁性来传递转矩以及具有良好的密封性等优点。但是，圆锥联接在结构上比较复杂，影响其互换性的参数较多，加工和检测也较困难。因此为满足圆锥联接的使用要求，保证圆锥联接的互换性，我国制定了《锥度与

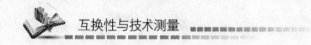

锥角系列》（GB/T 157—2001）、《圆锥公差》（GB/T 11334—2005）以及《圆锥配合》（GB/T 12360—2005）等一系列国家标准。

9.2 锥度与锥角

1. 锥度与锥角的定义

（1）圆锥角。在通过圆锥轴线的截面内，两条素线间的夹角称为圆锥角，用符号 α 表示，如图 9.1 所示。相互结合的内、外圆锥，其公称圆锥角应相等。$\alpha/2$ 称为圆锥半角，也称为斜角。

（2）锥度。两垂直圆锥轴线截面的圆锥直径 D 和 d 之差与其两截面间的轴向距离 L 之比称为锥度，用符号 C 表示，其公式表示为

$$C=(D-d)/L \tag{9-1}$$

锥度 C 与圆锥角 α 的关系为

$$C=2\tan(\alpha/2) \tag{9-2}$$

 特别提示

锥度关系反映了圆锥直径、圆锥长度、圆锥角和锥度之间的相互关系，这是圆锥的基本公式。锥度 C 一般用比例或分数形式，其中比例形式更为常用，如 1：20 或 1/20。

2. 锥度与锥角系列

为了减少加工圆锥工件所用的专用刀具、量具种类和规格，满足生产需要，国家标准（GB/T 157—2001）规定了一般用途和特殊用途两种圆锥的锥度与圆锥角系列，适用于光滑圆锥。

（1）一般用途圆锥的锥度与圆锥角。国家标准规定的一般用途圆锥的锥度与锥角，见表 9-1。在表中应优先选用系列 1，其次选用系列 2。为便于圆锥件的设计、生产和控制，表中给出了圆锥角或锥度的推算值，其有效位数可按需要进行确定。

表 9-1 一般用途圆锥的锥度与锥角系列（摘自 GB/T 157—2001）

基本值		推算值				应用举例
系列 1	系列 2	锥角 α			锥度 C	
		(°)(′)(″)	(°)	（rad）		
120°		—	2.09439510		1：0.2886751	节气阀、汽车、拖拉机阀门
90°		—	1.57079633		1：0.5000000	重型顶尖，重型中心孔，阀的阀销锥体
	75°	—	1.30899694		1：0.6516137	埋头螺钉，小于 10 的螺锥

（续）

基本值			推算值			应用举例
60°			—	1.04719755	1：0.8660254	顶尖,中心孔,弹簧夹头,埋头钻
45°			—	0.78539816	1：1.2071078	埋头、埋头铆钉
30°			—	0.52359878	1：1.8660254	摩擦轴节,弹簧卡头,平衡块
1：3		18°55′28.7199″	18.92464442°	0.33029735	—	受力方向垂直于轴线易拆开的联接
	1：4	14°15′0.1177″	14.25003270°	0.24870999	—	
1：5		11°25′16.2706″	11.42118627°	0.19933730	—	受力方向垂直于轴线的联接,锥形摩擦离合器、磨床主轴
	1：6	9°31′38.2202″	9.52728338°	0.16628246	—	
	1：7	8°10′16.4408″	8.17123356°	0.14261493	—	
	1：8	7°9′9.6075″	7.15266875°	0.12483762	—	重型机床主轴
1：10		5°43′29.3176″	5.72481045°	0.09991679	—	受轴向力和扭转力的联接处,主轴承受轴向力
	1：12	4°46′18.7970″	4.77188806°	0.08328516	—	
	1：15	3°49′5.8975″	3.81830487°	0.06664199	—	承受轴向力的机件,如机车十字头轴
1：20		2°51′51.0925″	2.86419237°	0.04998959	—	机床主轴,刀具刀杆尾部,锥形绞刀,心轴
1：30		1°54′34.8570″	1.90968251°	0.03333025	—	锥形绞刀,套式绞刀,扩孔钻的刀杆,主轴颈部
1：50		1°8′45.1586″	1.14587740°	0.01999933	—	锥销,手柄端部,锥形绞刀,量具尾部
1：100		34′22.6309″	0.57295302°	0.00999992	—	受其静变负载不拆开的联接件,如心轴等
1：200		17′11.3219″	0.28647830°	0.00499999	—	导轨镶条,受振及冲击负载不拆开的联接件
1：500		6′52.5295″	0.11459252°	0.00200000	—	

定位精度要求较高的定位元件多采用 60°，高精度的定位元件必须采用锥角更小的锥面，如磨齿心轴等。在国家紧固件标准 GB/T 00117—2000 中，标准规定 1∶10 的圆锥销的公称直径采用大端直径，1∶50 的圆锥销的公称直径采用小端直径。

（2）特殊用途圆锥的锥度与圆锥角。国家标准规定的特殊用途圆锥的锥度与圆锥角，它仅适用于某些特殊行业。在机床、工具制造中，广泛使用的莫氏锥度便是属于这一类。常用莫氏锥度共有 7 种，从 0 号至 6 号，使用时只有相同号的莫氏内、外锥才能配合，详细内容见表 9－2。

表 9－2　特殊用途圆锥的锥度与锥角系列（摘自 GB/T 157—2001）

| 基本值 | 推算值 | | | 说　明 |
| | 锥角 α | | 锥度 C | |
	(°)(′)(″)	(°)	(rad)	
7∶24	16°35′39.4443″	16.59429008°	0.28962500	1∶3.4285714	机床主轴，工具配合
1∶19.002	3°0′52.3956″	3.01455434°	0.05261390	—	莫氏锥度 No.5
1∶19.180	2°59′11.7258″	2.98659050°	0.05203905	—	莫氏锥度 No.6
1∶19.212	2°58′53.8255″	2.98161820°	0.05203905	—	莫氏锥度 No.0
1∶19.254	2°58′30.4217″	2.97511713°	0.05192559	—	莫氏锥度 No.4
1∶19.922	2°52′31.4463″	2.87540176°	0.05018523	—	莫氏锥度 No.3
1∶20.020	2°51′40.7960″	2.86133223°	0.04993967	—	莫氏锥度 No.2
1∶20.047	2°51′26.9283″	2.85748008°	0.04987244	—	莫氏锥度 No.1

9.3　圆 锥 公 差

《圆锥公差》国家标准（GB/T 11334—2005）适用于锥度从 1∶3 至 1∶500、圆锥长度从 6～630mm 的光滑圆锥工件。

特别提示

本标准不适应于锥齿轮、锥螺纹等。

1. 术语及定义

（1）公称圆锥。在设计时给定的理想圆锥称为公称圆锥。公称圆锥可用两种形式确定：一种是以一个公称圆锥直径（最大圆锥直径 D 或最小圆锥直径 d 或给定截面圆锥直径 d_x）、

公称圆锥长度 L 和公称圆锥角 α(或公称锥度 C)来确定公称圆锥;另一种是以两个公称圆锥直径(D 和 d)和公称圆锥长度 L 来确定公称圆锥。

(2) 实际圆锥、实际圆锥直径。实际存在并与周围介质分隔的圆锥称为实际圆锥,是能被测量的圆锥。实际圆锥上的任一直径称为实际圆锥直径 d_a,如图 9.2 所示。

(3) 实际圆锥角。在实际圆锥的任一轴向截面内,包容圆锥素线且距离为最小的两对平行直线之间的夹角称为实际圆锥角 α_a,如图 9.2 所示。在不同的轴向截面内的实际圆锥角不一定相同。

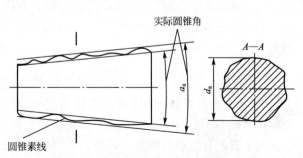

图9.2 实际圆锥与实际圆锥直径

(4) 极限圆锥。它与公称圆锥共轴且圆锥角相等,直径分别为上极限尺寸(D_{max}、d_{max})和下极限尺寸(D_{min}、d_{min})的两圆锥称为极限圆锥,如图 9.3 所示。在垂直圆锥轴线的所有截面上,这两圆锥的直径差均相等。直径为上极限尺寸的圆锥称为上极限圆锥,直径为下极限尺寸的圆锥称为下极限圆锥。

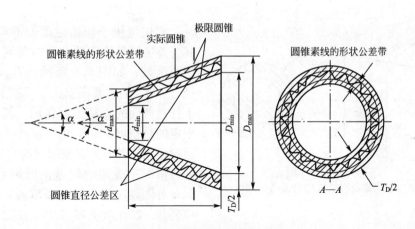

图9.3 极限圆锥与圆锥公差区

极限圆锥是实际圆锥允许变动的界限,合格的实际圆锥必须在两极限圆锥限定的空间区域之内。

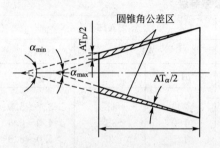

图9.4 极限圆锥角与圆锥角公差区

(5) 极限圆锥直径。极限圆锥上的任一直径,如图 9.3 所示的 D_{max} 和 D_{min}、d_{max} 和 d_{min} 都是极限圆锥直径。对任一给定截面的圆锥直径 d_x,它均有 $d_{x\,max}$ 和 $d_{x\,min}$。极限圆锥直径是圆锥直径允许变动的界限值。

(6) 极限圆锥角。实际圆锥所允许的最大或最小圆锥角称为极限圆锥角,包括上、下极限圆锥角,如图 9.4 的 α_{max} 和 α_{min} 所示。

2. 圆锥公差项目和给定方法

圆锥公差 GB/T 11334—2005 规定了四项公差要求。

1）圆锥公差项目

（1）圆锥直径公差 T_D。是指圆锥直径的允许变动量，它适用于圆锥全长上。圆锥直径公差区是在圆锥的轴剖面内，两个极限圆锥所限定的区域，如图 9.3 所示。公式表示为

$$T_D = D_{max} - D_{min} = d_{max} - d_{min} \qquad (9-3)$$

T_D 的公差等级和数值以及公差带的代号以公称圆锥直径（一般取最大圆锥直径 D）为公称尺寸按 GB/T 1801—2009《极限与配合》标准规定选取。

对于有配合要求的圆锥，其内、外圆锥直径公差带位置，按 GB/T 12360—2005《圆锥配合》中有关规定选取。对于无配合要求的圆锥，其内、外圆锥直径公差带位置，建议选用基本偏差 JS、js 确定内、外圆锥的公差带位置。

（2）给定截面圆锥直径公差 T_{DS}。T_{DS} 指在垂直圆锥轴线的给定截面内，圆锥直径的允许变动量。公式表示为

$$T_{DS} = d_{xmax} - d_{xmin} \qquad (9-4)$$

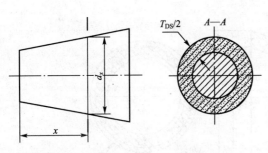

图 9.5 给定截面圆锥直径公差与公差区

它仅适用于该给定截面的圆锥直径。其公差区域是给定的截面内两同心圆所限定的区域，如图 9.5 所示。T_{DS} 与圆锥直径公差 T_D 的主要区别在于 T_D 对整个圆锥上任意截面的直径都起作用，其公差区域限定的是空间区域，而 T_{DS} 只对给定的截面起作用，其公差区域限定的是平面区域。一般情况不规定给定截面圆锥直径公差，只有对圆锥工件有特殊要求时，才规定此项公差。如在阀类零件中，在配合的圆锥给定截面上要求接触良好，以保证密封性。但必须同时规定圆锥角公差 AT，见表 9-3。

表 9-3 圆锥角公差数值（摘自 GB/T 11334—2005）

基本圆锥长度 L/mm		圆锥角公差等级			
		AT4		AT5	
		AT_α	AT_D	AT_α	AT_D
大于	至	μrad		μrad	
			μm		μm
16	25	125	26″	200	41″
			>2.0~3.2		>3.2~5.0
25	40	100	21″	160	33″
			>2.5~4.0		>4.0~6.3
40	63	80	16″	125	26″
			>3.2~5.0		>5.0~8.0
63	100	63	13″	100	21″
			>4.0~6.3		>6.3~10.0
100	160	50	10″	80	16″
			>5.0~8.0		>8.0~12.5

（续）

基本圆锥长度 L/mm		圆锥角公差等级					
		AT6			AT7		
		AT_α		AT_D	AT_α		AT_D
大于	至	μrad		μm	μrad		μm
16	25	315	1′05″	>5.0~8.0	500	1′43″	>8.0~12.5
25	40	250	52″	>6.3~10.0	400	1′22″	>10.0~16.0
40	63	200	41″	>8.0~12.5	315	1′05″	>12.5~20.0
63	100	160	33″	>10.0~16.0	250	52″	>16.0~25.0
100	160	125	26″	>12.5~20.2	200	41″	>20.0~32.0

基本圆锥长度 L/mm		圆锥角公差等级					
		AT6			AT7		
		AT_α		AT_D	AT_α		AT_D
大于	至	μrad		μm	μrad		μm
16	25	800	2′45″	>12.5~20.0	1250	4′18″	>20~32
25	40	630	2′10″	>16.0~20.5	1000	3′26″	>25~40
40	63	500	1′43″	>20.0~32.0	800	2′45″	>32~50
63	100	400	1′22″	>25.0~40.0	630	2′10″	>40~63
100	160	315	1′05″	>32.0~50.0	500	1′43″	>50~80

（3）圆锥角公差 AT。是指圆锥角的允许变动量。公式表示为

$$AT = \alpha_{max} - \alpha_{min} \tag{9-5}$$

圆锥角公差区是两个极限圆锥角所限定的区域，如图 9.4 所示。圆锥角公差 AT 共分 12 个公差等级，用 AT1、AT2~AT12 表示，其中 AT1 精度最高，其余依次降低，AT12 最低。如需要更高或更低等级的圆锥角公差时，按公比 1.6 向两端延伸得到。更高等级用 AT0，AT01，…表示，更低等级用 AT13，AT14，…表示。表 9-3 列出了在不同圆锥长度下 AT4~AT9 圆锥角公差值。在表中，圆锥角公差可有以下两种形式。

① AT_α 以角度单位（μrad、°、′、″）表示圆锥角公差值（1μrad 等于半径为 1m，弧长为 1μm 所产生的角度，5μrad≈1″，300μrad≈1′）。

② AT_D 以线值单位（μm）表示圆锥角公差值。在同一圆锥长度内，AT_D 值有两个，分别对应于 L 的最大值和最小值。

AT_α 和 AT_D 的关系如下

$$AT_D = AT_\alpha \times L \times 10^{-3} \tag{9-6}$$

式中，AT_α 单位为 μrad；AT_D 单位为 μm；L 的单位为 mm。

例如，当 L=100mm，AT_α 为 9 级时，查表 9-3 得 AT_α=630μrad 或 2′10″，AT_D = 63μm。若 L=63mm，仍为 9 级，则 AT_D = 630×63×10^{-3}≈40μm。

圆锥角的极限偏差可按单向取值（α＋AT 或 α－AT）或者双向对称（α±AT/2）或不对称取值，如图 9.6 所示，为了保证内、外圆锥的接触均匀性，圆锥角公差区通常采用双向对称取值。

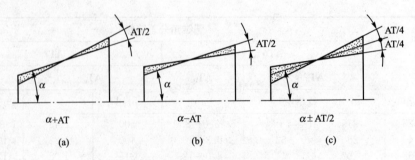

图9.6 圆锥角公差区的配置

特别提示

L 在 6～630mm 范围内，划分 10 个尺寸段。如需要更高或更低等级的圆锥角公差时，按公比 1.6 向两端延伸得到；此圆锥角公差也适用于棱体的角度与斜度，此时以角度短边长度作为公称圆锥长度。各个公差等级所对应的圆锥角公差值的大小与圆锥长度有关，圆锥角公差值随着圆锥长度的增加反而减小，这是因为圆锥长度越大，加工时其圆锥角精度越容易保证。为了加工和检测方便，圆锥角公差可用角度值 AT_α 或线性值 AT_D 给定，为保证内、外圆锥接触的均匀性，圆锥角公差区通常采用对称于公称圆锥角分布。

（4）圆锥的形状公差 T_F。在一般情况下是由圆锥直径公差区限制而不是单独给出。若需要可给出素线直线度公差和（或）横截面圆度公差，或者标注圆锥的面轮廓度公差。显然，面轮廓度公差不仅控制素线直线度误差和横截面圆度误差，而且控制圆锥角偏差。其数值可从 GB/T 1184—1996《形状和位置公差 未注公差》附录中选取，但应不大于圆锥直径公差值的一半。

2）圆锥公差的给定方法

对于具体的圆锥工件，并不都需要给定上述 4 项公差，而是根据工件使用要求来提出相对应的公差项目。GB/T 11334—2005 规定了两种圆锥公差的给定方法。

（1）给出圆锥的公称圆锥角 α（或锥度 C）和圆锥直径公差 T_D，由 T_D 确定两个极限圆锥。

这时，圆锥角误差和圆锥形状误差均应在极限圆锥所限定的区域内。当对圆锥角公差、圆锥形状公差有更高要求时，可再给出圆锥角公差 AT 和形状公差 T_F，此时，AT 和 T_F 仅占 T_D 的一部分。按这种方法给定圆锥公差时，在圆锥直径公差后边加注符号Ⓣ，如图 9.7(a)所示。

（2）给出给定截面圆锥直径公差 T_{DS} 和圆锥角公差 AT，如图 9.8 所示。给出的 T_{DS} 和 AT 是互相独立的，彼此无关，应分别满足要求，两者关系相当于公差原则中的独立原则。如图 9.9 所示，当圆锥在给定截面上尺寸为 $d_{x\min}$ 时，其圆锥角公差区为图 9.8 中下面两条实线限定的两对顶三角形区域；当圆锥在给定截面上尺寸为 $d_{x\max}$ 时，其圆锥角公差区为图中上面两条实线限定的两对顶三角形区域；当圆锥在给定截面上具有某一实际尺寸 d_x 时，其圆锥角公差区为图 9.8 中两条虚线限定的两对顶三角形区域。

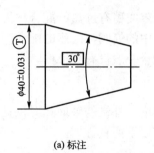
(a) 标注

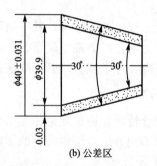
(b) 公差区

图 9.7　圆锥公差第一种给定方法标注

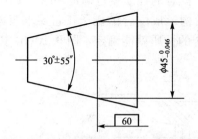

图 9.8　按圆锥公差的第二种给定方法标注

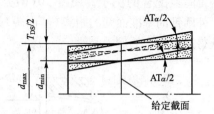

图 9.9　给定截面圆锥直径公差 T_{DS} 与圆锥角公差 AT 的关系

当对形状公差有更高要求时，可再给出圆锥的形状公差。该法通常适用于对给定圆锥截面直径有较高要求的情况。

9.4　圆锥配合

GB/T 12360—2005《圆锥配合》规定了圆锥配合的形成、术语及定义和一般规定。标准适用于锥度 C 从 1∶3 至 1∶500、圆锥长度从 6～630mm、圆锥直径至 500mm 的光滑圆锥的配合。

1. 圆锥配合种类

公称圆锥相同的内、外圆锥之间，由于联接不同所形成的相互关系称为圆锥配合。圆锥配合分为 3 种，分别是间隙配合、过盈配合、过渡配合。

1) 间隙配合

这类配合存在间隙，且在装配和使用过程中间隙大小可以调整，零件易拆装，相互配合的内、外圆锥能相对运动。例如机床顶尖、车床主轴的圆锥轴颈与滑动轴承配合等。

2) 过盈配合

这类配合产生一定过盈量，过盈量大小可根据实际配合需要调整。它能借助于相互配合的圆锥面间的自锁，产生较大的摩擦力来传递转矩。如钻头(或铰刀)的圆锥柄与机床主轴圆锥孔的配合、圆锥形摩擦离合器中的配合等。

3) 过渡配合

这类配合可能出现间隙或过盈，其中间隙为零或稍有过盈的配合称为紧密配合。主要用于对中定心或密封场合，如锥形旋塞、发动机中的气阀与阀座的配合等。为保证良好的密封性，通常要将内、外锥成对研磨，故这类配合一般没有互换性。

2. 圆锥配合的形成

圆锥配合的配合特征是通过规定相互结合的内、外锥的轴向相对位置而形成的。按确定圆锥轴向位置的不同方法，圆锥配合的形成有以下两种方式。

1) 结构型圆锥配合

由圆锥的结构形成的配合，称为结构型配合。图 9.10(a)为结构型配合的第一种，这种配合要求外圆锥的台阶面与内圆锥的端面相贴紧，配合的性质就可确定，图 9.1 中所示是获得间隙配合的例子。图 9.10(b)是第二种由结构形成配合的例子，它要求装配后，内、外圆锥的基准面间的距离(基面距)为 a，则配合的性质就能确定，图 9.10(b)中所示是获得过盈配合的例子。

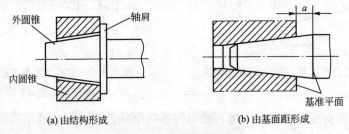

(a) 由结构形成　　　　　　(b) 由基面距形成

图 9.10　结构型圆锥配合

2) 位移型圆锥配合

内、外圆锥在装配时作一定的相对轴向位移来确定相互关系，称为位移型圆锥配合。在无外力的情况下，相互结合的内、外圆锥表面接触时的轴向位置称实际初始位置，从这位置开始让内、外圆锥相对作一定轴向位移(E_a)，则可获得间隙或过盈两种配合。它也有两种方式，第一种如图 9.11(a)所示。图 9.11 为从实际初始位置 P_a 开始，内圆锥向左作轴向位移 E_a，到达终止位置 P_f 而获得的间隙配合。如图 9.11(b)所示，内圆锥则从实际初始位置 P_a 开始，施加一定的装配力 F_s 而产生轴向位移，到达终止位置 P_f。这种方式只能产生过盈配合。

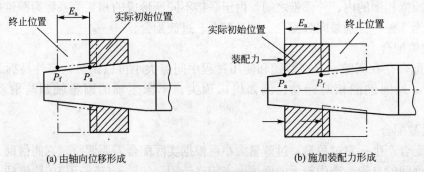

(a) 由轴向位移形成　　　　　　(b) 施加装配力形成

图 9.11　位移型圆锥配合

特别提示

　　结构型圆锥配合由内、外圆锥直径公差区决定其配合性质；位移型圆锥配合由内、外圆锥相对轴向位移决定其配合性质。间隙或过盈是在垂直于圆锥表面方向起作用，应按垂直于圆锥轴线方向给定并测量，但对于锥度小于或等于1∶3的圆锥，两个方向的数值差异很小，可忽略不计。无论是哪种类型的圆锥配合，锥角误差都会使配合表面接触不均匀，对于位移型圆锥还影响其基面距。形状误差主要影响配合表面的接触精度。对于间隙配合，使其间隙大小不均匀，磨损加快，影响使用寿命；对于过盈配合，由于接触面积减小，使传递转矩减小，连接不可靠；对于紧密配合，影响其密封性。

　　3）极限初始位置

　　初始位置所允许的变动界限称为极限初始位置。其中一个极限初始位置为内圆锥的下极限圆锥与外圆锥的上极限圆锥接触时的位置；另一个极限初始位置为内圆锥的上极限圆锥与外圆锥的下极限圆锥接触时的位置。实际初始位置必须位于极限初始位置的范围内。

　　4）极限轴向位移和轴向位移公差

　　相互结合的内、外圆锥从实际初始位置移动到终止位置的距离所允许的界限称为极限轴向位移。得到最小间隙 X_{min} 或最小过盈 Y_{min} 的轴向位移称为最小轴向位移 E_{amin}；得到最大间隙 X_{max} 或最大过盈 Y_{max} 的轴向位移称为最大轴向位移 E_{amax}。实际轴向位移应在 E_{amin} 与 E_{amax} 范围内，如图9.12所示。轴向位移的变动量称为轴向位移公差 T_E，它等于最大轴

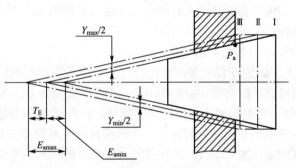

图9.12　轴向位移公差

Ⅰ—实际初始位置　Ⅱ—最小过盈位置
Ⅲ—最大过盈位置

向位移与最小轴向位移之差，即 $T_E = E_{amax} - E_{amin}$。

　　对于间隙配合：$E_{amax} = X_{max}/C$　　　　$E_{amin} = X_{min}/C$

　　对于过盈配合：$E_{amax} = Y_{max}/C$　　　　$E_{amin} = Y_{min}/C$

　　5）圆锥直径配合量

　　用符号 T_{Df} 表示，指圆锥配合在配合直径上允许的间隙或过盈的变动量。

　　对于结构型圆锥配合有：$T_{Df} = X_{max} - X_{min}$（间隙配合）；$T_{Df} = Y_{min} - Y_{max}$（过盈配合）；$T_{Df} = X_{max} - Y_{max}$（过渡配合）；$T_{Df} = T_{Di} + T_{De}$（$T_{Di}$ 为内圆锥直径公差，T_{De} 为外圆锥直径公差）。

　　对于位移型圆锥配合有：$T_{Df} = X_{max} - X_{min} = T_E \times C$（间隙配合）；$T_{Df} = Y_{min} - Y_{max} = T_E \times C$（过盈配合）

　　3. 圆锥配合的基本功能要求

　　各类圆锥配合的基本要求如下所述。

　　（1）圆锥配合应根据使用要求有适当的间隙或过盈。间隙或过盈是在垂直于圆锥表面方向起作用，但按垂直于圆锥轴线方向给定并测量。对于锥度小于1∶3的圆锥，两个方

向的数值差异很小，可忽略不计。

（2）配合表面接触均匀。这就要求内外锥体的锥度大小应尽可能一致。为此，应控制内、外圆锥角偏差和形状误差。

（3）有些圆锥配合要求实际基面距在规定的范围内。因为当内、外圆锥长度一定时，基面距太大，会使配合长度减小，影响结合的稳定性和传递转矩的可靠性；若基面距太小，则补偿圆锥表面磨损的调节范围就将减小。所以需要控制直径误差和锥角误差。当内圆锥的锥角 α_i 小于外圆锥的锥角 α_e 时，圆锥角误差对基面距的影响很小，其基面距偏差用公式表示为

$$\Delta a = -(\Delta D_i - \Delta D_e)/2\tan(\alpha/2) = -(\Delta D_i - \Delta D_e)/C \qquad (9-7)$$

当内锥角 α_i 大于外圆锥的锥角 α_e 时，基面距偏差公式为

$$\Delta a = \frac{1}{C}\left[\Delta D_i - \Delta D_e + 0.0006H(\alpha_i/2 - \alpha_e/2)\right] \qquad (9-8)$$

4. 圆锥公差的选用

由于有配合要求的圆锥公差通常采用图 9.7 所示的第一种方法给定，所以主要介绍在该种情况下圆锥公差的选用。

1）直径公差的选用

（1）对于结构型圆锥配合，直径误差主要影响实际配合间隙或过盈。选用时，可根据圆锥直径配合量 T_{Df} 来确定内、外圆锥直径公差。为保证配合精度，直径公差一般不低于 9 级。同时为减少定值刀具的数目，推荐优先采用基孔制。根据圆锥配合特性，圆锥配合一般不用于大间隙的场合，外圆锥直径基本偏差一般在 d～zc 中选取。内、外圆锥配合若从国家标准（GB/T 1801—2009）中给出的优先、常用配合不能满足要求，可按国家标准的规定，组成所需要的配合。

【例 9-1】 某结构型圆锥根据传递转矩的需要，最大过盈量 $Y_{max} = -76\mu m$，最小过盈量 $Y_{min} = -35\mu m$，公称直径为 40mm，锥度 $C = 1 : 20$，试确定其内、外圆锥的直径公差代号。

解：圆锥直径配合量 $T_{Df} = |Y_{max} - Y_{min}| = 41\mu m$，查 GB/T 1800.1—2009，IT6 + IT7 = $41\mu m$，所以取孔为 7 级，轴为 6 级，内圆锥直径公差带代号为 $\phi 40H7\binom{+0.025}{0}$，外圆锥直径公差带代号为 $\phi 40u6\binom{+0.076}{+0.060}$。

（2）对于位移型圆锥配合，其配合性质是通过给定的内、外圆锥的轴向位移量或装配力确定的，与直径公差区无关。轴向位移方向将决定是间隙配合还是过盈配合。从初始位置开始，向内、外圆锥相互脱开的方向位移，将形成间隙配合；反之形成过盈配合。直径公差仅影响接触的初始位置和终止位置及接触精度。为计算和加工方便，GB/T 12360—2005 推荐位移型圆锥配合中内、外圆锥的基本偏差用 H、h 或 JS、js 的组合。

【例 9-2】 某位移型圆锥配合的锥度 $C = 1 : 20$，由计算确定其极限间隙 $X_{max} = 60\mu m$，$X_{min} = 30\mu m$，试计算其轴向位移和轴向位移公差。

解：最大轴向位移 $E_{amax} = X_{max}/C = 20 \times 60 = 1200\mu m = 1.2mm$

最小轴向位移 $E_{amin} = X_{min}/C = 20 \times 30 = 600\mu m = 0.6mm$

轴向位移公差 $T_E = E_{amax} - E_{amin} = 0.6mm$

2）圆锥角公差的选用

国家标准对圆锥角规定了12个公差等级，其应用范围大致如下：AT4～AT6用于高精度的圆锥量规和角度样板；AT7～AT9用于工具圆锥、圆锥销、传递大转矩的摩擦圆锥；AT10～AT11用于圆锥套、圆锥齿轮等中等精度零件；AT12用于低精度零件。

5. 圆锥的表面粗糙度

圆锥的表面粗糙度的选用见表9-4。

表9-4　圆锥的表面粗糙度推荐值(Ra)　　　　　　　　　　(μm)

联接形式 表面	定心联接	紧密联接	固定联接	支承轴	工具圆锥面	其他
外表面	0.4～1.6	0.1～0.4	0.4	0.4	0.4	1.6～6.3
内表面	0.8～3.2	0.2～0.8	0.2～0.8	0.6	0.8	1.6～6.3

9.5　锥度的测量

1. 圆锥量规测量

圆锥体的检验是检验圆锥角、圆锥直径、圆锥表面形状要求的合格性。在大批量生产条件下，常采用的测量器具为圆锥量规。它用于检验内、外圆锥的锥度和基面距偏差，检验内锥体用的是锥度塞规，检验外锥体用的是锥度环规，圆锥量规的结构形式如图9.13所示。

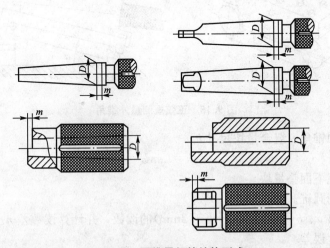

图9.13　圆锥量规的结构形式

圆锥配合中，一般对锥度要求比对直径要求严，所以用圆锥量规检验工件时，首先应采用涂色研合法检验工件锥度。在用涂色研合法检验锥度时，先在量规圆锥面的素线全长上涂 3～4 条极薄的显示剂(工厂常用红丹粉),然后把量规与被测圆锥对研(相互回转角应小于180°)。根据被测圆锥上的着色或量规上擦掉的痕迹,来判断被测锥度或圆锥角是否合格。若涂层被均匀地擦掉,表明锥角误差和表面形状误差都较小。反之,则表明存在误差。如用圆锥塞规检验内圆锥时,若塞规小端的涂层被擦掉,则表明被检内圆锥的锥角大了,若塞规的大端涂层被擦掉,则表明被检内圆锥的锥角小了。值得注意的是不能用这种方法测出锥角具体误差值。

圆锥量规还可用来检验被测圆锥直径偏差。在塞规的大端,设计有两条刻线,距离为 Z;在环规的小端,也有一个由端面和一条刻线所代表的距离 Z(有的用台阶表示),该距离值 Z 代表被检圆锥的直径公差 T_D 在轴向的位移量。

$$Z = T_D/C \times 10^3 \tag{9-9}$$

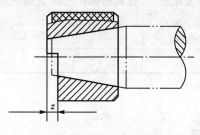

图 9.14　圆锥量规检验示意

被检的圆锥件,若直径合格,其端面(外圆锥为小端,内圆锥为大端)应在距离为 Z 的两条刻线之间,如图 9.14 所示。

2. 用平台测量

这类测量方法是通过平板、量块、正弦规、指示器和滚柱等常用器具组合进行测量,按几何关系换算出被测的锥度或角度。

1) 在平台上用正弦规测量外锥角

正弦规是圆锥测量中常用的计量器具,适用于测量圆锥角小于 30° 的锥度,如图 9.15 所示。

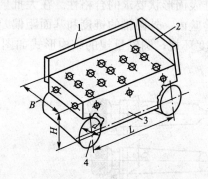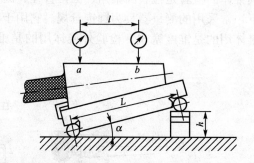

图 9.15　正弦规测量外锥角

(1) 按被测圆锥角 α 组合量块尺寸 h

$$h = L\sin\alpha \tag{9-10}$$

(2) 在正弦规下面垫量块。

(3) 装上被测圆锥。

(4) 打表读出 a、b 两点(距离不小于 2mm)的读数,并计算读数差 n。

(5) 算出锥度误差。

$$\Delta C = \frac{n}{l} \tag{9-11}$$

$$\Delta \alpha = \Delta C \times 2 \times 10^5 (° \setminus ' \setminus '') (近似式) \tag{9-12}$$

2) 其他测量方式

检验内、外锥体角度的方法还有很多，见表 9-5。

表 9-5 常用检测方法

测量方法		计算公式	检测示意图
两相同直径为 2r 的圆柱量块测内夹角		$\alpha = \arcsin \dfrac{t}{2r}$	
三相同直径圆柱和量块及刀口尺测量 V 形块	V 形块对称时的计算式	$\alpha = 2\arcsin\left(\dfrac{t+d}{2d}\right)$	
	V 形块不对称时的计算式	$\cos\dfrac{\alpha}{2}_{左} = \dfrac{h_2 - h_1}{d}$ $\cos\dfrac{\alpha}{2}_{右} = \dfrac{h_3 - h_1}{d}$	
两个不同直径的钢球测量内锥角		$\alpha = 2\arcsin\left(\dfrac{\dfrac{D}{2} - \dfrac{d}{2}}{A - a - \dfrac{D}{2} + \dfrac{d}{2}}\right)$	
两相同直径圆柱的量块在平台上测外锥角		$\alpha = 2\arctan\left(\dfrac{M-m}{2h}\right)$	

本 章 小 结

（1）圆锥结合具有圆柱结合不能替代的优点，配合的间隙或过盈量均可调整，对中性好，且圆锥结合还具有良好的自锁性和密封性。

（2）国家标准规定和明确了圆锥角、圆锥素线、圆锥直径、圆锥长度、锥度、圆锥配合长度及基面距等基本含义，对一般用途和特殊用途的圆锥制定了锥度和角度系列，设计时应从这些系列中选取。

（3）圆锥配合按配合性质分：间隙配合、过盈配合、过渡配合。圆锥配合按形成方法分为：结构型圆锥、位移型圆锥。

（4）国家标准对锥度在 1:3～1:500，长度在 6～630mm 的光滑圆锥规定了 4 个公差项目：圆锥直径公差、圆锥角公差、给定截面圆锥直径公差、圆锥的形状公差。对一具体圆锥工件来讲，通常没必要全部给定上述 4 项公差，国家标准规定了两种给定方法。一种是给出圆锥的公称圆锥角（或锥度）和圆锥直径公差，另一种是给定截面圆锥直径公差和圆锥角公差。

（5）锥角工件常用量规检测法和平台检测法进行检测。

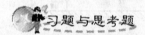 习题与思考题

一、判断题

1. 圆锥配合时，可沿轴向进行相互位置的调整，因此比圆柱结合的互换性好。（　　）

2. 圆锥直径公差带用圆柱体公差与配合标准符号表示，其公差等级与该标准相同。（　　）

3. 对于有配合要求的圆锥，推荐采用基孔制，对于没有配合要求的内、外圆锥，最好选用基本偏差 JS 和 js。（　　）

二、选择题

1. 圆锥配合与圆柱配合相比较，其特点有_____。

    A. 自动定心好　　　　B. 装拆不方便　　　　C. 配合性质可以调整

    D. 密封性好　　　　　E. 加工和检测方便

2. 对于有配合要求的圆锥公差通常采用的是哪种公差给定方法？_____

    A. 圆锥的理论正确圆锥角和圆锥直径公差

    B. 给定截面圆锥直径公差和圆锥角公差

三、填空题

1. 圆锥配合的种类有_____、_____、_____三类。

2. 根据结合方式的不同，圆锥配合分为两种类型：_____、_____。

四、问答题

1. 一个外圆锥，已知最大圆锥直径 $D_e=30$mm，最小圆锥直径 $d_e=10$mm，圆锥长度 $L=100$mm，求其锥度和圆锥角。

2. 圆锥公差的给定方法有哪几种？它们各适用于什么样的场合？

3. 相互结合的内、外圆锥的锥度为 1：50，圆锥公称直径 100mm，要求装配后得到 $\Phi100H8/u7$ 的配合性质。试计算所需的极限轴向位移公差。

第**10**章

平键、花键联接的公差与检测

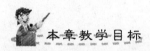

本章教学目标

能力培养	知识要点
掌握平键公差与配合标准，进行合理选用	平键的主要配合尺寸、键宽、轴和轮毂键槽宽的公差带
掌握花键的标注方法	花键标注代号和所需标注的项目
正确绘制轴和轮毂键槽的零件图	尺寸公差、几何公差和粗糙度的规定
了解花键联结的种类、用途及花键定心方式	花键的定心方式
熟悉花键的测量方法	矩形花键的综合测量与单项测量

导入案例

键联接在机械上应用非常广泛,既可实现周向固定传递转矩,也可进行轴向导向,是常见的联接方式。它常用于实现轴与齿轮、皮带轮等联接来传递运动和动力。

图10.0 花键轴

10.1 平键联接的公差与配合

1. 单键的分类及标准

键联接用于轴与轴上零件(齿轮、皮带轮、联轴器等)之间的联接,用以传递转矩和运动。它属于可拆卸联接,在机械结构中应用非常广泛。

根据键联接的功能,其使用要求如下:键和键槽侧面应有足够的接触面积,以承受负荷,保证键联接的可靠性和寿命;键嵌入轴槽要牢固可靠,以防止松动脱落,但同时又要便于拆卸;对导向键,键与键槽间应有一定的间隙,以保证相对运动和导向精度要求。键联接可分为单键联接和花键联接两大类。

单键的类型有:平键、半圆键、楔键,其中平键又分为普通平键、薄型平键、导向平键和滑键,楔键分为普通楔键和钩头楔键,以平键应用最广。键的结构可参见机械设计手册。为提高产品质量,保证零、部件的互换性要求,我国制定了 GB/T 1095~1099—2003 等一系列的国家标准。

2. 平键的公差与配合

1) 平键联接的结构参数

如图10.1所示,平键联接是通过键和键槽侧面的相互挤压作用来传递转矩的,键的上表面和轮毂槽底面间留有一定的间隙。因此,键和轴槽的侧面应有充分大的实际有效面积来承受负荷。所以,键宽与键槽宽 b 是决定配合性质和配合精度的主要参数,为主要配合尺寸,而键长 L、键高 h、轴槽深 t_1 和轮毂槽深 t_2 为非配合尺寸。

2) 平键联接的公差配合

键是标准件,由锻坯制成,采用基轴制配合。GB/T 1095—2003《平键 键槽的剖面尺寸》对键和键宽规定了3种基本联接:松联接、正常联接、紧密联接。各类联接的配合性质和适用场合见表10-1。图10.2所示为平键联接尺寸公差带图。

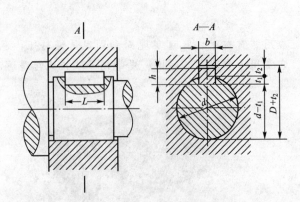

图 10.1 普通平键的联接结构

表 10 - 1 键宽与轴槽及轮毂槽的公差与配合

配合种类	尺寸 b 的公差			配合性质及应用
	键	键槽	轮毂槽	
松联接		H9	D10	键在轴上及轮毂上均能滑动,主要用于导向平键,轮毂可在轴上作轴向移动
正常联接	h8	N9	JS9	键在轴上及轮毂中均固定,用于载荷不大的场合
紧密联接		P9	P9	键在轴上及轮毂上均固定,而且比上种配合更紧,主要用于载荷较大、载荷具有冲击性以及双向传递转矩的场合

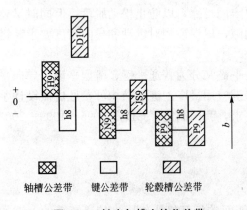

图 10. 2 键宽与槽宽的公差带

键宽 b、键高 h(公差带按 h11,对于方形截面平键为 h8)、平键长度 L(公差带按 h14)和轴键槽长度 L(公差带按 H14)的公差值按其公称尺寸从 GB/T 1800. 1—2009 中查取,键槽宽 b 及其他配合尺寸公差规定见表 10 - 2 和表 10 - 3。

在选用平键联接的配合时,应根据平键的公称尺寸由表 10 - 2 中查出轴槽深 t_1 和轮毂槽深 t_2 的尺寸和公差带,然后再根据零件的使用性能要求参考表 10 - 1 选取一组适宜的配合公差带,从而确定键宽与轴槽宽和轮毂槽宽配合的尺寸公差带。

由于键和键槽的形位误差不仅会造成其装配困难,影响联结的松紧程度,而且还会产生键的工作面负荷不均,联接性质变坏,对中性不好。所以在键联接中,除对有关尺寸有公差要求外,对有关表面的形状和位置也应有公差要求。为保证键侧与键槽之间有足够的接触面积和避免装配困难,应分别规定轴槽和轮毂槽的对称度公差。对称度公差值一般可按照 GB/T 1182—2008《产品几何级数规范几何公差 形状、方向、位置和跳动公差》中对称度 7~9 级选取。对称度公差的主参数是键宽 b。

表 10-2　普通平键键槽的剖面尺寸与键槽公差（摘自 GB/T 1095—2003）　　　　（mm）

键尺寸	键槽											
	宽度 b						深度				半径 r	
	基本尺寸	极限偏差					轴 t_1		毂 t_2			
		正常联接		紧密联接	松联接		基本尺寸	极限偏差	基本尺寸	极限偏差	min	max
$b \times h$		轴 N9	毂 JS9	轴和毂 P9	轴 H9	毂 D10						
2×2	2	−0.004 −0.029	±0.0125	−0.006 −0.031	+0.025 0	+0.060 +0.020	1.2	+0.1 0	1	+0.1 0	0.08	0.16
3×3	3						1.8		1.4			
4×4	4	0 −0.030	±0.015	−0.012 −0.042	+0.030 0	+0.078 +0.030	2.5		1.8			
5×5	5						3.0		2.3		0.16	0.25
6×6	6						3.5		2.8			
8×7	8	0 −0.036	±0.018	−0.015 −0.051	+0.036 0	+0.098 +0.040	4.0		3.3			
10×8	10						5.0		3.3			
12×8	12	0 −0.043	±0.0215	−0.018 −0.061	+0.043 0	+0.120 +0.050	5.0	+0.2 0	3.3	+0.2 0	0.25	0.40
14×9	14						5.5		3.8			
16×10	16						6.0		4.3			
18×11	18						7.0		4.4			
20×12	20	0 −0.052	±0.026	−0.022 −0.074	+0.052 0	+0.149 +0.065	7.5		4.9			
22×14	22						9.0		5.4		0.40	0.60
25×14	25						9.0		5.4			
28×16	28						10.0		6.4			

表 10-3　普通平键公差（摘自 GB/T 1096—2003）　　　　（mm）

	基本尺寸	8	10	12	14	16	18	20	22	25	28
b	极限偏差（h8）	0 −0.022		0 −0.027				0 −0.033			
	基本尺寸	7	8	8	9	10	11	12	14	16	
h	极限偏差（h11）	0 −0.090					0 −0.110				

　　当键长 L 与键宽 b 之比大于或等于 8 时，应对键的两工作侧面在长度方向上规定平行度公差，平行度公差按 GB/T 1182—2008《产品几何级数规范几何公差　形状、方向、位置和跳动公差》选取：当 b＜6mm 时，平行度公差等级取 7 级；当 b≥8～36mm 时，平行度公差等级取 6 级；当 b≥40mm 时，平行度公差等级取 5 级。

　　其表面粗糙度要求为：键槽、轮毂槽的键槽宽两侧面粗糙度参数 Ra 值为 1.6～3.2μm，轴槽底面、轮毂槽底面的表面粗糙度参数 Ra 值为 6.3μm。

3. 键槽零件的画法及标注

图样标注如图 10.3 所示。

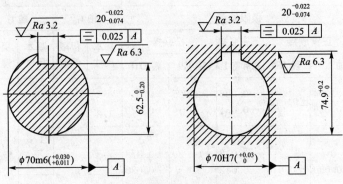

图 10.3　键槽尺寸与公差标注

**特别提示**

　　键的主参数键宽 b 是由相配合的孔和轴的直径来选取的，键长 L 是依据所传递的转矩大小和键安装数量来确定的。

4. 平键的检测

　　在单件或小批生产中，一般用通用量具如游标卡尺、千分尺等测量轴槽、轮毂槽的深度与宽度，在大批量生产时可用专用的极限量规来检验，如图 10.4(b)、图 10.4(c)所示。当对称度公差遵守独立原则，且为单件小批生产时用普通器具来测量，如图 10.4(a)所示。在成批大量生产或对称度公差采用相关原则时，采用专用量规检验。

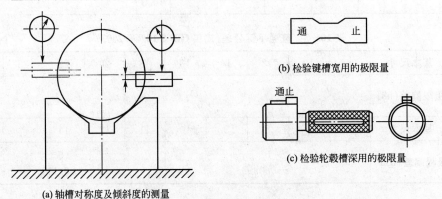

(b) 检验键槽宽用的极限量

(c) 检验轮毂槽深用的极限量

(a) 轴槽对称度及倾斜度的测量

图 10.4　键槽的检验

10.2　花　键　联　接

　　花键联接是多键结合，是将键与轴或孔制成一个整体。与单键联接相比，使用时具有下列优点：定心精度高，导向性好，承载能力强。因此，花键联接被广泛应用在各类机器中。

1. 花键分类

花键按截面形状可分为矩形花键、渐开线花键、三角形花键，如图 10.5 所示，其中以矩形花键应用最为广泛。

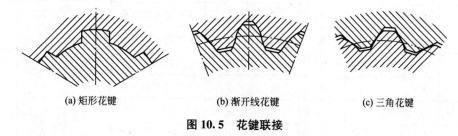

(a) 矩形花键　　　　　　(b) 渐开线花键　　　　　　(c) 三角花键

图 10.5　花键联接

2. 花键的作用与特点

花键联接分为固定联接与滑动联接两种，滑动联接要求导向精度及移动灵活性，固定联接要求可装配性。花键联接的特点如下。

（1）键与轴或孔为一整体，联接强度高，负荷分布均匀，可传递较大转矩。

（2）联接可靠，导向精度高，定心性好，易达到较高的同轴度要求，满足高精度场合的使用要求。

3. 矩形花键介绍

1）定心方式

矩形花键如图 10.6 所示，矩形花键尺寸共分轻、中两个系列。键数为偶数，有 6、8、10 共 3 种。主要尺寸有小径 d、大径 D 和键（槽）宽 B。同一小径的轻系列和中系列的键数相同，键宽（键槽宽）也相同，仅大径不相同，见表 10-4。

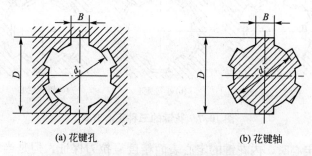

(a) 花键孔　　　　　　　　　　(b) 花键轴

图 10.6　矩形花键的主要参数

表 10-4　矩形花键基本尺寸系列（节选 GB/T 1144—2001）　　　(mm)

小径	轻系列				中系列			
	规格	键数	大径	键宽	规格	键数	大径	键宽
11					6×11×14×3	6	14	3

（续）

小径	轻系列				中系列			
	规格	键数	大径	键宽	规格	键数	大径	键宽
21					6×21×23×5	6	25	5
23	6×23×26×6	6	26	6	6×23×28×6	6	28	6
26	6×26×30×6	6	30	6	6×26×32×6	6	32	6
28	6×28×32×7	6	32	7	6×28×34×7	6	34	7
32	6×32×36×6	6	36	6	8×32×38×6	8	38	6
36	8×36×40×7	8	40	7	8×36×42×7	8	42	7
62	8×62×68×12	8	68	12	8×62×72×12	8	72	12
72	10×72×78×12	10	78	12	10×72×82×12	10	82	12
112	10×112×120×18	10	120	18	10×112×125×18	10	125	18

理论上来看花键联接的结合面有 3 个，即大径结合面、小径结合面和键侧结合面。要保证 3 个结合面同时达到高精度的配合是很困难的，也没有必要，所以在使用中只要选择其中一个结合面作为主要配合面，对其尺寸规定较高的精度，作为主要配合尺寸即可。

用于确定内、外花键的配合性质，并起定心作用的表面称为定心表面。花键联接有 3 种定心方式：小径 d 定心、大径 D 定心和键（槽）宽 B 定心，如图 10.7 所示，国家标准 GB/T 1144—2001 规定矩形花键采用小径定心方式。其主要优点如下所述。

(a) 大径定心   (b) 小径定心   (c) 键宽定心

图 10.7 花键的三种定心方式

(1) 当用大径定心时，内花键的定心表面精度靠拉刀保证，但是当内花键定心表面粗糙度要求高时（$Ra < 0.03\mu m$），拉削工艺便难以保证。以小径定心，其内、外花键的小径均可通过磨削达到所要求的尺寸和形状公差，可用高精度的小径作为加工和传动基准，从而使矩形花键的定心精度高，定心稳定性好，保证和提高传动精度，提高产品性能和质量。

(2) 有利于提高机器的使用寿命。因为大多数传动零件都经过了渗碳、淬火以提高零件的硬度和强度，当内花键定心表面硬度要求高时（HRC 40 以上），热处理后的变形难以用拉刀修正，而采用小径定心矩形花键，则可用磨削方法消除热处理变形，从而提高机器的使用寿命。

（3）可减少刀、量具和工装规格，有利于集中生产和配套协作。

2）公差与配合

GB/T 1144—2001 规定的小径 d、大径 D 及键（槽）宽 B 的尺寸公差带见表 10-5。

表 10-5 矩形花键的尺寸公差带（GB/T 1144—2001）

内花键				外花键			装配型式
d	D	**B**		d	D	B	
		拉削后不热处理	拉削后热处理				
一般传动用							
H7	H10	H9	H11	f7	a11	d10	滑动
				g7		f9	紧滑动
				h7		h10	固定
精密传动用							
H5	H10	H7、H9		f5	a11	d8	滑动
				g5		f7	紧滑动
				h5		h8	固定
H6				f6		d8	滑动
				g6		f7	紧滑动
				h6		h8	固定

矩形花键配合按用途可分为一般传动和精密传动两种。精密传动主要用于机床变速器，其定心精度要求高或传递转矩较大。

为减少加工和检验内花键拉刀和花键量规的规格数量，矩形花键联接采用基孔制。

对于拉削后不进行热处理和拉削后进行热处理的零件，因为所使用的拉刀不同，故采用不同的公差带。

矩形花键配合规定了 3 种装配形式，分别为滑动联接、紧滑动联接、固定联接。其中固定配合仍属于光滑圆柱体配合的间隙配合，但由于几何误差的影响，配合变紧。前两种在工作过程中花键套可在轴上移动。花键的配合类型可根据使用条件来选取，若内、外花键在工作中只传递转矩，而无相对轴向移动要求时，一般选用配合间隙最小的固定联接。若除了传递转矩外，内、外花键之间还有相对轴向移动，应选用滑动或紧滑动联接。若移动时定心精度要求高，传递转矩大或经常有反向转动的情况，则选用配合间隙较小的紧滑动联接。以减小冲击与空程并使键侧表面应力分布均匀。而对于移动距离长、移动频率高的情况，应选用配合间隙较大的滑动联接，以保证运动灵活性及配合面间有足够的润滑层。

当定心精度要求高、传递转矩大时，为使联接的各表面接触均匀，应选择精密传动用的尺寸公差带，反之，则选用一般传动用的尺寸公差带。对于精密传动用的内花键，当需要控制键侧配合间隙时，槽宽公差带可选用 H7，一般情况下可选用 H9。

当内花键小径公差带为 H6 和 H7 时，允许与高一级的外花键配合。

特别提示

从制造工艺角度来看，目前最流行的花键的定心方式就是小径定心。

3）矩形花键的几何公差

形位误差对花键配合的装配性能和传递转矩与运动的性能影响很大，必须加以控制，国家标准 GB/T 1144—2001 对矩形花键的几何公差有如下规定。

（1）为保证定心表面的配合性质，内、外花键的小径定心表面的形状公差和尺寸公差的关系应遵守包容要求。

（2）在大批量生产时，采用花键综合量规来检验矩形花键，因此键宽需要遵守最大实体要求，应对键和键槽规定位置度公差，见表 10-6。

表 10-6　矩形花键位置度公差 t_1　　　　（mm）

键宽 B		3	3.5~6	7~10	12~18
		位置度公差 t_1			
键槽宽		0.010	0.015	0.020	0.025
键宽	滑动、固定	0.010	0.015	0.020	0.025
	紧滑动	0.006	0.010	0.013	0.016

（3）在单件小批生产时，采用单项测量，应规定键（键槽）宽度对称度公差和均匀分布要求，并遵守独立原则，对称度公差值见表 10-7。

表 10-7　矩形花键对称度公差值 t_2　　　　（mm）

键槽宽和键宽 B	3	3.5~6	7~10	12~18
	对称度公差 t_2			
一般传动用	0.010	0.012	0.015	0.018
紧密传动用	0.006	0.008	0.009	0.011

对于较长花键，国家标准未作规定，可根据产品性能自行规定键（键槽）侧对小径 d 轴线的平行度公差。其位置度与对称度公差标注如图 10.8 和图 10.9 所示。

4）矩形花键的表面粗糙度

矩形花键各结合面的表面粗糙度要求见表 10-8。

表 10-8　花键表面粗糙度推荐值　　　　（μm）

加工表面	内花键	外花键
	Ra 不大于	
小径	1.6	0.8
大径	6.3	3.2
键侧	6.3	1.6

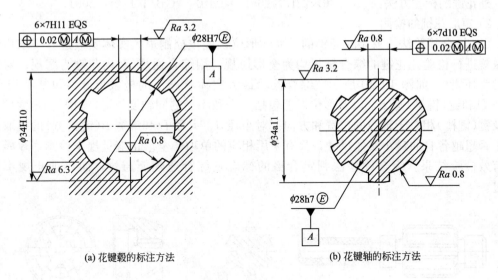

(a) 花键毂的标注方法　　(b) 花键轴的标注方法

图 10.8　位置度的标注

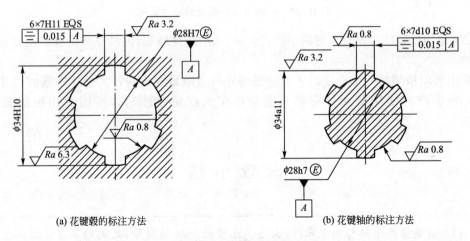

(a) 花键毂的标注方法　　(b) 花键轴的标注方法

图 10.9　对称度的标注

4. 矩形花键的标注与检测

1) 矩形花键的标注代号

矩形花键在图样上的标注代号，按顺序包括：键数 N，小径 d，大径 D，键宽 B 及其相应的尺寸公差带代号。

如键数 N 为 6，小径 d 的配合为 23H7/f7，大径 D 的配合为 26H10/a11，键宽 B 的配合为 6H11/d10 的花键，可根据需要采用以下的标注形式。

花键规格：　　$N \times d \times D \times B$，$6 \times 23 \times 26 \times 6$

矩形花键副的标注方法：　　$6 \times 23 \dfrac{\text{H7}}{\text{f7}} \times 26 \dfrac{\text{H10}}{\text{a11}} \times 6 \dfrac{\text{H11}}{\text{d10}}$（GB/T 1144—2001）

内花键的标注方法：　　$6 \times 23\text{H7} \times 26\text{H10} \times 6\text{H11}$（GB/T 1144—2001）

外花键的标注方法：　　　　$6×23f7×26a11×6d10$　　（GB/T 1144—2001）

2）矩形花键的检测

（1）综合检验法。就是对花键的尺寸、形位误差按控制最大实体实效边界要求用综合量规进行检验。花键的综合量规均为全形通规。用综合通规（对内花键为塞规、对外花键为环规），如图 10.10 所示，综合检验最大实体状态下的极限尺寸，包括小径 d、大径 D 和键（键槽）宽 B，以及形位误差包括大径和小径的同轴度、键（键槽）的角度位置以及键（键槽）相对于轴线的位置和方向。对小径 d、大径 D 和键宽 B（键槽宽）的提取尺寸是否超越各自的最小实体尺寸，只有采用相应的单项非全形止端量规来检测，才能得出有效检验结果。综合检验法判定合格的标志是综合通规能通过，而单项止规不能通过。

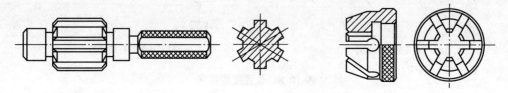

图 10.10　检验内、外花键的综合量规

（2）单项检验法。是对花键的小径、大径、键宽（键槽宽）的尺寸和位置误差分别测量或检验。

采用单项检测时，小径定心表面应采用光滑极限量规检验，大径、键宽的尺寸在单件、小批生产时使用普通计量器具测量，在大批量生产时，可用专用极限量规来检验。

本　章　小　结

　　（1）键联接用于轴与轴上零件（齿轮、皮带轮、联轴器等）之间的联接，借助于单键或者花键做周向固定用以传递转矩和运动。它属于可拆卸联接，在机械结构中应用很广泛。

　　（2）平键通过侧面与轴槽和轮毂槽的侧面相互接触来传递转矩。键的侧面既与轴槽又与轮毂槽的侧面构成配合，宽度 b 为主要的配合尺寸。

　　（3）键是标准件，所以键与键槽的配合采用基轴制。键宽只规定了一种公差带 h8，键槽宽采用不同的公差带，形成松、正常、紧密联接。应根据使用要求确定其配合类型。

　　（4）花键联接由轴和轮毂孔上的多个键齿组成，齿侧面为工作面。

　　（5）花键分为矩形花键、渐开线花键和三角形花键，其中矩形花键应用最广，主要尺寸有小径、大径和键宽，定心方式为小径定心。

　　（6）矩形花键的配合采用基孔制。平键和花键的检测包括尺寸检验和形位误差检验。单件小批量生产时，多用通用器具检测，大批量生产时，多用量规检测。

习题与思考题

一、判断题

1. 平键联接中，键宽与轴槽宽的配合采用基轴制。（　　）

2. 矩形花键定心方式，按国家标准只规定大径定心一种方式。（　　）

二、选择题

1. 平键联接的键宽公差带为 h8，在用于载荷不大的一般机械传动的固定联接时，其轴槽宽与轮毂槽宽的公差带分别为_____。

    A. 轴槽 H9，轮毂槽 D10　　　　　　　　B. 轴槽 N9，轮毂槽 JS9

    C. 轴槽 P9，轮毂槽 P9

2. 花键的分度误差，一般用_____公差来检测。

    A. 平行度　　　　　B. 位置度　　　　　C. 对称度　　　　D. 同轴度

三、填空题

1. 花键按键廓形状的不同可分为 _____、_____、_____。其中应用最广的是_____。

2. 花键联接与单键联接相比，其主要优点是_____。

四、问答题

1. 平键联接的主要几何参数有哪些？配合尺寸是什么？平键联接中，键宽与键槽宽的配合采用的是什么基准制？为什么？

2. 某传动轴与齿轮采用普通平键联接，配合类别选为正常联接，轴径公称尺寸为 50mm，试确定键的尺寸，并确定键、轴槽及轮毂槽宽和高的公差值。

3. 根据国家标准的规定，按小径定心的矩形花键副在装配图上的标注为 $6\times23H7/g7\times26H10/a11\times6H11/f9$。试确定：

(1) 内、外花键的小径、大径、键槽宽度、键宽度的极限偏差；

(2) 键槽和键的两侧面的中心平面对定心表面轴线的位置度公差；

(3) 位置度公差与键槽宽度尺寸公差及定心表面尺寸公差的关系应采用的公差原则；

(4) 内、外花键的表面粗糙度轮廓幅度参数及其允许值；

(5) 画出内、外花键截面图并标注尺寸公差及几何公差和粗糙度。

第11章
螺纹结合的公差与检测

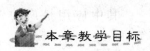

本章教学目标

能力培养	知识要点
掌握普通螺纹公差与配合特点及螺纹精度的选择	普通螺纹的中、顶径公差数值和基本偏差；螺纹精度的确定；螺纹标记
了解螺纹的分类及其互换性的特点	螺纹的分类及其互换性要求；螺纹的基本牙型及几何参数
建立螺纹作用中径的概念	作用中径的概念及其计算；作用中径合格性的判断原则
了解螺纹的检测	成批生产中普通螺纹采用的综合量方法和螺纹的单项测量法

在作为液压系统动力源的齿轮油泵产品中，只有实现泵体中各功能元件有机地结合为一体，才能构成密封工作腔，满足齿轮油泵能量转换功用的要求。从产品的结构形式可知：端盖与泵体、泵体与其他配合件之间的联接均采用螺纹联接方式，其中泵体上的螺纹孔一般都是由油泵制造企业自己加工，而与其配合联接的螺栓属于标准件，多为外协商提供，如何才能保证外购的螺栓在产品装配时顺利地与泵体装配安装以及在使用中螺栓损坏更换等诸如此类问题均与制定螺纹联接件的互换与检测的标准和方法有关。

图 11.0　齿轮泵壳体装配爆炸图

11.1　概　　述

1. 螺纹的分类

螺纹结合是机械制造中应用最广泛的结合形式。螺纹按用途可分为 3 类。

1) 紧固螺纹

这类螺纹主要用于联接和紧固机械零件，如公制普通螺栓、螺母等，又称普通螺纹。这类联接螺纹的互换性要求是保证良好的旋合性（即易于旋入与拧出，以便于装配和拆换）和联接的可靠性（联接强度）。

2) 传动螺纹

这类螺纹通常用于传递动力和精确位移，如机床传动丝杠、量仪的测微螺杆等。对传动螺纹的互换性要求是传递动力的可靠性、传动比的正确性和稳定性（传动精度），并要求保证有一定的间隙，可储存润滑油，使其运动灵活。

3) 紧密螺纹

这类螺纹用于使两个零件相互紧密联接。其互换性要求是结合紧密，在一定的压力下不泄露介质，如气、液管道连接，容器接口或封口螺纹等。

2. 螺纹的基本牙型及几何参数

1) 基本牙型

普通螺纹的基本牙型如图 11.1 所示。图中粗实线是在高为 H 的正三角形（称原始三角形）上截去其顶部（$H/8$）和底部（$H/4$）而形成的。基本牙型是普通螺纹的理论牙型，该牙型上的尺寸均为公称尺寸。

2) 大径 D 或 d

与外螺纹牙顶或内螺纹牙底相重合的假想圆柱面的直径。国家标准规定，公制普通螺纹的大径的基本尺寸为螺纹公称直径。内、外螺纹大径分别用 D 和 d 表示。

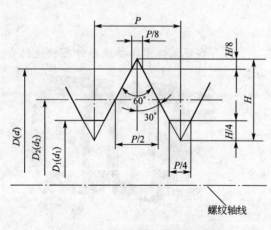

图 11.1　普通螺纹的基本牙型

3）线数

它是指在同一圆柱（锥）面上螺纹的条数，用 n 表示。沿一条螺旋线所形成的螺纹称为单线螺纹；沿两条或两条以上螺旋线所形成的螺纹称为多线螺纹。

4）螺距 P 和导程 P_h

它是指相邻两牙在中径线上对应两点间的轴向距离。螺距 P 应按国标规定的系列选用，见表 11-1。普通螺纹的螺距分为粗牙和细牙两种。同一条螺纹上相邻的两牙在中径线上对应两点间的距离称为导程，$P_h = np$。

表 11-1　螺纹公差等级（摘自 GB/T 197—2003）

螺纹直径	公差等级
内螺纹小径 D_1	4、5、6、7、8
内螺纹中径 D_2	4、5、6、7、8
外螺纹大径 d	4、6、8
外螺纹中径 d_2	3、4、5、6、7、8、9

5）小径 D_1 或 d_1

与外螺纹牙底或内螺纹牙顶相重合的假想圆柱面的直径。内、外螺纹小径分别用 D_1 和 d_1 表示。

6）中径 D_2 或 d_2

它是一个假想圆柱的直径，该圆柱母线通过牙型上沟槽和凸起宽度相等处。内、外螺纹中径分别用 D_2 和 d_2 表示。

7）单一中径 D_{2a} 或 d_{2a}

它是一个假想圆柱的直径，该圆柱母线通过牙型上沟槽宽度等于螺距基本尺寸一半处，如图 11.2 所示。图 11.2 中 P 为公称螺距，ΔP 为螺距误差。内、外螺纹单一中径分别用 D_{2a} 和 d_{2a} 表示。

单一中径是按三针法测量定义的，当螺距没有误差时，中径就是单一中径，螺距有误差时，中径与单一中径不相等。通常把单一中径近似看作为实际中径。

8）牙型角 α 和牙型半角 $\alpha/2$

牙型角是在螺纹牙型上，相邻两牙侧间的夹角。对于公制普通螺纹，牙型角 $\alpha = 60°$。牙型半角是指在螺纹牙型上，牙侧与螺纹轴线垂线间的夹角。

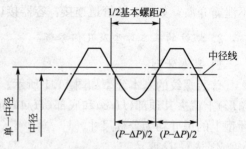

图 11.2　单一中径

9）螺纹旋向和旋合长度

螺纹有左旋和右旋之分。内、外螺纹旋合时，顺时针旋入的螺纹，称为右旋螺纹；反之，称为左旋螺纹。工程上常用的是右旋螺纹。螺纹旋合长度是指两相配合螺纹，沿螺纹轴线方向相互旋合部分的长度。

特别提示

虽然3种螺纹的使用要求及牙型不同，但各参数对互换性的影响是一致的。只有牙型、螺纹直径、线数、旋向、螺距和导程都相同的内、外螺纹才能相互旋合。

3．螺纹中径合格性的判断原则

1）作用中径的概念

从互换性的角度来看，影响螺纹互换性的主要几何参数有：大径、中径、小径、螺距、牙型半角5个参数。

如图11.3所示，对于普通螺纹来说，因为普通螺纹的大径和小径之间存在间隙，所以决定螺纹的旋合性和配合质量的主要参数是螺纹中径。

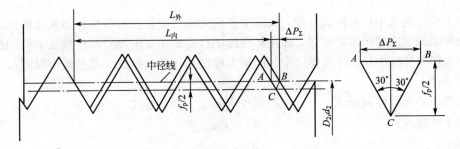

图 11.3　螺距累积偏差对旋合性的影响示例

螺纹在制造过程中，由于机床、刀具等因素的影响，螺纹的中径、螺距、牙型半角等都会产生误差，而这些误差会对螺纹的旋合性和联接强度产生影响。如图 11.3 所示，一个具有螺距误差、牙型半角误差的外螺纹，并不能与实际中径相同的理想内螺纹旋合，而只能与一个中径较大的理想内螺纹旋合。同理，一个具有螺距误差、牙型半角误差的内螺纹只能与一个中径较小的理想外螺纹旋合。这说明：螺纹旋合时真正起作用的尺寸已不单纯是螺纹的实际中径，而是螺纹实际中径与螺距误差、牙型半角误差的中径补偿值所综合形成的尺寸，这个在螺纹旋合时真正起作用的尺寸，称为螺纹的作用中径（D_{2m} 或 d_{2m}）。

螺纹的作用中径是在规定的旋合长度内，恰好包容实际螺纹的一个假想中径。该假想螺纹具有基本牙型的螺距、牙型半角和牙型高度，并在牙顶和牙底留有间隙，以保证不与实际螺纹的大小径发生干涉。

2）作用中径的计算

作用中径按下式计算，正号用于外螺纹，负号用于内螺纹

$$d_2(D_2)_m = d_2(D_2) \pm (f_{\frac{\alpha}{2}} + f_{P\Sigma}) \tag{11-1}$$

$$d_2(D_2)_m = d_2(D_2)_a \pm (f_{\frac{\alpha}{2}} + f_{P\Sigma} + f_{\Delta P}) \tag{11-2}$$

式中

$f_{\frac{\alpha}{2}}$——半角误差的中径当量，即牙型半角误差对螺纹中径的影响量；

$f_{P\Sigma}$——螺距累积误差的中径当量，即螺距累积误差对螺纹中径的影响量；

$f_{\Delta P}$——测量中径处的螺距偏差的中径当量。

根据几何关系可推导出

$$d_2 - d_{2a} = f_{\Delta P} \tag{11-3}$$

$$f_{\frac{\alpha}{2}} = 0.073 P \left(K_1 \left| \Delta \frac{\alpha_1}{2} \right| + K_2 \left| \Delta \frac{\alpha_2}{2} \right| \right) \tag{11-4}$$

式中

$\Delta \dfrac{\alpha_1}{2}$、$\Delta \dfrac{\alpha_2}{2}$——分别为左右牙型半角（单位为分）；当 $\Delta \dfrac{\alpha_1}{2} \left(\Delta \dfrac{\alpha_2}{2} \right)$ 为正时，K_1（或 K_2）

取 2；当 $\Delta \dfrac{\alpha_1}{2} \left(\Delta \dfrac{\alpha_2}{2} \right)$ 为负时，K_1（或 K_2）取 3。

$$f_{P\Sigma} = 1.732 \left| \Delta P_{\Sigma} \right| \tag{11-5}$$

$$f_{\Delta P} = \frac{\Delta P}{2} \cdot \text{ctg} \frac{\alpha}{2} \tag{11-6}$$

3) 中径合格性判断原则

作用中径的大小影响可旋合性，实际中径的大小影响联接可靠性。国家标准规定中径合格性判断原则应遵循泰勒原则，即用外螺纹中径的最小极限尺寸和内螺纹中径的最大极限尺寸来控制实际中径；用外螺纹中径的最大极限尺寸和内螺纹中径的最小极限尺寸来控制作用中径。

根据中径合格性判断原则，合格的螺纹应满足下列关系式

对于外螺纹：

$$d_{2m} \leqslant d_{2\max} \tag{11-7}$$

$$d_{2a} \geqslant d_{2\min} \tag{11-8}$$

对于内螺纹：

$$D_{2m} \geqslant D_{2\min} \tag{11-9}$$

$$D_{2a} \leqslant D_{2\max} \tag{11-10}$$

11.2 普通螺纹的公差与配合

螺纹配合由内外螺纹公差带组合而成，国家标准《普通螺纹 公差》GB/T 197——2003 将普通螺纹公差带的两要素——公差带大小即公差等级和公差带位置即基本偏差制定成标准化，组成各种螺纹公差带。考虑到旋合长度对螺纹精度的影响，由螺纹公差带与旋合长度构成螺纹精度，形成了较为完整的螺纹公差体系。

1. 螺纹公差等级

从上述作用中径的概念和中径合格性判断原则可知：在保证螺纹使用时，不需要规定螺距、牙型半角公差，只需规定中径公差就能综合控制其对互换性的影响，故国家标准只对中径、顶径（外螺纹大径和内螺纹小径）规定了公差。由于底径（内螺纹大径 D 和外螺纹小径 d_1）在加工时是同中径一起由刀具切出的，其尺寸由刀具来保证，因此国家标准也没有规定其具体公差等级，而只规定内外螺纹牙底实际轮廓不得超过按基本偏差所确定的最

大实体牙型，以保证旋合时不发生干涉。

内、外螺纹的公差等级见表 11-1。其中 6 级是基本级。对于同一公称尺寸段来讲，3 级公差值最小，精度最高；9 级公差值最大，精度最低。

内、外螺纹顶径公差、中径公差见表 11-2 和表 11-3。在同一公差等级中，内螺纹中径公差比外螺纹中径公差大 32% 左右；内螺纹顶径公差比外螺纹顶径公差大 25%～32%。这是考虑内螺纹比外螺纹加工困难，以保证工艺等价原则之故。

表 11-2　普通螺纹的基本偏差和顶径公差（摘自 GB/T 197—2003）　　　　（µm）

螺距 P/mm	内螺纹的基本偏差 EI		外螺纹的基本偏差 es				内螺纹小径公差 T_{D1}					外螺纹大径公差 T_d		
							公差等级					公差等级		
	G	H	e	f	g	h	4	5	6	7	8	4	6	8
1	+26		−60	−40	−26		150	190	236	300	375	112	180	280
1.25	+28		−63	−42	−28		170	212	265	335	425	132	212	335
1.5	+32		−67	−45	−32		190	236	300	375	485	150	236	375
1.75	+34		−71	−48	−34		212	265	335	425	530	170	265	425
2	+38	0	−71	−52	−38	0	236	300	375	475	600	180	280	450
2.5	+42		−80	−58	−42		280	355	450	560	710	212	335	530
3	+48		−85	−63	−48		315	400	500	630	800	236	375	600
3.5	+53		−90	−70	−53		355	450	560	710	900	265	425	670
4	+60		−95	−75	−60		375	475	600	750	950	300	475	750

表 11-3　普通螺纹的中径公差（摘自 GB/T 197—2003）　　　　（µm）

基本大径 D/mm		螺距	内螺纹中径公差 T_{D2}					外螺纹中径公差 T_{d2}						
			公差等级					公差等级						
>	≤	P/mm	4	5	6	7	8	3	4	5	6	7	8	9
5.6	11.2	0.75	85	106	132	170	—	50	63	80	100	125	—	—
		1	95	118	150	190	236	56	71	90	112	140	180	224
		1.25	100	125	160	200	250	60	75	95	118	150	190	236
		1.5	112	140	180	224	280	67	85	106	132	170	212	295
11.2	22.4	1	100	125	160	200	250	60	75	95	118	150	190	236
		1.25	112	140	180	224	280	67	85	106	132	170	212	265
		1.5	118	150	190	236	300	71	90	112	140	180	224	280
		1.75	125	160	200	250	315	75	95	118	150	190	236	300
		2	132	170	212	265	335	80	100	125	160	200	250	315
		2.5	140	180	224	280	355	85	106	132	170	212	265	335

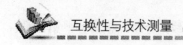

（续）

基本大径 D/mm		螺距	内螺纹中径公差 T_{D2}					外螺纹中径公差 T_{d2}						
			公差等级					公差等级						
>	≤	P/mm	4	5	6	7	8	3	4	5	6	7	8	9
22.4	45	1	106	132	170	212	—	63	80	100	125	160	200	250
		1.5	125	160	200	250	315	75	95	118	150	190	236	300
		2	140	180	224	280	355	85	106	132	170	212	265	335
		3	170	212	265	335	425	100	125	160	200	250	315	400
		3.5	180	224	280	355	450	106	132	170	212	265	335	425
		4	190	236	300	375	475	112	140	180	224	280	355	450
		4.5	200	250	315	400	500	118	150	190	236	300	375	475

2. 螺纹基本偏差

公差带位置是指公差带相对其零线的位置，它是由基本偏差确定的。螺纹公差带的基本偏差是指靠近零线最近的那个极限偏差。内螺纹的基本偏差为下偏差 EI，外螺纹的基本偏差为上偏差 es。根据公式 $T=ES(es)-EI(ei)$，即可求出另外一个偏差。

按 GB/T 197—2003 规定，选取内、外螺纹的公差带位置如下。

内螺纹：G——其基本偏差（EI）为正值，如图 11.4(a) 所示。

H——其基本偏差（EI）为零，如图 11.4(b) 所示。

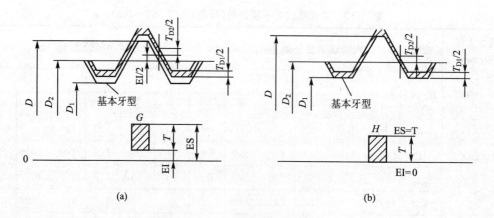

图 11.4　内螺纹公差带位置

外螺纹：e、f、g——其基本偏差（es）为正值，如图 11.5(a) 所示。各偏差的数值见表 11-2。

普通螺纹的公差代号由表示公差等级的数字和基本偏差的字母组成，如 6h、6G 等。

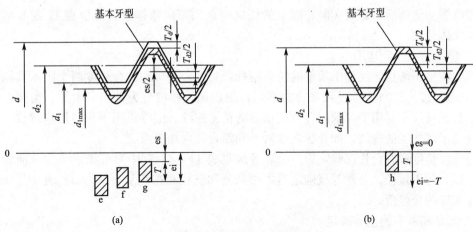

图 11.5　外螺纹公差带位置

 **特别提示**

　　紧固螺纹(即普通螺纹)配合，由于配合件的大径与大径之间和小径与小径之间实际均存在间隙，螺距和牙型半角不规定公差，螺纹的互换性和配合性质主要取决于中径。普通螺纹的公差带与尺寸公差带一样，其位置由基本偏差决定，大小由公差等级决定。它与一般尺寸公差带符号表达不同的是：其公差等级数字在前，基本偏差代号在后。

　　3. 螺纹公差带组合及选用原则

　　1) 螺纹推荐公差带及其选用原则

　　在实际生产中，为减少刀具和量具的规格和种类，国家标准对内、外螺纹各规定了既能满足使用需要，又使其数量有限的推荐公差带，见表 11-4。除特殊情况外，表以外的其他公差带不宜选用。推荐公差带的优先选择顺序为：带"*"的公差带、不带"*"的公差带、括号内公差带。带方框的公差带及带"*"的公差带用于大量生产的紧固件螺纹。

表 11-4　普通螺纹推荐公差带(摘自 GB/T 197—2003)

旋合长度		内螺纹推荐公差带			外螺纹推荐公差带		
		S	N	L	S	N	L
公差精度	精密	4H	5H	6H	(3h4h)	(4g) 4h*	(5g4g) (5h4h)
	中等	5H* (5G)	6H* 6G*	7H* (7G)	(5g6g)(5h6h)	6e* 6f* 6g* 6h	(7e6e) (7g6g) (7h6h)
	粗糙	—	7H (7G)	8H (8G)	—	(8e) 8g	(9e8e) (9g8g)

　　如无其他特殊说明，推荐公差带适用于螺纹涂镀前的情况，且为薄涂镀层的螺纹，如

电镀螺纹等。涂镀后，螺纹实际轮廓上的任何一点均不应超越按公差位置 H 或 h 所确定的最大实体牙型。

2) 螺纹精度及其选用

螺纹精度是衡量螺纹加工质量的综合指标，是由公差带和旋合长度两个因素共同决定的。GB/T 197—2003 根据使用场合的不同，规定螺纹精度分为精密、中等和粗糙 3 个等级。精密级螺纹主要用于要求配合性能稳定的精密螺纹。中等级用于一般用途螺纹。粗糙级螺纹用于难加工的螺纹，如在热轧棒料上和深盲孔内加工螺纹。

当螺纹精度和旋合长度确定后，公差等级见表 11-4。其中双等级表示为：前者用于中径，后者用于顶径。公差等级确定后，根据公称直径和螺距从表 11-2、表 11-3 中即可查得相应的公差值。

3) 配合和基本偏差的确定

螺纹的配合主要根据使用要求选定。

内、外螺纹选用的公差带可任意组合，但为了保证足够的接触高度，标准要求加工后的内、外螺纹最好组成 H/g、H/h、或 G/h 的配合。对于公称直径 ≤1.4mm 的螺纹副应采用 5H/h、4H/h 或更精密的配合。

基本偏差为 H 的内螺纹与基本偏差为 h 的外螺纹可构成最小间隙为零的配合，有较高的结合强度。

用 H/g 和 G/h 组成的配合，有较小的间隙，便于拆卸，螺纹的抗疲劳强度较好。

要求镀涂或在高温条件下工作的螺纹需有较大的配合间隙，可根据其特殊需要确定适当的间隙和相应的基本偏差，常选用 H/f 或 H/g 组成的配合。

4) 旋合长度的确定

螺纹旋合的长短影响着螺纹联接的配合精度，旋合长度越长，加工和装配也会越困难。国标对螺纹联接规定了短、中等和长 3 种旋合长度，分别用 S、N、L 表示，见表 11-5，推荐优先选用中等旋合长度。在同一精度等级中，对不同的旋合长度，其中径所采用的公差等级也不同。

表 11-5　螺纹的旋合长度（摘自 GB/T 197—2003）　　　　　（mm）

基本大径 D、d		螺距 P	旋合长度			
			S	N		L
$>$	$\leqslant$		$\leqslant$	$>$	$\leqslant$	$>$
5.6	11.2	0.75	2.4	2.4	7.1	7.1
		1	3	3	9	9
		1.25	4	4	12	12
		1.5	5	5	15	15
11.2	22.4	1	3.8	3.8	11	11
		1.25	4.5	4.5	13	13
		1.5	5.6	5.6	16	16
		1.75	7	7	18	18
		2	8	8	24	24
		2.5	10	10	30	30

4. 螺纹标记

完整的螺纹标记由螺纹代号、螺纹公差带代号和螺纹旋合长度代号组成。螺纹公差带代号包括中径公差带代号和顶径(外螺纹大径和内螺纹小径)公差带代号。对于细牙螺纹还应标注出螺距。左旋螺纹应在旋合长度代号之后标注旋向代号"LH",右旋螺纹不标注旋向。

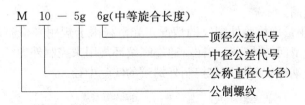

内螺纹:

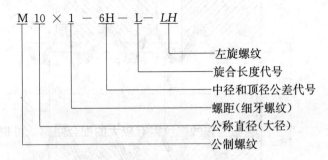

在下列情况下,中等精度螺纹不标注其公差带代号。

内螺纹:5H　公称直径≤1.4mm 时。

　　　　6H　公称直径≥1.6mm 时。

外螺纹:6h　公称直径≤1.4mm 时。

　　　　6g　公称直径≥1.6mm 时。

如公称直径 10mm、中径公差带和顶径公差带为 6g(外螺纹)或 6H(内螺纹)、中等公差精度的粗牙外或内螺纹标记为 M10。

在装配图上,内外螺纹公差带代号用斜线分开,左内右外。如 M10×1—6H/5g6g,表示螺距为 1mm 的 M10 螺纹旋合,内螺纹中径、顶径公差带均为 6H,外螺纹中径公差带为 5g,顶径公差带为 6g。

必要时,在螺纹公差带之后加注旋合长度代号 S 或 L(中等旋合长度 N 省略不标),如 M10—6H/5g6g—S。特殊需要时,长度代号可直接标注旋合长度数值。

11.3　螺　纹　测　量

根据需要,螺纹检测可分为综合测量和单项测量两类。

1. 综合测量

用螺纹量规检验螺纹合格性属于综合测量。在成批生产中,普通螺纹均采用综合测量法。

综合测量是根据前面介绍的螺纹中径合格性的准则(泰勒原则),使用螺纹量规(综合极限量规)来进行测量的。

螺纹量规分为"通规"和"止规",检验时,"通规"能顺利与工件旋合,"止规"不能旋合或不完全旋合,则判定螺纹为合格。反之,"通规"不能旋合,则说明螺母实际中径过小,螺栓实际中径过大,螺纹应返修。当"止规"能通过工件,则表示螺母过大,螺栓过小,判定螺纹为废品。

如图 11.6 所示,用量规检验外螺纹的情况:光滑极限卡规用来检验螺栓大径的极限尺寸,与用卡规检验光滑回转体直径一样;通端螺纹环规用来控制外螺纹的作用中径和小径的最大极限尺寸;止端螺纹环规用来控制外螺纹的实际中径。

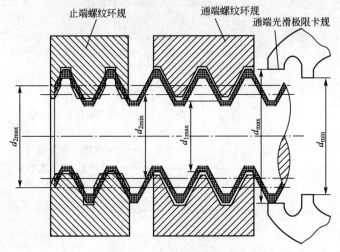

图 11.6　环规检验外螺纹

如图 11.7 所示,用量规检验内螺纹的情形:光滑极限塞规用来检验螺母小径的极限尺寸,与用塞规检验光滑圆孔内径一样;通端螺纹塞规用来控制螺母的作用中径及大径最小极限尺寸;止端螺纹塞规用来控制螺母的实际中径。

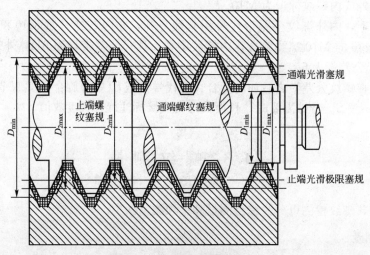

图 11.7　塞规检验内螺纹

通端螺纹量规是用来控制螺纹作用中径的,所以该量规采用完整牙型,并且量规长度与被测螺纹旋合长度相同。而止端螺纹量规则采用减短牙型,其螺纹圈数也减少,是为了减少螺距误差及牙型半角误差对检验结果的影响。

2. 单项测量

对大尺寸普通螺纹、精密螺纹和传动螺纹来讲,除可旋合性和联接可靠外,还有其他精度和功能要求,生产中一般都采用单项测量。

单项测量螺纹的方法很多,最典型的是用万能工具显微镜测量螺纹的中径、螺距和牙型半角。用工具显微镜将被测螺纹的牙型轮廓放大成像,按被测螺纹的影像,测量其螺距、牙型半角和中径,因此该法又称为影像法。

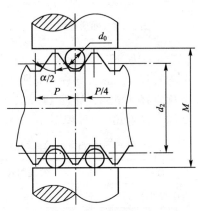

在实际生产中,测量外螺纹中径多用三针量法,因为该方法简单,测量精度高,应用广泛。

三针量法的测量原理如图 11.8 所示,它是用三根直径相等的精密量针放在螺纹槽中,然后其他仪器测量出尺寸 M,然后根据被测螺纹已知的螺距 P、牙型半角 $\alpha/2$ 及量针直径 d_0,根据几何关系,计算出螺纹中径。

图 11.8 三针法测量外螺纹单一中径

中径计算公式如下。

对于普通螺纹($\alpha=60°$): $d_2 = M - 3d_0 + 0.866P$ (11-11)

对于梯形螺纹($\alpha = 30°$): $d_2 = M - 4.8637d_0 - 1.866P$ (11-12)

d_0 按下式选择。

对于普通螺纹: $d_{0最佳} = 0.577P$ (11-13)

对于梯形螺纹: $d_{0最佳} = 0.518P$ (11-14)

 特别提示

综合测量一般用于大批大量生产,其测量效率高,检验结果可靠度高;在单件小批生产中,特别是单件大型零件和修理作业,常采用配合件之间互配、互检的工艺方法来保证两者的装配和使用要求。

11.4 梯形螺纹公差简介

1. 概述

机床中的传动丝杠、螺母副常用牙型角 $\alpha = 30°$ 的梯形螺纹,基本牙型如图 11.9 所示。国家标准规定的梯形螺纹是由原始三角形截去顶部和底部所形成的,原始三角形是顶角为 30°的等腰三角形。丝杆螺母的特点是丝杠与螺母在大径和小径上的公称直径不相同,两者结合后,在大径、中径及小径上均有间隙,以保证旋合的灵活性。

我国对机床中传动用的丝杠、螺母制订了国家标准 GB/T 5796.4—2005。它的公差特点

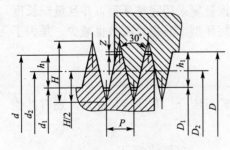

图 11.9 梯形螺纹

是精度要求高，特别是丝杠螺旋线（或螺距 P）规定有较严格的公差。根据 GB/T 5796.4—2005，梯形螺纹的公差等级分为 4 种，见表 11-6。

标注梯形螺纹的标记由螺纹特征代号"T_r"、公称直径和导程（mm）、螺距代号"P"和螺距（mm）组成。公称直径与导程之间用"×"号分开；螺距代号"P"和螺距值用圆括号括上。对单线梯形螺纹，其标记应省略圆括号部分。对标准左旋梯形螺纹，标记内要添加其代号"LH"。右旋为默认。标记示例如下。

公称直径 40mm、导程和螺距均为 7mm 右旋单线梯形螺纹标记为 T_r40×7。

公称直径 40mm、导程 14mm、螺距 7mm 右旋双线梯形螺纹标记为 T_r40×14(P7)。

公称直径 40mm、导程 14mm、螺距 7mm 左旋双线梯形螺纹标记为 T_r40×14(P7)LH。

表 11-6 梯形螺纹的公差等级（摘自 GB/T 5796.4—2005）

直径	公差等级	直径	公差等级
内螺纹小径 D_1	4	外螺纹中径 d_2	7、8、9
内螺纹中径 D_2	7、8、9	外螺纹小径 d_3	7、8、9
外螺纹大径 d	4		

梯形螺纹副的标记示例如下。

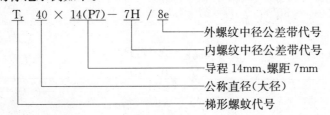

2. 对梯形丝杠的精度要求

1）螺旋线公差

螺旋线误差是指在中径线上，实际螺旋线相对理论螺旋线偏离的最大代数差。螺旋线公差又分为以下几种。

（1）丝杠一转内螺旋线误差。

（2）丝杠在指定长度上（25mm、100mm 或 200mm）的螺旋线误差。

（3）丝杠全长的螺旋线误差。

螺旋线误差较全面地反映了丝杠的位移精度，但由于测量螺旋线误差的动态测量仪尚未普及，故标准只对 3、4、5、6 级丝杠规定了螺旋线公差值。

2）螺距公差

标准对各种精度丝杠的螺距都规定了公差。螺距误差可分为以下几种。

（1）单个螺距误差（ΔP）。它是在螺旋线的全长上，任意单个实际螺距对公称螺距之差。

（2）螺距累积误差（ΔP_1 和 ΔP_L）。它是在规定的螺纹长度 l 内或在螺纹全长 L 上，实际累积螺距对其公称值的最大差值。

（3）分螺距误差（$\Delta P/n$）。它是在梯形丝杠的若干等分转角内，螺旋面在中径线上的实际轴向位移对公称轴向位移之差。

分螺距误差近似地反映了一转内的螺旋线误差，在标准中，对 3、4、5、6 级丝杠规定了分螺距公差，并规定分螺距误差应在单个螺距误差最大处测量 3 转，每转内的等分数 n 见表 11-7。

表 11-7 测量分螺距的每转等分数 n

螺距	2~5	5~10	10~20
等分数	4	6	8

3）牙型半角的极限偏差

标准对 3、4、5、6、7、8 级丝杠规定了牙型半角极限偏差。对 9 级精度的丝杠未作规定，它可同普通螺纹一样，由中径公差综合控制。

4）大径、中径和小径公差

为使丝杠易于存储润滑油和便于旋转，大径、小径和中径处都有间隙。其公差值的大小，只影响配合的松紧程度，不影响传动，故均规定了较大的公差值。

5）丝杠全长上中径尺寸变动量公差

标准对中径尺寸变动规定了公差，并规定在同一轴向截面内测量。

6）丝杠中径跳动公差

为了控制丝杠与螺母的配合偏心，提高位移精度，标准规定了丝杠的中径跳动公差。

3. 对螺母的精度要求

1）中径公差

标准对螺母规定了公差，用以综合控制螺距误差和牙型角误差。因为螺母误差和牙型角误差很难单独测量，故标准未单独规定公差值。

对高精度丝杠螺母（6 级以上），在实际生产中，一般按丝杠配制螺母。标准规定公差带以零线对称分布。

非配制螺母，标准规定公差带下偏差为零。

2）大径和小径公差

在梯形螺纹标准 GB/T 5796.4—2005 中，对内螺纹的大径、中径和小径只规定了一种公差带 H，对外螺纹的大径和小径也只规定了一种公差带 h，基本偏差为零。

对外螺纹中径规定了 3 种公差带 h、e、c，以满足不同的传动要求。

表 11-8 列出了内、外螺纹的中径公差带。表 11-9 为梯形螺纹大径、中径和小径的公差等级。

表 11-8 梯形螺纹的中径公差带

精度	内螺纹		外螺纹	
	N	L	N	L
中等	7H	8H	7h、7e	8e
粗糙	8H	9H	8e、8c	9c

表 11-9　梯形螺纹的公差等级

直径	公差等级	直径	公差等级
内螺纹小径 D_1	4	外螺纹中径 d_2	(6)、7、8、9
内螺纹小径 D_2	7、8、9	外螺纹小径 d_1	7、8、9
外螺纹大径 d	4		

本 章 小 结

(1) 普通螺纹的主要术语和几何参数有：基本牙型、大径(D、d)、小径(D_1、d_1)、中径(D_2、d_2)、作用中径、单一中径(D_{2a}、d_{2a})、实际中径、线数(n)、螺距(P)、导程(P_h)、牙型角(α)与牙型半角($\alpha/2$)、螺纹旋向和旋合长度。

(2) 螺纹的互换性的主要要求为可旋合性和联接可靠性。影响螺纹互换性的主要几何参数是中径、螺距和牙型半角(大径和小径处均留有间隙，一般不会影响其配合性质)。中径偏差、螺距偏差和牙型半角偏差一般可能同时存在，都对中径有影响。其综合作用的结果就相当于外螺纹的中径增大(增大作用中径)，内螺纹的中径减小(减小作用中径)。作用中径的大小影响可旋合性，实际中径的大小影响联接可靠性。中径合格与否应遵循泰勒原则，将实际中径和作用中径均应控制在中径公差带内。

(3) 普通螺标准中规定了 d_1、d_2 和 D_1、D_2 的公差，但对螺距和牙型没有规定，只控制一般径公差带，由于加工刀具结构的工艺性要求，从保证旋合关系来看，外螺纹的小径 d_1 和内螺纹的大径 D 均不必制定控制要求。

(4) 对于外螺纹，基本偏差是上偏差(es)，有 e、f、g、h 共 4 种；对于内螺纹，基本偏差是下偏差(EI)，有 G、H 两种。公差等级和基本偏差组成了螺纹公差带。一般情况下，应优先选用标准规定的优先公差带。

(5) 螺纹的旋合长度分为短、中、长 3 种，分别用代号 S、N 和 L 表示，大批大量生产主要采用量规检测，单件小批生产采用通用量具检验。

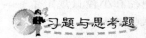 习题与思考题

一、判断题

1. 只有牙型、螺纹直径(包括大径、中径和小径)、线数、旋向、螺距和导程都相同时，这样的一对内、外螺纹才能相互旋合。(　　)

2. 螺纹标注中，右旋和中等旋合长度为默认，不需标出。(　　)

二、选择题

1. 在普通螺纹标准中，对内螺纹规定了两种公差带位置，其基本偏差分别为 ____ 和 ____。

    A. G   B. F   C. H   D. M

2. 在普通螺纹标准中，对外螺纹规定了 4 种公差带位置，其基本偏差分别为 e、
____、____、____和____。

    A. f   B. s   C. h   D. g

三、填空题

1. 螺纹按其用途可分为_____、_____和_____三类。

2. 普通螺纹有大径、_____、_____、_____和_____ 5 个基本几何参数，其中螺纹的互换性和配合性质取决于_____。

四、问答题

1. 国标为何不单独规定螺距公差和牙型半角公差，而只规定一个中径公差？

2. 螺纹中径对螺纹配合有何意义？中径合格的判断原则是什么？

3. 普通螺纹的精度有几种？各用于何种场合？

4. 说明 M20×2—6H/5g6g 的含义，并查出内、外螺纹的极限偏差。

5. 已知普通螺纹副 M12×1—6H/6g，加工后测得

内螺纹：$D_{2a}=11.415mm$，$\Delta P_\Sigma=+0.03mm$

$\qquad \Delta\alpha/2_左=-1°10'$，$\Delta\alpha/2_右=+1°30'$

外螺纹：$d_{2a}=11.306mm$，$\Delta P_\Sigma=-0.04mm$

$\qquad \Delta\alpha/2_左=+40'$，$\Delta\alpha/2_右=-1°$

试判断内、外螺纹的中径是否合格？

第12章
渐开线圆柱齿轮公差及检测

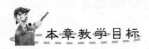 本章教学目标

能力培养	知识要点
掌握渐开线齿轮精度的实质，有效地控制齿轮传动质量	渐开线齿轮精度的分组及齿轮加工误差产生的原因
掌握渐开线齿轮的精度各检测项的测量原理，在设计、制造中正确选用各检测项的组合和检测方法	渐开线齿轮精度各评定项目的定义、检测原理及选用的原则
设计出高质量齿轮副和正确绘制齿轮工作图	渐开线齿轮精度等级的规定，各检测项的选用，齿坯各项精度的规定和选用
了解圆柱齿轮的公差标准及其应用	渐开线齿轮精度的公差值的计算方法
了解具有互换性的齿轮和齿轮副的检测要求	齿轮副精度的检测项的定义与检测方法

据德国齿轮专家 G 尼曼、H 温特尔介绍，齿轮制造精度等级每相差一级，其承载能力强度相差 $20\%\sim30\%$，噪声相差 $2.5\sim3dB$，制造成本相差 $60\%\sim80\%$。齿轮的设计、工艺、制造、检验及销售和采购都以齿轮精度标准为重要判定依据。

图 12.0 齿轮传动副

12.1 概　　述

1. 渐开线齿轮精度的分组

齿轮传动是用来传递运动和动力的最常用的机构之一，其工作性能、承载能力、使用寿命和工作精度等都与齿轮传动的传动质量密切相关。齿轮传动的传动质量主要取决于齿轮本身的制造精度及齿轮副的安装精度。

在不同的机械中，齿轮传动的精度要求有所不同，可归纳为以下 4 项。

(1) 传递运动的准确性(第一公差组)：要求齿轮在一转范围内，最大转角误差限制在一定范围内，以控制从动件与主动件在一转范围内的传动比变化。

(2) 传动的平稳性(第二公差组)：保证齿轮传动的每个瞬间传动比变化小，以减小振动，降低噪声。

(3) 载荷分布的均匀性(第三公差组)：要求齿轮啮合时齿面接触良好，以免引起应力集中，造成齿局部磨损加剧，影响齿轮的使用寿命。

(4) 传动侧隙的合理性(齿轮副精度)：保证齿轮啮合时，非工作齿面间应留有一定的间隙。它对储存润滑油、补偿齿轮传动受力后的弹性变形、热膨胀以及齿轮传动装置制造误差和装配误差等都是必需的。否则，齿轮在啮合过程中可能卡死或烧伤。

一般来说，齿轮在不同的工况条件下，对上述要求各不同。

对于分度机构，如仪器仪表中读数机构的齿轮，主要用于传递精确的角位移，齿轮一转中的转角误差不超过 $1'\sim2'$，甚至是几秒，此时，传递运动准确性是主要的。

对于高速、大功率传动装置中选用的齿轮，如汽轮机减速器上的齿轮，圆周速度高，传递功率大，其运动精度、工作平稳性精度及接触精度要求都很高，特别是瞬时传动比变化要求小，以降低振动和噪声，同时对齿面接触也有较高的要求，所以这类齿轮对传动的平稳性要求较高。

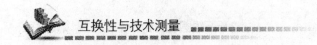

对于低速重载传动装置中使用的齿轮，如轧钢机、起重机、运输机、透平机等，传递动力大，但圆周速度不高。主要要求是齿面接触良好，而对运动的准确性和传动平稳性则要求不高。故这类齿轮对载荷分布的均匀性要求较高。

特别提示

在进行齿轮精度检测项目的选择时，其 3 个公差组的精度等级可以选择不同，但同一公差组内所有的检查项的精度等级都必须相同。

2. 齿轮加工误差产生的原因

齿轮的加工方法，按齿廓形成原理可分为：仿形法，如用成形铣刀在铣床上铣齿；范成法，如滚齿、插齿等。不论采用何种加工原理和方法均要产生加工误差，只是加工误差的大小不同。

1）齿轮加工误差的分类

齿轮加工误差按形成和影响工作性能的不同类型来分有如下 4 类。

（1）径向误差：在齿轮的加工过程中，是由被切齿轮和刀具之间径向距离（中心距）变化所引起的，产生的原因包括安装偏心、刀具径向跳动、进刀误差、刀轴的变形等。

（2）切向误差：在齿轮的加工过程中，是由刀具与被切齿轮间的展成运动的破坏或分度不准确引起的，产生的原因包括机床分度传动链的误差、滚刀的轴向串动、滚刀轴安装的轴向间隙等。

（3）轴向误差：在齿轮的加工过程中，是由刀具沿被切齿轮轴线的位移误差引起的，产生原因包括机床导轨与工作台回转轴线的平行度、齿坯轴线与基准面不垂直、进给传动链和差动传动链的误差等。

（4）展成面误差：在齿轮的加工过程中，是由切齿用的刀具齿形的误差引起的，产生的原因包括刀具制造及刃磨误差、刀具齿形的近似造型等。

2）影响齿轮传动准确性的加工误差

该误差主要是由几何偏心及运动偏心的误差引起的，以齿轮一转为周期的长周期误差，或低频误差。以滚齿为代表，产生加工误差的主要原因如下所述。

（1）几何偏心 $e_{几}$。这是由于齿轮安装轴线与齿轮加工时的旋转中心不重合引起的，如图 12.1 所示。几何偏心对齿轮精度的影响如图 12.2 所示。假设齿坯本身内外圆无偏心，为理论正确同心，在切齿加工时，由于齿坯孔与安装心轴之间存在安装配合间隙，齿坯安装后，造成齿坯孔中心 o 与机床工作台的旋转中心 o' 不重合，产生几何偏心 $e_{几}$。在切齿过程中，当滚刀至工作台中心轴线 $o'-o'$ 的距离不变时，切出齿廓是以 $o'-o'$ 为中心，即在以 o' 为中心的圆周上，加工出的齿距相等。当将齿坯安装在工装轴上加工时，则可能是绕中心 $o-o$ 旋转，由于齿圈到 $o-o$ 的距离不断变化，因而在以 o 为中心的圆周上，其齿距必然也是变化，从而造成加工以后的齿轮一边齿高增大，另一边齿高减小。因此由几何偏心引起的齿轮啮合线增量为 $\Delta e_{几F}$。

$$\Delta e_{几F} = \pm e_{几} \sin(\phi + \alpha) \qquad (12-1)$$

式中

$\Delta e_{几F}$——齿轮啮合线增量，μm；

$e_几$——几何偏心量，μm；

ϕ——齿坯回转角，度(°)；

α——齿坯回转初始角，度(°)。

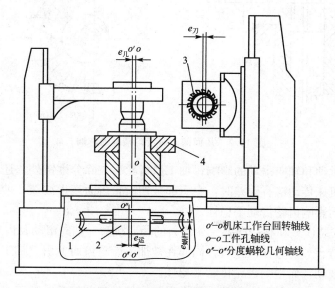

图 12.1 用滚齿机加工齿轮
1—分度蜗轮；2—分度蜗杆；3—滚刀；4—齿轮坯

由此可知：它影响着一转的最大径向跳动量，造成齿距不均匀，以一转为周期的长周期误差，或低频误差。当这种齿轮与理想齿轮啮合时，必然产生转角误差，从而影响齿轮传动的准确性。

（2）运动偏心 $e_运$。这主要是由机床分度蜗轮安装偏心引起的。

当分度蜗轮安装存在偏心时，分度蜗轮中心 o'' 与机床工作台的旋转中心 o' 不重合，产生运动偏心 $e_运$，如图 12.1 所示，会使工作台按正弦规律以一转为周期时快时慢地旋转。其结果使被切齿轮轮齿在分度圆周上分布不均匀，在齿轮一转内按式（12-2）的正弦规律变化。

$$\Delta e_{运F} = \pm e_运 \sin(\phi + \psi) \tag{12-2}$$

式中

$\Delta e_{运F}$——齿轮啮合线增量，μm；

$e_运$——运动偏心量，μm；

ϕ——齿坯回转角，度(°)；

ψ——齿坯回转初始角，度(°)。

由此可知：它造成齿廓曲线的曲率变化，引起齿距的不均匀。它是以齿轮一周为周期的长周期误差，或低频误差，因此运动偏心也影响齿轮传动的准确性。

3）影响齿轮传动平稳性的加工误差

该误差主要是由刀具误差及机床传动链的误差引起的，以齿轮一齿为周期的短周期误差，或高频误差。

（1）机床传动链的高频误差。加工直齿轮时，主要受分度传动链误差的影响，尤其是

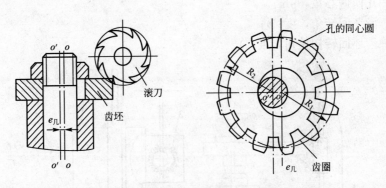

图 12.2　几何偏心对齿轮精度的影响

分度蜗杆的径向跳动和轴向窜动的影响；加工斜齿轮时，除分度链外，还受差动链的传动误差的影响。当机床传动链有误差时，会引起被切齿轮齿面产生波纹，使齿轮在啮合时产生瞬时波动，从而影响齿轮传动平稳性。

（2）刀具的安装误差和制造误差，如滚刀的径向跳动、轴向窜动及齿形角误差等。

当滚刀的制造、刃磨存在误差时，同样在被加工齿轮齿面上引起加工误差，使齿轮在啮合时产生瞬时波动，而影响齿轮传动平稳性。

如刀具的基节和齿形角存在误差，就会引起齿轮的基节偏差。对于直齿轮来说，基节偏差将会造成啮合齿对交替时的瞬间冲击，影响传动平稳性。说明如下。

① 当主动轮基节大于从动轮基节时，如图 12.3（a）所示，第一对齿 A_1、A_2 啮合终止时，第二对齿 B_1、B_2 尚未进入啮合。此时，A_1 的齿顶将沿着 A_2 的齿根"刮行"（称为顶刃啮合），当 A_1 脱离啮合时，从动轮失去动力，突然降速。而当齿 B_1 和 B_2 进入啮合时，从动轮又突然加速。所以，当一对齿啮合结束，另一对齿进入啮合的过程中，瞬间传动比产生变化，引起冲击，产生振动和噪声。

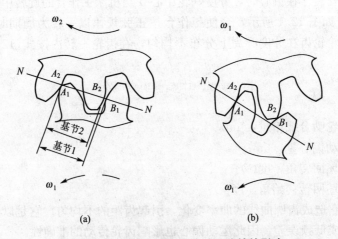

图 12.3　基节偏差对齿轮传动平稳性的影响

② 当主动轮基节小于从动轮基节时，如图 12.3（b）所示，第一对齿 A_1、A_2 啮合尚未结束，第二对齿 A_1、A_2 就已开始进入啮合，B_2 的齿顶反向撞击 B_1 的齿腹，使从动轮突然加速，强迫 A_1、A_2 脱离啮合，B_2 的齿顶在 B_1 的齿腹上"刮行"更加严重，同

样产生顶刃啮合。这种情况比前一种更坏，因为冲击力与运动方向相反，故振动和噪声更大。

当滚刀安装存在误差，如滚刀安装的实际倾角与理论倾角不符，则会造成齿轮轮齿的齿向与理论齿向不一致。从理论上讲，一对啮合的齿轮应是从齿顶到齿根沿全齿宽成线性接触，该线即为接触线。对于直齿轮来说，接触线是基圆柱切平面与齿面的交线，与齿轮轴线平行。对于斜齿轮，理论上讲接触线为一根与基圆柱母线夹角为 β_b 的直线。在啮合过程中，实际接触线位置和长度都会发生变化。从而影响齿轮传动平稳性和载荷分布均匀性。

4）影响载荷分布均匀性的加工误差

它是指影响齿宽方向接触精度的加工误差，即轴向误差，主要是由机床导轨(纵、横运动不准确)、齿坯轴线安装不垂直等误差引起的。对于斜齿轮是由差动传动链的误差和滚刀安装误差引起的。用轮齿同侧齿面轴向偏差来评定。

 特别提示

几何和运动偏心引起的误差是以一周为变化周期的长周期误差，一周变化一次，影响的是运动准确性。当两种偏心同时存在时，既可相互叠加，也可相互抵消。基节和齿形误差引起的加工误差是一齿为变化周期的短周期误差，一齿变化一次，影响的是传动平稳性。

12.2　渐开线圆柱齿轮精度的评定参数

12.2.1　传动运动准确性的检测项目

在齿轮传动中，影响运动准确性的误差主要是长周期误差，大多是由几何偏心和运动偏心引起的误差，包括以下 5 项。

1. 切向综合总偏差 F_i'

它是指被测齿轮与理想精确测量齿轮作单面啮合时，在被测齿轮一转范围内，分度圆上实际圆周位移与理论圆周位移的最大差值，以分度圆弧长计值，如图 12.4 所示。它反映的是齿轮一转中的转角误差，说明齿轮运动的不准确性，在一转过程中，转速的快慢变化周期为一转的长周期。

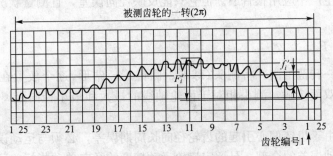

图 12.4　切向综合总偏差 F_i'

齿轮的切向综合总偏差是在接近齿轮的工作状态下测量出来的，它最能反映该齿轮的性能，是几何偏心、运动偏心和基节偏差、齿廓偏差的综合测量结果。值得注意的是：它既能检测出切向和径向长周期误差，也能检测出刀具的基节和齿形角误差带来的短周期误差，是评定齿轮传动准确性最为完善的指标。

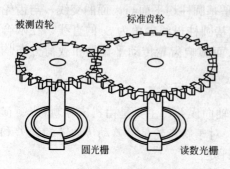

图 12.5　光栅式齿轮单啮仪工作原理

齿轮的切向综合总偏差的误差曲线是连续的，用单面啮合综合检查仪（简称单啮仪）进行测量，图 12.5 所示为光栅式齿轮单啮仪工作原理图。但由于单啮仪存在结构复杂和价格昂贵的缺点，在生产车间很少使用。

2. 径向综合总偏差 F_i''

它指在径向（双面）进行综合检验时，被测齿轮的左右齿面同时与测量齿轮接触，并转过一整转时，出现的中心距的最大值和最小值之差，如图 12.6 所示。

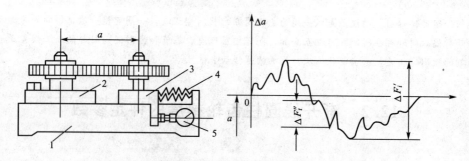

图 12.6　双啮仪与径向综合偏差
1—机体；2—固定测量架；3—浮动测量架；4—弹簧；5—指示表

齿轮径向综合总偏差只反映出运动误差中的径向分量，当被测齿轮的齿廓存在径向误差及一些短周期误差（如齿廓总偏差、基节偏差等）时，若它与测量齿轮保持双面啮合转动，其中心距就会在转动过程中不断改变，因此，它主要反映几何偏心造成的径向长周期误差和齿廓偏差、基节偏差等短周期误差，所以它是单项评定指标，且和齿圈径向跳动可以互相替代。被测齿轮由于双面啮合综合测量时的啮合情况与切齿时的啮合情况相似，能够反映齿轮坯和刀具安装调整误差，测量所用仪器远比单啮仪简单，操作方便，测量效率高，故在大批量生产中应用很普遍。但它只能反映径向误差，且测量状况与齿轮实际工作状况不完全相符。

3. 径向跳动 F_r

它指在齿轮一转范围内，将测头（球形、圆锥形、砧形）逐个放置在被测齿轮的齿槽内，在齿高中部双面接触，测头相对于齿轮轴线的最大和最小径向距离之差，如图 12.7 所示。

它主要反映由于齿坯偏心引起的齿轮径向长周期误差，必须与运动误差中的切向分量综合起来成为运动误差的全部，是评定齿轮运动精度的径向单项指标。可用齿圈径向跳动

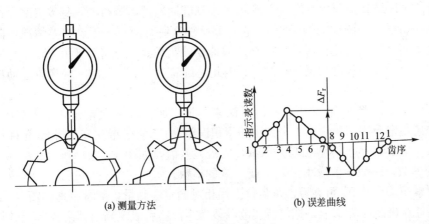

(a) 测量方法　　　　　　　(b) 误差曲线

图 12.7　齿圈径向跳动

检查仪测量，测头可以用球形或锥形。

径向跳动常用齿圈径向跳动仪、万能测齿仪或普通偏摆仪来进行测量，把测量头（球形或圆锥形）或小圆柱放在齿间，逐齿进行测量。在轮齿一转中指示表最大读数与最小读数之差，如图 12.8 所示。

4. 齿距累积总偏差 F_p 和齿距累积偏差 F_{pk}

它是指在分度圆上，任意两个同侧齿面间的实际弧长与公称弧长的最大差值，即最大齿距累积偏差（F_{pmax}）与最小齿距累积偏差（F_{pmin}）之代数差，如图 12.9 所示。

齿距累积总偏差 F_p 是齿轮加工过程中几何偏心及运动偏心造成的。齿轮加工过程中，由于几何偏心及运动偏心的存在，使被加工齿廓的实际位置偏离理想位置，如图 12.9(a) 所示，使齿轮齿距不均匀，影响齿轮运动准确性，因而可作为评定齿轮传动准确性的代用指标。

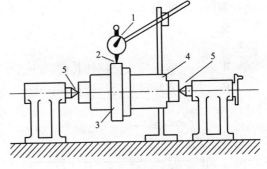

图 12.8　齿圈径向跳动测量方法
1—指示表；2—测头；3—被测齿轮；
4—安装心轴；5—顶尖

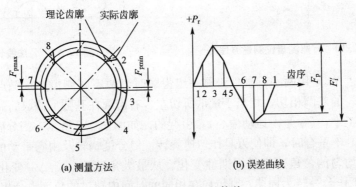

(a) 测量方法　　　　　　　(b) 误差曲线

图 12.9　齿距累积总偏差

但 F_p 与 F'_i 是有差别的，F_p 是沿所取分度圆圆周上逐齿测得的，每齿只测一个点，误差曲线为一折线，如图 12.9(b) 所示。它只能反映这些有限点的运动误差情况，而不能反映两点之间传动比的变化情况，所以它近似地反映齿轮运动误差。但由于 F_p 可用较普及的齿距仪、万能测齿仪等仪器进行测量，因此是目前工厂中常用的一种齿轮运动精度的评定指标。

齿距累积总偏差 F_p 通常用相对测量法来测量，所以此项误差允许在齿高中部测量。国家标准还规定允许测量齿轮 k 个齿距的累积误差 F_{pk}。它是指在分度圆上(允许在齿高中部测量)k 个齿距间的实际弧长与公称弧长的最大差值，如图 12.9(b) 所示。k 为大于 2 小于 $Z/2$ 的整数，一般 k 值取小于 $Z/6$ 或 $Z/8$ 的整数。

齿距累积总偏差 F_p 可在万能测齿仪上用相对测量法测量，测量原理如图 12.10 所示。以齿轮上任一齿距作为基准，把仪器读数调整为零，然后依次测出其余各齿距对基准的相对偏差，再经过数据处理，即可求出齿距累积总偏差 F_p。

5. 公法线长度变动量 F_W

公法线长度变动 F_W 是指在齿轮一转范围内，实际公法线长度的最大值与最小值之差，如图 12.11 所示，即

$$F_W = W_{max} - W_{min} \tag{12-3}$$

式中

W_{max}——实际最大公法线长度，mm；

W_{min}——实际最小公法线长度，mm。

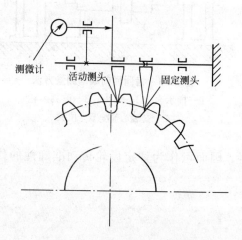

图 12.10　万能测齿仪测量原理

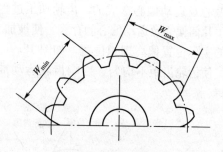

图 12.11　公法线长度

公法线长度 W 是用两平行量爪跨测一组齿廓时，两不同侧齿廓接触点的一条法线的长度，它与齿轮的基圆相切，相当于量爪所切左、右齿廓在基圆上截取的弧长。

在滚齿加工中，F_W 是由运动偏心 $e_{运}$ 引起的。如图 12.12 所示，当分度蜗轮几何中心与机床旋转中心不重合时，即使刀具作匀速旋转，但分度蜗轮及由它带动的齿坯在加工过程中转速是不均匀的，角速度呈周期性变化。从最大角速度($\omega + \Delta\omega$)变化到最小角速度($\omega - \Delta\omega$)，以工作台一转为周期，则齿坯在相同的时间内转过的角度也会相应地发生变化。若以 1 齿为起始齿进行加工，当齿坯转到 2 齿时，理论上应转过 $\phi(360°/Z)$ 角，由于存在

转角误差，实际上齿坯多转了一个 $\Delta\phi$ 角，则 2 齿的实际位置发生了变化，不在原来的理论位置(虚线位置)，而转到实线所示的位置，结果齿廓沿着基圆切线方向发生位移。同理其他各齿也发生类似的切向位移，使齿轮上切出的公法线长度不均匀，从而造成公法线长度变化误差。这就是 F_W 产生原因，也是 F_P 产生的原因之一。

由于 F_W 与齿轮基圆相切，故 F_W 只反映齿轮切向误差。理论分析证明：$e_几$ 与 $e_运$ 是相互独立的。$e_几$ 只产生齿圈径向跳动 F_r，而不会引起公法线长度变动 F_W。而 $e_运$ 只产生公法线长度变动 F_W，不会引起齿圈径向跳动 F_r。

公法线长度变动的测量方法较简便，凡具有两平行测量面，其量爪能插入跨测齿槽的量仪均可测量 F_W。常用的量仪有游标卡尺、公法线千分尺、公法线指示规及万能测齿仪等，图 12.13 所示为公法线千分尺的测量方法。

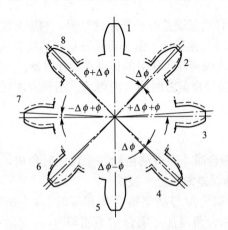

图 12.12　公法线长度变动产生的原因

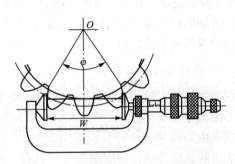

图 12.13　公法线千分尺测量公法线长度

公法线是跨 K 个齿的基圆切线长，对于压力角为 20°的标准齿轮，跨齿数 K 及公法线的公称值计算公式如下

$$K=\frac{1}{9}Z+0.5 \quad (\text{取整}) \tag{12-4}$$

式中

K——跨齿数，个；

Z——被测齿轮齿数，个。

$$W=m[1.476(2K-1)+0.014Z] \tag{12-5}$$

式中

W——公法线长度，mm；

m——被测齿轮模数，mm。

其余符号含义同式(12-5)。

　特别提示

切向综合总偏差 F_i' 与齿距累积总偏差 F_P 为综合评定指标，其中切向综合偏差 F_i' 是长短周期误差综合影响的结果，齿距累积总偏差 F_P 是由几何偏心和运动偏心综合引起的；齿圈径向跳动 F_r 与径向综合总误差 F_i'' 是径向单项评定指标，它们主要是由几何偏心引起的；公法线长度变动 F_W 是切向单项评定指

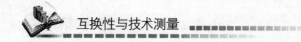

标，它主要是由运动偏心引起的。

12.2.2　传动平稳性的检测项目

影响运动平稳性的误差主要是短周期误差，机床传动链高频误差和刀具误差，在加工齿轮过程中，齿坯周向进给的每一转内均要多次重复出现，使齿轮产生齿形误差、基节偏差、齿距偏差，造成齿轮在传动时产生振动和噪声，包括以下 6 项。

1. 一齿切向综合偏差 f_i'

它是指被测齿轮与理想精确的测量齿轮单面啮合时，在被测齿轮一个齿距转角内，实际转角与公称转角之差的最大幅度值，以分度圆弧长计值，图 12.2 中的最大的小波纹，就是一齿切向综合误差值。

它是由刀具制造、安装误差及机床传动链等各种高频误差综合作用的结果，它综合反映了基节偏差和齿形误差，是评定齿轮传动平稳性的综合性指标。由于齿轮测量时的啮合状态接近于工作时的啮合状态，故该指标能较为准确地反映齿轮工作时的传动平稳性质量。

一齿切向综合偏差 f_i' 是用单面啮合仪测量切向综合偏差时同时测得的，测量方法同切向综合偏差的测量方法。

2. 一齿径向综合偏差 f_i''

它是指被测齿轮与理想精确的测量齿轮双面啮合时，在被测齿轮一个齿距转角内，双啮中心距的最大变动量，如图 12.6(b)所示的双啮误差曲线上小波纹。

它是由刀具制造及安装误差引起的，当测量啮合角与加工啮合角相等时($\alpha_{测}=\alpha_{工}$)，它不能反映机床传动链短周期误差。只有当测量啮合角与加工啮合角不相等时($\alpha_{测}\neq\alpha_{工}$)，才能部分反映机床传动链短周期误差。因此，一齿径向综合偏差 f_i'' 可作为评定精度要求不高的齿轮传动平稳性的综合代用指标。

一齿径向综合偏差 f_i'' 是双面啮合仪测量径向综合误差的同时测得的。由于双啮仪结构简单，操作方便，在大批量生产时，仍被广泛使用。

3. 齿廓偏差

在端面内且垂直于渐开线齿廓的方向，测量实际齿廓偏离设计齿廓的量。设计齿形可以是理论渐开线，也可以是修正的理论渐开线，包括修缘齿形、凸齿形等。

(1) 齿廓总偏差 F_α 是在计值范围内，包容实际齿廓迹线的两条设计齿廓迹线间的距离，如图 12.14(a)所示。

(2) 齿廓形状偏差 $f_{f\alpha}$ 是在计值范围内，包容实际齿廓迹线的两条与平均齿廓迹线完全相同的曲线间的距离，且两条曲线与平均齿廓迹线的距离为常数，如图 12.14(b)所示。

(3) 齿廓倾斜偏差 $f_{H\alpha}$ 是在计值范围内的两端与平均齿廓迹线相交的两条设计齿廓迹线间的距离，如图 12.14(c)所示。

它是由刀具的制造误差(如齿形误差)、安装误差(如刀具在刀杆上的安装偏心及倾斜)以及机床传动链中短周期误差等综合因素所造成的。由于实际齿形线是一条凹凸不平的曲线，当其与另一齿轮齿面啮合时，啮合点必然随着曲线的变动而变动，即接触点不停地在理论啮合线附近摆动，产生啮合线外的啮合，从而引起瞬时传动比的突变，破坏了传动的平稳性，产生冲击、振动和噪声等。它可用渐开线检查仪来测量，如图 12.15 所示。

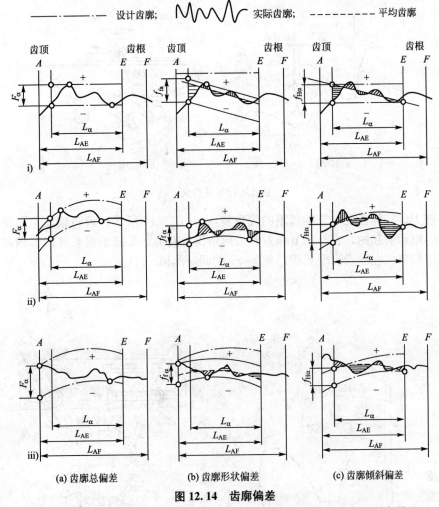

—— 设计齿廓; 〰〰 实际齿廓; ----- 平均齿廓

(a) 齿廓总偏差　　(b) 齿廓形状偏差　　(c) 齿廓倾斜偏差

图 12.14　齿廓偏差

i) 设计齿廓: 未修形的渐开线, 实际齿廓: 在减薄区内具有偏向体内的负偏差;

ii) 设计齿廓: 修形的渐开线(举例), 实际齿廓: 在减薄区内具有偏向体内的负偏差;

iii) 设计齿廓: 修形的渐开线(举例), 实际齿廓: 在减薄区内具有偏向体外的正偏差

4. 基圆齿距偏差 f_{pb}

它是指实际基节与公称基节之差, 如图 12.16(a)所示。实际基节是指基圆柱切平面所截两相邻同侧齿面的交线之间的法向距离。在齿轮一转中多次重复出现, 误差的频率等于齿数, 称为齿频误差, 它是影响传动平稳性的重要原因。

它主要是由刀具的制造误差引起的, 如刀具的基节偏差和齿形角误差, 与机床传动链无关。图 12.16(b)所示为基节的测量方法, 常用基节仪或万能测齿仪来测量。

5. 齿距偏差 f_{pt}

它是指在齿端平面上接近齿高中部的一个与齿轮轴

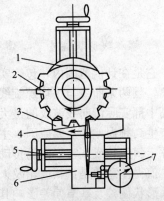

图 12.15　单圆盘渐开线检查仪
1—基圆盘; 2—被测齿轮;
3—直尺; 4—杠杆

255

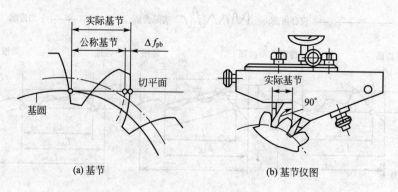

(a) 基节　　　　　　　(b) 基节仪图

图 12.16　基节仪

线同心的圆上，实际齿距与公称齿距的代数差，如图 12.17 所示。齿距偏差主要是由机床分度蜗杆的跳动引起的，它与基节偏差和齿形角误差有关，是基节偏差和齿廓偏差的综合反映。可用周节仪在测量齿距累积总偏差 F_P 的同时测出。

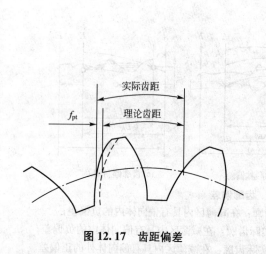

图 12.17　齿距偏差

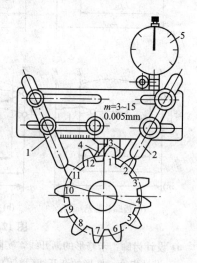

图 12.18　周节仪

1，2—定位支脚；3—活动量爪；

4—固定量爪；5—指示表

6. 螺旋线形状偏差 $f_{f\beta}$

它是在计值范围内，包容实际螺旋线迹线的两条与平均螺旋线迹线完全相同曲线间的距离，且两条曲线与平均螺旋线迹线的距离为常数，如图 12.19(b) 所示。它指宽斜齿轮齿高中部实际齿向线波纹的最大波幅，属于宽斜齿轮齿向线误差，是宽的斜齿轮、人字齿轮产生高频误差的主要原因，主要是由于滚齿机分度和进给丝杠的周期性误差引起的，用于评定斜齿轮或人字形齿轮传动的平稳性。

值得注意的是：斜齿轮及人字形齿轮传动往往功率大、速度高，对平稳性要求较高。齿廓形状偏差及基节偏差影响其传动平稳性，并仅通过测量齿距偏差来评定其平稳性是不完善的，故高精度宽斜齿轮、人字形齿轮必须控制螺旋线形状偏差 $f_{f\beta}$。螺旋线形状偏差 $f_{f\beta}$ 一般用波度仪测量。

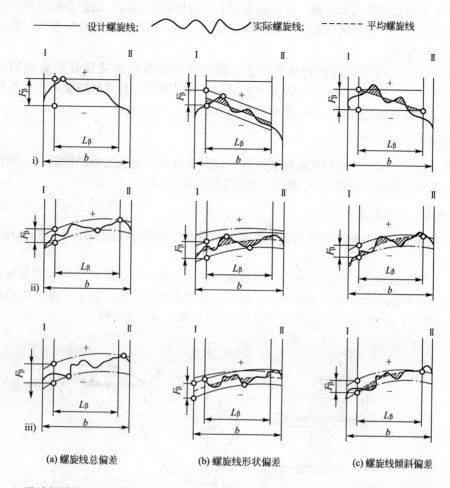

i) 设计螺旋线：未修形的螺旋线，实际螺旋线：在减薄区内具有偏向体内的负偏差

ii) 设计螺旋线：修形的螺旋线（举例），实际螺旋线：在减薄区内具有偏向体内的负偏差

iii) 设计螺旋线：修形的螺旋线（举例），实际螺旋线：在减薄区内具有偏向体外的正偏差

图 12.19　螺旋线偏差

特别提示

一齿切向综合偏差 f_i' 与一齿径向综合偏差 f_i'' 属于综合评定指标，其中一齿切向综合偏差 f_i' 反映的是切向、径向综合短周期误差，一齿径向综合偏差 f_i'' 反映的是径向短周期误差；齿廓形状偏差 $f_{f\alpha}$ 是由刀具的制造误差、刀具的跳动及机床传动链误差引起的；基圆齿距偏差 f_{pb} 与齿距偏差 f_{pt} 是单项评定指标，基圆齿距偏差 f_{pb} 在基圆上测量，在 GB/T 10095.1—2008 中并没有对其定义，但在 GB/Z 18620.1—2008 中给出了检验参数，齿距偏差 f_{pt} 是在分度圆上测量的；螺旋线形状偏差 $f_{f\beta}$ 是齿向线误差单项评定指标，主要应用于与高精度宽斜齿轮、人字形齿轮的精度控制。

12.2.3　载荷分布均匀性的检测项目

由于存在齿轮制造误差和安装误差，轮齿啮合时，在齿长方向并不是沿全齿宽接触，啮合过程中也不是沿全齿高接触。在齿高方向上，齿形误差和基节偏差会影响两齿面的接触；在齿宽方向上，螺旋线误差也会影响两齿面的接触，具体影响载荷分布均匀性的误差主要是螺旋线偏差。

螺旋线偏差是在端面基圆切线方向上，测得实际螺旋线偏离设计螺旋线的量，如图 12.19 所示。它包括齿线的方向偏差和形状误差，是评定齿轮接触精度的重要指标，它直接影响接触斑点的位置和大小，影响齿轮的承载能力和寿命。

1. 螺旋线总偏差 F_β

它是在计值范围内，包容实际螺旋线迹线的两条设计螺旋线迹线的距离，一般情况被测齿轮只需检测螺旋线总偏差 F_β 即可，如图 12.19(a)所示。

2. 螺旋线倾斜偏差 $f_{H\beta}$

它是在计值范围的两端与平均螺旋线相交的设计螺旋线迹线间的距离，如图 12.19(c)所示。

总之，螺旋线偏差的测量方法主要有展成法和坐标法，在测量时应至少测量近似三等分位置处 3 个齿的两侧齿面，如图 12.20 所示。常用的测量仪器主要有：渐开线螺旋线检查仪、导程仪；螺旋线样板检查仪、齿轮测量中心和三坐标测量机。

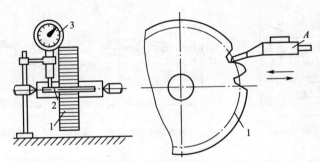

图 12.20　螺旋线检测
1—被测齿轮；2—测量头；3—指示表

 **特别提示**

螺旋线偏差是在分度圆柱面上测量的，主要是由齿坯端面跳动、刀架导轨倾斜、滚刀的安装误差和齿形角误差等引起的。实际齿向线存在位置误差和形状误差，其位置和长度均发生变化，两齿轮实际啮合时的接触线只是工作长度的一部分，使载荷分布不均匀。

12.2.4　齿轮副相关误差的检测项目

齿轮副是指装在传动轴上进行传动工作的一对齿轮。为保证传动质量，充分满足齿轮传动的前述几方面要求，国家标准对齿轮副规定了以下 6 项公差。

1. 齿轮副的接触斑点

齿轮副的接触斑点是指安装好的齿轮副在轻微制动下，运转后齿面上分布的接触擦亮痕迹，如图 12.21 所示。所谓轻微制动，指既不使齿轮脱离啮合，又不使轮齿发生较大变形时的啮合状态。

接触痕迹的大小在齿面展开图上用百分数计算。沿齿长方向，接触痕迹的长度 b''（扣除超过模数值的断开部分 c）与工作长度 b' 之比百分数，即

$$\frac{b''-c}{b'}\times 100\% \qquad (12-6)$$

沿齿高方向，接触痕迹的平均高度 h'' 与工作高度 h' 之比的百分数，即

$$\frac{h''}{h'}\times 100\% \qquad (12-7)$$

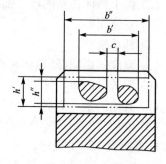

图 12.21　齿轮副接触斑点

接触斑点是齿面接触精度的综合评定指标。齿长方向的接触，主要影响载荷分布均匀性；齿高方向的接触，主要影响传动平稳性。

标准规定，接触斑点是在没有负载情况下"跑合"后，齿面实际擦亮的痕迹，即需用"光泽法"考核，而在实际生产过程中装配齿轮副时，常采用涂色法检验。对较大的齿轮副，一般在安装好的传动装置中检验；对大批量生产的中小齿轮允许在啮合机上与精确齿轮啮合检验。

2. 轴线平行度偏差

齿轮副的轴线平行度偏差分为轴线平面内的平行度偏差 $f_{\Sigma\delta}$ 和垂直平面内的平行度偏差 $f_{\Sigma\beta}$，它会影响齿轮副的接触精度和齿侧间隙，如图 12.22 所示。

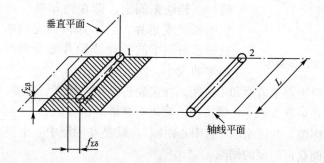

图 12.22　轴线平行度偏差

3. 中心距偏差

中心距偏差是实际中心距与公称中心距之差。中心距允许偏差是设计者规定的中心距偏差的变化范围。公称中心距是在考虑了最小侧隙及两齿轮齿顶和其相啮合非渐开线齿廓齿根部分的干涉后确定的。

在齿轮只单向承载且不经常反转的情况下，最大侧隙的控制不是重要因素，此时中心距允许偏差主要取决于重合度。

对于既要控制运动精度又需要经常正反转的齿轮副，必须控制其最大侧隙，对其中心距的公差应仔细地考虑下列因素。

（1）轴、箱体孔系和轴承轴线的倾斜。

（2）由于箱体孔系的尺寸偏差和轴承的间隙导致齿轮轴线的不一致与错斜。

（3）安装误差。

（4）轴承跳动。

（5）温度的影响（随箱体和齿轮零件的温差，中心距和材料不同而变化）。

（6）旋转件的离心伸胀。

（7）其他因素，如润滑剂污染的允许程度及非金属齿轮材料的溶胀。

GB/Z 18620.3—2008 未给出中心距的允许偏差。可类比某些成熟产品的技术资料来确定或参照表 12-1 规定。

表 12-1　中心距极限偏差（±f_a）

齿轮精度等级	5~6	7~8	9~10
f_a	$\frac{1}{2}$IT7	$\frac{1}{2}$IT8	$\frac{1}{2}$IT9

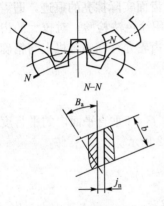

图 12.23　齿轮副法向侧隙

4. 齿轮副的法向侧隙 j_n

齿轮副侧隙的大小与齿轮精度无关，它只取决于齿轮的工作条件及要求，图 12.23 所示为法向侧隙。高温、高速、重载条件下工作的齿轮，其侧隙应留得大一些，以补偿热膨胀的影响；仪表、读数机构中所用的齿轮，侧隙应留得小一些，主要是避免回程误差；反转且速度不高的机构中，侧隙也应小一些。它一般通过压铅法来测定，即在两相啮合齿面间放置硬度很软的铅丝或铅片，当工作齿面完成啮合后，通过测量被挤压后留下的铅丝或铅片的变形厚度来测定齿轮副侧隙的大小。

侧隙的大小主要决定于齿厚和中心距。在齿轮传动中，速度、温度、负载等都会影响侧隙，为保证齿轮在负载状态下正常工作，要求有足够的侧隙。

为获得必需的侧隙，我国采取"基中心距制"，就是在固定中心距极限偏差的情况下，通过改变齿厚偏差而获得需要的侧隙。

最小法向侧隙 j_{bnmin} 是当一个齿轮的轮齿以最大允许实效齿厚与另一个也具有最大允许实效齿厚的共轭轮齿在最紧的允许中心距下啮合时，在静态条件下存在的最小允许侧隙。这时所提供的传动"允许侧隙"，用以补偿下列情况：箱体、轴和轴承的偏斜；齿轮轴线安装时的偏心；轴承径向跳动；温度影响；旋转零件的离心胀大；润滑剂的允许污染以及非金属齿轮材料的溶胀。

齿轮副侧隙是按齿轮工作条件确定的，与齿轮精度等级无关。确定最小侧隙一般有 3 种方法。

（1）经验法。参照同类产品中齿轮副的侧隙值确定。

（2）查表法。表 12-2 所列的工业传动装置推荐的最小侧隙。适用于用黑色金属齿轮和箱体组成的传动装置，工作时节圆线速度小于 15m/s，箱体、轴和轴承都采用常用的制造公差。

表 12-2　对于中、大模数齿轮最小侧隙 j_{bnmin} 的推荐值　　　　(μm)

m_n	最小中心距 a_i/mm					
	50	**100**	**200**	**400**	**800**	**1600**
1.5	0.09	0.11	—	—	—	—
2	0.10	0.12	0.15	—	—	—
3	0.12	0.14	0.17	0.24	—	—
5	—	0.18	0.21	0.28	—	—
8	—	0.24	0.27	0.34	0.47	—
12	—	—	0.35	0.42	0.55	—
18	—	—	—	0.54	0.67	0.94

注:表中的数值也可用 $j_{bnmin}=\dfrac{2}{3}(0.06+0.0005|a_i|+0.03m_n)$ 计算，m_n——法向模数(mm)。

（3）计算法。根据齿轮副的工作条件，如工作速度、温度、负载、润滑等条件计算齿轮副最小法向侧隙。最小法向侧隙 j_{bnmin} 应足以补偿因工作温度变化引起的变形，并保证正常润滑。

① 补偿温升而引起变形所必需的最小法向侧隙 j_{bnmin1}

$$j_{bnmin1}=a(\alpha_1\Delta t_1-\alpha_2\Delta t_2)\times 2\sin\alpha_n \tag{12-8}$$

式中

　　　　a——齿轮副中心距(mm)；

　α_1、α_2——齿轮和箱体材料的线膨胀系数；

　　　α_n——齿轮法向啮合角，单位：度(°)；

Δt_1、Δt_2——分别为齿轮和箱体工作温度与标准温度之差，单位：℃，即

$$\Delta t_1=t_1-20°,\ \Delta t_2=t_2-20°$$

② 保证正常润滑所必需的最小法向侧隙 j_{bnmin2}，它取决于齿轮工作的圆周速度和相应的润滑方式，其数值见表12-3。

表 12-3　保证正常润滑条件所需的法向侧隙 j_{bnmin2}　　　　(μm)

润滑方式	圆周速度/($m \cdot s^{-1}$)			
	≤10	**>10~25**	**>25~60**	**>60**
喷油润滑	$10m_n$	$20m_n$	$30m_n$	$(30\sim50)m_n$
油池润滑	$(5\sim10)m_n$			

综合上述两项，得到齿轮副最小法向侧隙为

$$j_{bnmin}=j_{bnmin1}+j_{bnmin2} \tag{12-9}$$

（4）齿厚偏差。

① 齿厚上偏差 E_{sns} 的计算。两个齿轮啮合后的齿厚上偏差之和为

$$E_{sns1}+E_{sns2}=-\left(2f_a\tan\alpha_n+\frac{j_{bnmin}+J_n}{\cos\alpha_n}\right) \tag{12-10}$$

式中

f_a——中心距偏差，可参照表 12-1 选取；

α_n——法向压力角，单位：度（°）；

J_n——齿轮和齿轮副的加工和安装误差对侧隙减小的补偿量，计算式如下

$$J_n=\sqrt{f_{pb1}^2+f_{pb2}^2+2(F_\beta\cos\alpha_n)^2+(f_{\Sigma\delta}\sin\alpha_n)^2+(f_{\Sigma\beta}\cos\alpha_n)^2} \tag{12-11}$$

式中

f_{pb1}、f_{pb2}——两个啮合齿轮的基圆齿距（基节）偏差（可参照 GB/T 10095—2008 确定其值）；

$f_{\Sigma\delta}$、$f_{\Sigma\beta}$——齿轮副轴线平行度公差；

F_β——啮合齿轮的螺旋线总公差。

齿厚上偏差可按等值分配法和不等值分配法分配给相啮合的每个齿轮。若按不等值法分配，则大齿轮齿厚的减薄量可大一些，小齿轮齿厚的减薄量可小一些，以使两齿轮的强度相匹配。

② 法向齿厚公差 T_{sn} 的选择。法向齿厚公差 T_{sn} 的选择基本上与齿轮精度无关，一般不应选用太小的值。在多数情况下，允许采用较宽的齿厚公差或工作侧隙，这并不影响齿轮的性能和承载能力，制造成本却可能有所下降。建议用下式计算：

$$T_{sn}=\sqrt{F_r^2+b_r^2}\times 2\tan\alpha_n \tag{12-12}$$

式中

F_r——齿圈径向跳动公差；

b_r——切齿径向进刀公差；

b_r 值按齿轮传递运动准确性项目的精度等级确定，见表 12-4。

表 12-4　切齿径向进刀公差 b_r

精度等级	4	5	6	7	8	9
b_r	1.26 IT7	IT8	1.26 IT8	IT9	1.26 IT9	IT10

注：IT 值按齿轮分度圆直径查表确定。

③ 齿厚下偏差 E_{sni} 按下式计算

$$E_{sni}=E_{sns}-T_{sn} \tag{12-13}$$

大模数齿轮，在生产中通常测量齿厚；中小模数齿轮，在生产中，一般测量公法线长度。公法线长度上、下偏差（E_{bns}、E_{bni}）与齿厚上、下偏差（E_{sns}、E_{sni}）换算关系为

对外齿轮：

$$E_{bns}=E_{sns}\cos\alpha-0.72F_r\sin\alpha \tag{12-14}$$

$$E_{bni}=E_{sni}\cos\alpha+0.72F_r\sin\alpha \tag{12-15}$$

对内齿轮：

$$E_{bns}=-E_{sns}\cos\alpha-0.72F_r\sin\alpha \tag{12-16}$$

$$E_{bni}=-E_{sni}\cos\alpha+0.72F_r\sin\alpha \tag{12-17}$$

公法线长度上、下偏差（E_{bns}、E_{bni}）用来控制公法线长度偏差（指公法线的平均值与公

称值的差）。

 **特别提示**

齿轮副的侧隙主要是由中心距偏差和齿厚偏差来确定的，与齿轮的精度等级无关，不是安装误差。齿轮副的侧隙获得的方法有两种：一种是固定齿厚的极限偏差，通过改变中心距的基本偏差来获得不同的最小极限侧隙的基齿厚制；另一种是固定中心距的极限偏差，通过改变齿厚的上偏差来得到不同的最小极限侧隙的基中心距制。我国标准推荐采用基中心距制。

12.3 渐开线圆柱齿轮精度等级及应用

12.3.1 齿轮精度等级和检验组

1. 齿轮精度等级

原国家标准 GB/T 10095《渐开线圆柱齿轮精度标准》，正逐步被 GB/T 10095.1—2008、GB/T 10095.2—2008 等新标准所代替。它们适用于平行轴传动的渐开线圆柱齿轮及其齿轮副（包括外啮合、内啮合的直齿、斜齿及人字齿齿轮），规定了各项公差或极限偏差的标准数值，并且规定当齿轮规格超出上述范围时，按该标准附录中规定的计算式或关系式来计算。一般来讲，一对啮合齿轮副中两个齿轮的精度等级是相等的，但也允许取不同的精度等级。

在新国标中对单个轮齿同侧齿面偏差与径向跳动均规定了 13 个精度等级，其中 0 级最高，其余各级精度依次递降，12 级精度最低。0～2 级齿轮要求非常高，属于未来发展级，3～5 级为高精度等级，5～8 级为常用的中精度等级，9 级为较低精度等级。它适应于法向模数 $m_n = 0.5 \sim 70$mm，分度圆直径 $d = 5 \sim 10000$mm，有效齿宽 $b = 4 \sim 1000$mm 的齿轮。

径向综合偏差在新标准中规定了 4～12 共 9 个精度等级，其中 4 级最高，12 级最低。它适应于法向模数 $m_n = 0.2 \sim 10$mm，分度圆直径 $d = 5 \sim 10000$mm 的齿轮。

在 GB/T 10095.1—2008 与 GB/T 10095.2—2008 中规定：公差数值以 5 级精度等级的公差值为计算基准值，两相邻精度等级的级间的公比为 $\sqrt{2}$，具体计算公式见表 12 - 5。如果计算值大于 $10\mu m$，则圆整到接近的整数；如果计算值小于 $10\mu m$，则圆整到接近的尾数为 $0.5\mu m$ 的小数或整数；如果计算值小于 $5\mu m$，则圆整到接近的尾数为 $0.1\mu m$ 的一位小数或整数。

表 12 - 5 齿轮轮齿偏差、径向综合偏差、径向跳动允许值的计算公式（摘自 GB/T 10095.1～2—2008）

项目代号	齿轮 5 级精度能允许值的计算公式	各参数的取值范围
$\pm f_{pt}$	$0.3(m + 0.4\sqrt{d}) + 4$	分度圆直径 d：5，20，50，280，560，1000，1600，2500，4000，6000，8000，10000
$\pm F_{pk}$	$f_{pt} + 1.6\sqrt{(k-1)m}$	
F_P	$0.3(m + 1.25\sqrt{d}) + 7$	模数 m：0.5，2，3.5，10，16，25，40，70

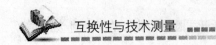

（续）

项目代号	齿轮 5 级精度能允许值的计算公式	各参数的取值范围
F_a	$3.2(\sqrt{m}+0.22\sqrt{d})+0.7$	分度圆直径 d：5，20，50，280，560，1000，1600，52500，4000，6000，8000，10000 模数 m：0.5，2，3.5，10，16，25，40，70
F_B	$0.1\sqrt{d}+0.63+\sqrt{b}+4.2$	
f_{fa}	$2.5(\sqrt{m}+0.17\sqrt{d})+0.5$	
f_{Ha}	$2(\sqrt{m}+0.14\sqrt{d})+0.5$	
$f_{f\beta}$、$\pm F_{H\beta}$	$0.07(\sqrt{d}+0.45\sqrt{b})+3$	
f_i'	$k(4.3+f_{pt}+F_a)$，当 $\varepsilon\geq4$ 时，$k=0$；当 $\varepsilon<4$ 时，$k=(\varepsilon r+4)/\varepsilon r$；	齿宽 b：4，10，20，80，160，250，400，650，1000
F_i''	$3.2(m+1.01\sqrt{d})+6.4$	
f_i''	$2.96(m+0.01\sqrt{d})+0.8$	
F_r	$0.8Fp$	

注：表中各式中的 d、m、b 均取分段界限值的几何平均数。

轮齿同侧齿面偏差的公差值或极限偏差见表 12-6～表 12-9，径向综合偏差的允许值及径向跳动公差允许值见表 12-10 和表 12-11，径向跳动公差值见表 12-12。

表 12-6　单个齿距极限偏差 $\pm f_{pt}$（摘自 GB/T 10095.1—2008）　　　（μm）

分度圆直径 d/mm	法向模数 m_n/mm	精度等级				
		5	6	7	8	9
		$\pm f_{pt}$/μm				
$20<d\leqslant50$	$2<m_n\leqslant3.5$	5.5	7.5	11.0	15.0	22.0
	$3.5<m_n\leqslant6$	6.0	8.5	12.0	17.0	24.0
$50<d\leqslant125$	$2<m_n\leqslant3.5$	6.0	8.5	12.0	17.0	23.0
	$3.5<m_n\leqslant6$	6.5	9.0	13.0	18.0	26.0
	$6<m_n\leqslant10$	7.5	10.0	15.0	21.0	30.0

表 12-7　齿距累积总公差 F_p（摘自 GB/T 10095.1—2008）　　　（μm）

分度圆直径 d/mm	法向模数 m_n/mm	精度等级				
		5	6	7	8	9
		F_p/μm				
$20<d\leqslant50$	$2<m_n\leqslant3.5$	15.0	21.0	30.0	42.0	59.0
	$3.5<m_n\leqslant6$	15.0	22.0	31.0	44.0	62.0
$50<d\leqslant125$	$2<m_n\leqslant3.5$	19.0	27.0	38.0	53.0	76.0
	$3.5<m_n\leqslant6$	19.0	28.0	39.0	55.0	78.0
	$6<m_n\leqslant10$	20.0	29.0	41.0	58.0	82.0

表 12-8　齿廓总公差 F_α（摘自 GB/T 10095.1—2008） （μm）

分度圆直径 d/mm	法向模数 m_n/mm	精度等级				
		5	6	7	8	9
		F_α/μm				
$20<d\leqslant50$	$2<m_n\leqslant3.5$	7.0	10.0	14.0	20.0	29.0
	$3.5<m_n\leqslant6$	9.0	12.0	18.0	25.0	35.0
$50<d\leqslant125$	$2<m_n\leqslant3.5$	8.0	11.0	16.0	22.0	31.0
	$3.5<m_n\leqslant6$	9.5	13.0	19.0	27.0	38.0
	$6<m_n\leqslant10$	12.0	16.0	23.0	33.0	46.0

表 12-9　螺旋线总公差 F_β（摘自 GB/T 10095.1—2008） （μm）

分度圆直径 d/mm	齿宽 b/mm	精度等级				
		5	6	7	8	9
		F_β/μm				
$20<d\leqslant50$	$10<b\leqslant20$	7.0	10.0	14.0	20.0	29.0
	$20<b\leqslant40$	8.0	11.0	16.0	23.0	32.0
$50<d\leqslant125$	$10<b\leqslant20$	7.5	11.0	15.0	21.0	30.0
	$20<b\leqslant40$	8.5	12.0	17.0	24.0	34.0
	$40<b\leqslant80$	10.0	14.0	20.0	28.0	39.0

表 12-10　径向综合总公差 F_i''（摘自 GB/T 10095.2—2008） （μm）

分度圆直径 d/mm	法向模数 m_n/mm	精度等级				
		5	6	7	8	9
		F_i''/μm				
$20<d\leqslant50$	$1.0<m_n\leqslant1.5$	16	23	32	45	64
	$1.5<m_n\leqslant2.5$	18	26	37	52	73
$50<d\leqslant125$	$1.0<m_n\leqslant1.5$	19	27	39	55	77
	$1.5<m_n\leqslant2.5$	22	31	43	61	86
	$2.5<m_n\leqslant4.0$	25	36	51	72	102

表 12-11　一齿径向综合公差 f_i''（摘自 GB/T 10095.2—2008） （μm）

分度圆直径 d/mm	法向模数 m_n/mm	精度等级				
		5	6	7	8	9
		f_i''/μm				
$20<d\leqslant50$	$1.0<m_n\leqslant1.5$	4.5	6.5	9.0	13	18
	$1.5<m_n\leqslant2.5$	6.5	9.5	13	19	26

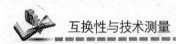

（续）

分度圆直径 d/mm	法向模数 m_n/mm	精度等级				
		5	6	7	8	9
		f_i''/μm				
50<d≤125	1.0<m_n≤1.5	4.5	6.5	9.0	13	18
	1.5<m_n≤2.5	6.5	9.5	13	19	26
	2.5<m_n≤4.0	10	14	20	29	41

表 12-12　径向跳动公差 F_r（摘自 GB/T 10095.2—2008）　　　　　（μm）

分度圆直径 d/mm	法向模数 m_n/mm	精度等级				
		5	6	7	8	9
		F_r/μm				
20<d≤50	2<m_n≤3.5	12	17	24	34	47
	3.5<m_n≤6	12	17	25	35	49
50<d≤125	2<m_n≤3.5	15	21	30	43	61
	3.5<m_n≤6	16	22	31	44	62
	6<m_n≤10	16	23	33	46	65

2. 检验组

（1）第Ⅰ公差组的检验组，见表 12-13。

表 12-13　第Ⅰ公差组的检验组

检验组	误差项目	指标性质	误差特征	应用
1	F_i'	综合评定指标	综合、全面反映各种误差	直接表明传递运动准确性，用于6级以上齿轮
2	F_p	综合评定指标	反映几何偏心及运动偏心	也表明传递运动的准确性，但精度没有 F_i' 高，用于6～8级齿轮
3	F_i'' 与 F_w	单向指标及组合	F_i'' 反映几何偏心 F_w 反映运动偏心	两者同时检验可代替 F_p，用于7～9级齿轮
4	F_r 与 F_w	单向指标及组合	F_r 与 F_i'' 作用相同	检验效率高，适用于大批量生产，用于7～9级齿轮
5	F_r	单向指标	同上	只用于精度较低的齿轮（10～12）的检验

（2）第Ⅱ公差组的检验组，见表 12-14。

（3）第Ⅲ公差组的检验组，见表 12-15。

表 12－14　第Ⅱ公差组的检验组

检验组	误差项目	指标性质	特征	应用
1	f_i'	综合评定指标	全面反映机床和刀具两方面引起的高频短周期误差	直接反映传动的平稳性,用于6级以上齿轮
2	f_i''	综合代用评定指标	全面反映各种短周期误差	检验效率高,适用于大批量生产,用于7～9级齿轮
3	F_α 和 f_{pt}	单向指标及组合	F_α 反映刀具的制造、安装误差及机床传动链中短周期误差,f_{pt} 主要反映机床传动链误差	适用于8级以上仿形法铣齿或磨齿及分度展成法磨齿
4	f_{pb} 和 F_α	单向指标及组合	F_α 同上,f_{pb} 主要反映刀具误差	适用于8级以上滚齿、插齿、磨齿等连续加工的中高级齿轮
5	f_{pt} 和 f_{pb}	单向指标及组合	同上	用于7～9级齿轮
6	f_{pt} 或 f_{pb}	单向指标及组合	同上	用于10～12级低精度齿轮
7	$f_{f\beta}$	单向指标	主要反映滚齿机分度和进给丝杆的周期性误差	用于宽斜齿轮和人字形齿轮

表 12－15　第Ⅲ公差组的检验组

检验组	误差项目	适用条件
1	F_β	一般用于8级以上直齿轮
2	F_{px} 和 F_α	仅用于 $\varepsilon_\beta > 1.25$,齿向线不作修正的斜齿轮,必要时 F_α 可用 f_{pb} 代替

值得注意的是:当齿轮副的接触斑点的分布位置和大小确有保证时,第Ⅲ公差组的检验组不进行检验。

(4) 常用的公差检验组选用。选择检验组或检验项目时,应综合考虑齿轮精度等级、尺寸大小、生产批量和检测设备等条件。表 12－16 为各种齿轮常用的检验组,可供选择。精度等级较高的齿轮,应该选用同侧齿面的精度项目。精度等级较低的齿轮,可选用径向综合偏差或径向跳动偏差等双侧齿面的精度项目。

表 12－16　常用的检验组选择

精度等级	测量、分度齿轮	汽轮机齿轮	航空、汽车、机床、牵引齿轮		拖拉机、起重机、一般齿轮	
	3～5	3～6	4～6	6～8	6～9	9～11
Ⅰ公差组	F_i' 或 F_P	F_P 或 F_i'	F_r 和 F_w 或(F_i'' 和 F_w)		$F_r(F_P)$	
Ⅱ公差组	f_i' 或(f_{pb} 和 F_α)	$f_{f\beta}$ 或 f_i'	F_α 和 f_{pb} ($f_{f\alpha}$ 和 f_{pt})	F_α 和 f_{pb} 或 f_i'	F_α 和 f_{pb} 或 f_i''	f_{pt}
Ⅲ公差组	F_β	F_{px} 和 F_α	F_β 或(接触斑点)			

当运动精度要求选用切向综合总偏差 F_i' 时,传动平稳性要求最好选用一齿切向综合偏

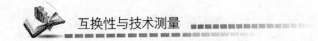

差 f_i'；当运动精度要求选用齿距累积总偏差 F_P 时，传动平稳性要求最好选用单个齿距偏差 f_{pt}。因为两种功能要求可以用同一种方法进行测量和检验。生产批量较大时，宜采用综合性项目，如切向综合偏差和径向综合偏差，以减少测量费用。

值得注意的是：在齿轮精度设计时，如果给出按 GB/T 10095.1—2008 的某级精度而无其他规定时，则该齿轮的同侧齿面的各精度项目均按该精度等级确定其公差或偏差的最大允许值。

**特别提示**

齿轮误差检验组的选择必须综合考虑检测目的、齿轮精度等级、生产规模及现有测量器具等因素。当齿轮的检测是为了验收产品，判断产品是否合格时，宜选用综合性项目；当齿轮的检测是为了进行工艺分析，查找误差原因时，宜选择单项检测项目；高精度的齿轮用于重要场合，应选择反映误差较为全面的综合性项目或较为重要的单项检测项目；6 级以上的齿轮，第 II 公差组采用单项检测项目时，必须检测齿廓偏差；高速齿轮必须检验齿距累积偏差；中低精度的齿轮可用齿圈径向跳动或公法线变动量进行单项检测。

12.3.2　齿轮精度等级的选择

齿轮精度等级的选择是否恰当，不仅会影响齿轮传动质量，还会影响制造成本。在选择齿轮精度等级时，应依据用途、工作条件及技术要求来确定。具体来说，就是要综合分析齿轮的圆周速度、传递的功率和载荷、润滑方式、连续运转时间、传动效率、允许运动误差或转角误差、噪声、振动以及使用寿命等要求，来确定其主要要求作为选择依据。一般可用计算法或类比法。

1. 计算法

依据齿轮传动用途的主要要求，计算确定出其中一种使用要求的精度等级，再按其他方面要求，作适当协调，来确定其他使用要求的精度等级。由于影响齿轮传动精度要求的因素多且复杂，在计算中不可避免地要作一些简化，所以很难准确地计算出齿轮所需要的精度等级。且经过计算的精度等级，往往还需经过齿轮传动性能试验，或在具体使用后再作必要的修正。因此，计算法应用并不普遍。

2. 类比法

类比法是依据以往产品设计、性能试验以及使用过程中所积累的经验，以及较可靠的各种齿轮精度等级选择的技术资料，经过与所设计的齿轮在用途、工作条件及技术性能上作对比后，选定其精度等级。对于一般无特殊技术要求的齿轮传动，大都采用类比法。

表 12-17 所列为部分齿轮精度的适用范围，表 12-18 所列为各种机械所采用的齿轮的精度等级，供选用时参考。

表 12-17　圆柱齿轮精度的适用范围

精度等级	4	5	6	7	8	9
圆周速度 /(m/s)	直齿轮＞35 斜齿轮＞70	直齿轮＞20 斜齿轮＞40	直齿轮至 15 斜齿轮至 30	直齿轮至 10 斜齿轮至 15	直齿轮至 6 斜齿轮至 10	直齿轮至 2 斜齿轮至 4

（续）

精度等级	4	5	6	7	8	9
工作条件与适用范围	特别精密分度机构中或在最平稳,且无噪声的极高速情况下工作的齿轮;特别精密分度机构中的齿轮;高速汽轮机齿轮;检测6～7级齿轮用的测量齿轮	精密分度机构中或要求极平稳且无噪声的高速工作的齿轮;精密分度机构用齿轮;高速汽轮机齿轮;检测8～9级齿轮用测量齿轮	要求最高效率且无噪声的高速平稳工作的齿轮;分度机构的齿轮;特别重要的航空、汽车齿轮;读数装置中特别精密传动的齿轮	增速和减速用齿轮传动;金属切削机床进刀机构用齿轮;高速减速器用齿轮;航空、汽车用齿轮;读数装置用齿轮	无需特别精密的一般机械制造用齿轮;分度链以外的机床传动齿轮;航空、汽车制造业中不重要齿轮;起重机构用齿轮;农业机械中的小齿轮;通用减速器齿轮	用于粗糙工作的齿轮

表 12 – 18　各种机械采用的齿轮的精度等级

应用范围	精度等级	应用范围	精度等级
测量齿轮	3～5	拖拉机	6～10
汽轮减速器	3～6	一般用途的减速器	6～9
金属切削机床	3～8	轧钢设备的小齿轮	6～10
内燃机车与电气机车	6～7	矿用绞车	8～10
轻型汽车	5～8	起重机机构	7～10
重型汽车	6～9	农业机械	8～11
航空发动机	4～7		

12.3.3　齿轮精度等级在图样上的标注

（1）若齿轮所有的检验项目精度为同一等级时,可只标注精度等级和标准号。如齿轮检验项目精度同为7级,则可标注为

7 GB/T 10095.1—2008

其含义为:齿轮各项偏差项目均为7级,且符合 GB/T 10095.1—2008 的要求。

（2）若齿轮的各个检验项目的精度不同时,应在各精度等级后标出相应的检验项目。如齿廓总偏差为6级,齿距累积总偏差和螺旋线总偏差为7级,则应标注为

6(F_α)、7(F_P, F_β) GB/T 10095.1—2008

其含义为:齿廓总偏差为6级,齿距累积总偏差和螺旋线总偏差为7级,且符合 GB/T 10095.1—2008 的要求。

12.4　齿轮坯的精度和齿面粗糙度

齿轮坯的加工精度对齿轮的加工、检验和安装精度影响很大。在一定的加工条件下,用控制齿坯质量来提高齿轮加工精度是一项积极的工艺措施。

1. 基准轴线与工作轴线

基准轴线是由基准面中心确定的，是加工或检验人员对单个齿轮确定轮齿几何形状的轴线。齿轮以此轴线来确定各项参数及检测项目，确定齿距、齿廓和螺旋线的偏差更是如此。

工作轴线是齿轮在工作时绕其旋转的轴线，它由工作安装面的中心确定。

设计者应力保基准轴线足够明确和正确，从而满足轮齿相对于工作轴线的技术要求。理想状况是基准轴线与工作轴线相重合。

2. 基准轴线的确定

确定基准轴线有如下 3 种方法。

（1）用两"短"圆柱或圆锥形基准面上设定的两个圆的圆心来确定轴线上的两个点，如图 12.24 所示，基准圆柱面 A 与 B 为轴承安装表面。

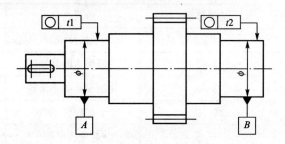

图 12.24 用两"短"基准面确定基准轴线

（2）用一"长"圆柱或圆锥形面来同时确定轴线的方向和位置，如图 12.25 所示。孔的轴线可用于与之相匹配，并正确装配的工作芯轴的轴线来代表。

（3）轴线的位置用一"短"圆柱形基准面上的一个圆的圆心来确定，而其方向用垂直于此轴线的一个基准端面来确定，如图 12.26 所示。

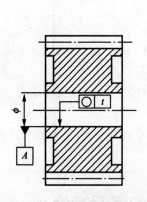

图 12.25 "长"基准面确定基准轴线

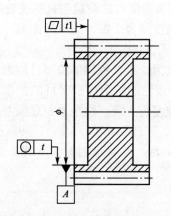

图 12.26 圆柱面与端面确定基准轴线

值得该注意的是：如果采用 1 和 3 的方法确定基准轴线，其圆柱或圆锥形基准面轴向必须很短，以保证它们不会由自身单独确定另外一条轴线。方法 3 中的基准端面的面越大越好,最好能容纳工件的整个端面。

对于齿轮轴,最理想的方法是利用工件两端的中心孔来定位,将工件安装在两端的顶尖上。由两个中心孔来确定基准轴线,此时的工作轴线与基准轴线是不重合的,齿轮公差及安装面的公差均由基准轴线来规定,如图 12.27 所示。显然,安装面对中心孔的跳动公差必须严格规定。安装工件时,务必调整两顶尖的中心使其对正成一直线。

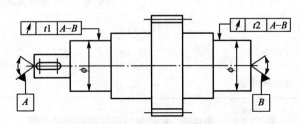

图 12.27　用中心孔确定中心轴

 **特别提示**

　设计者应明确规定基准轴线,力争基准轴线与工作轴线相重合。

3. 齿轮坯精度

(1)基准面与安装面的形状公差。基准面的精度取决于被加工的齿轮精度,它们的相对位置,一般来说,基准面之间跨距与齿轮分度圆直径的比越大,给定的公差应越小。基准面及安装面的形状公差值应不大于表 12-19 中规定的数值。

表 12-19　基准面与安装面的形状公差(摘自 GB/Z 18620.3—2008)

确定轴线的基准面	公差项目		
	圆度	圆柱度	平面度
用两个"短的"圆柱或圆锥形基准面上设定的两个圆的圆心来确定轴线上的两个点	$0.04\dfrac{L}{b}F_\beta$ 或 $0.1F_p$ 取两者中小值		
用一个"长的"圆柱或圆锥形面来同时确定轴线上的位置和方向。孔的轴线可以用与之相匹配并正确装配的工作芯轴的轴线来代表		$0.04\dfrac{L}{b}F_\beta$ 或 $0.1F_p$ 取两者中小值	
轴线的位置用一个"短的"圆柱形基准面上的一个圆的圆心来确定,而其方向用垂直于此轴线的一个基准端面来确定	$0.06F_p$		$0.06\dfrac{D_d}{b}F_\beta$

　注:L 为较大的轴承跨距,D_d 为基准面直径,b 为齿宽,单位 mm。

(2)工作安装面的跳动公差。

当基准轴线与工作轴线不重合时,则工作安装面相对于基准轴线的跳动,必须在图样上予以控制。一般不应大于表 12-20 中规定的数值。齿坯公差应减至能经济制造的最小值。

(3)齿顶圆柱面的尺寸和跳动公差。选择齿轮顶圆直径的公差应考虑保证最小的齿轮啮合重合度，同时还应考虑齿轮副具有足够的顶隙。如果把齿顶圆柱面作为齿坯安装的找正基准或齿厚检验的测量基准，其几何公差不应大于表 12-20 中的规定值，其尺寸公差可参照表 12-21 选取。

表 12-20 安装面的跳动公差(摘自 GB/Z 18620.3—2008)

确定轴线的基准面	跳动量(总的指示幅度)	
	径 向	轴 向
仅指圆柱或圆锥形基准面	$0.15\dfrac{L}{b}F_\beta$ 或 $0.3F_P$ 取两者中大值	
一个圆柱基准面和一个端面基准面	$0.3F_P$	$0.2\dfrac{D_d}{b}F_\beta$

表 12-21 齿轮孔、轴颈和顶圆柱面的尺寸公差

齿轮精度等级	6	7	8	9
孔	IT6	IT7		IT8
轴颈	IT5	IT6		IT7
顶圆柱面	IT8	IT8		IT9

注：1. 当齿轮各参数精度等级不同时，按最高的精度等级确定公差值；
　　2. 当顶圆不作测量齿厚基准时，尺寸公差可按 IT11 级给定，但不大于 0.1mm。

4. 轮齿齿面及其他表面的表面粗糙度

齿面的表面粗糙度对齿轮的传动精度(噪声和振动)、表面承载能力(点蚀、胶合和磨损)和弯曲强度(齿根过渡曲面状况)等都会产生很大的影响，应规定相应的表面粗糙度。齿面的表面粗糙度推荐值见表 12-22。另外，表 12-23 给出了齿轮坯其他表面的表面粗糙度推荐值。

表 12-22 齿面的表面粗糙度(Ra)推荐值(摘自 GB/Z 18620.4—2008)　　　(μm)

模数/mm	精度等级											
	1	2	3	4	5	6	7	8	9	10	11	12
$m<6$					0.5	0.8	1.25	2.0	3.2	5.0	10	20
$6\leqslant m\leqslant 25$	0.04	0.08	0.16	0.32	0.63	1.00	1.6	2.5	4	6.3	12.5	25
$m>25$					0.8	1.25	2.0	3.2	5.0	8.0	16	32

表 12-23 齿坯其他表面粗糙度(Ra)推荐值　　　(μm)

齿轮精度等级	6	7	8	9
基准孔	1.25	1.25~2.5		5
基准轴颈	0.63	1.25	2.5	
基准端面	2.5~5		5	
顶圆柱面	5			

特别提示

齿轮坯的工艺、安装和检验基准的公差一般按齿轮3个公差组的最高级来控制。1~3级要规定尺寸公差和形状公差，4~12级应遵循包容原则。

12.5 齿轮精度设计实例

1. 应用实例

【例 12-1】 某通用减速器中有一直齿齿轮，模数 $m=3$mm，齿数 $z=32$，齿形角 $\alpha=20°$，齿宽 $b=20$mm，传递的最大功率为 5kW，转速 $n=1280$r/min，已知齿厚上、下偏差通过计算分别确定为 -0.160mm 和 -0.240mm，生产条件为小批生产。试确定其精度等级、检验项目及其允许值，并绘制齿轮工作图。

解：（1）确定精度等级。

对于中等速度、中等载荷的一般齿轮通常是先根据其圆周速度确定其影响传动平稳性的偏差项目的精度等级。圆周速度为

$$v=\frac{\pi dn}{1000\times60}=\frac{3.14\times3\text{mm}\times32\times1280\text{r/min}}{1000\times60\text{s}}=6.43\text{m/s}$$

参阅表 12-17 选定影响传递运动平稳性的偏差项目的精度等级为 8 级。

一般减速器对运动准确性的要求不高，可低一级，故选这一使用要求的精度等级为 9 级。

动力齿轮对齿的接触精度有一定要求，通常与影响传动平稳性的偏差项目的精度等级相同，故选这一使用要求的精度等级为 8 级。

（2）确定检验项目及其允许值。

① 确定检验项目。本齿轮为中等精度，尺寸不大且生产批量小，故确定其检验项目为：齿距累积总偏差 F_p（影响传动准确性的检测项目）、单个齿距偏差 f_{pt} 和齿廓总偏差 F_α（影响传动平稳性的检测项目）、螺旋线总偏差 F_β（影响传动载荷分布均匀性的检测项目）。

该齿轮为中等模数，控制侧隙的指标易采用公法线长度上、下偏差（E_{bns}、E_{bni}），按前述关系计算 E_{bns}、E_{bni} 值。

② 确定检验项目的允许值。

齿距累积总公差 F_p 查表 12-7 得：$F_p=76\mu$m。

单个齿距极限偏差 $\pm f_{pt}$ 查表 12-6 得：$f_{pt}=\pm17\mu$m。

齿廓总公差 F_α 查表 12-8 得：$F_\alpha=22\mu$m。

螺旋线总公差 F_β 查表 12-9 得：$F_\beta=21\mu$m。

径向跳动公差 F_r 查表 12-12 得：$F_r=61\mu$m。

公法线长度上、下偏差（E_{bns}、E_{bni}），按前述关系计算得到，其值为

$$E_{bns}=E_{sns}\cos\alpha-0.72F_r\sin\alpha=-160\mu\text{m}\times\cos20°-0.72\times61\times\sin20°\approx-165\mu\text{m}$$

$$E_{bni}=E_{sni}\cos\alpha+0.72F_r\sin\alpha=-240\mu\text{m}\times\cos20°+0.72\times61\times\sin20°\approx-211\mu\text{m}$$

（3）确定齿坯精度。

① 根据齿轮结构（图 12.28），该齿轮为盘齿轮，选择内孔和一个端面作为基准。由表 12-19 确定

内孔的圆度公差为：$f=0.06F_p=0.06\times0.076\text{mm}\approx0.005\text{mm}$

基准端面的平面度公差为：$f=0.06(D_d/b)F_\beta=0.06\times(102/20)\times0.021\text{mm}\approx0.006\text{mm}$

② 齿轮两端面在加工和安装时作为安装面，应提出其对基准轴线的跳动公差，参阅表 12-20，跳动公差为 $f=0.2(D_d/b)F_\beta=0.2\times(102/20)\times0.021\text{mm}\approx0.021\text{mm}$，参阅相关标准或手册取经济制造精度的公差值为 0.015mm（相当于 6 级）。

③ 齿顶圆作为找正、检测齿厚的基准，见表 12-21，尺寸公差若取为 IT8 级，查阅相关标准或手册可知 IT8=0.054mm，因此，齿顶尺寸公差取为 0.054mm。

④ 参阅表 12-18 和表 12-19，齿面和其他表面的表面粗糙度如图 12.28 所示。

（4）其他几何公差要求如图 12.28 所示。

（5）绘制齿轮工作图如图 12.28 所示。

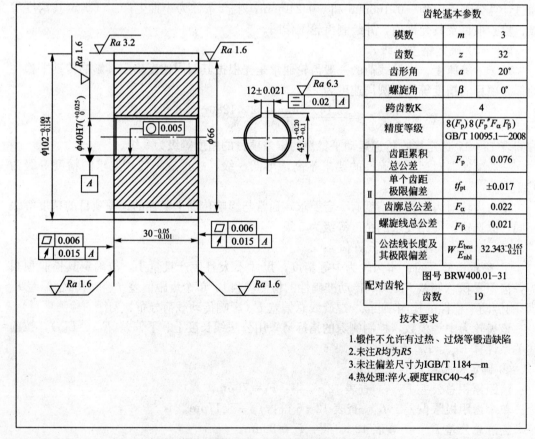

图 12.28　齿轮工作图

2. 齿轮工作图

图 12.28 所示为齿轮工作图。齿轮的有关参数在齿轮工作图的右上角位置列表。

（1）图样上应注明的尺寸数据如下所示。

① 齿顶圆直径 $D_a(d_a)$、分度圆直径 $D(d)$、齿宽 B。

② 定位安装尺寸及公差。

③ 定位面及其要求。

④ 齿面及各处的粗糙度。

(2) 表格列出的数据。

① 模数 m_n、压力角 α_n、变位系数 x_n、**螺旋角 β、齿数 Z、螺旋角的旋向、齿廓形状**。

② 齿厚 S_n 及公差、上下偏差。

③ 精度等级、中心距及偏差。

④ 验收检查项目。

⑤ 配对齿轮的相关信息。

(3) 标注形位公差。

(4) 技术要求：材料、热处理、检验、微观组织要求等。

本 章 小 结

(1) 依据齿轮传动使用要求的侧重点不同，渐开线圆柱齿轮精度的检测项目可分为四组，分别是传递运动的准确性、传动的平稳性、载荷分布的均匀性及侧隙的合理性。影响齿轮传动质量的因素很多，对单个齿轮用两大类偏差(轮齿同侧齿面偏差、径向综合偏差与径向跳动)作为使用要求的评定指标。渐开线圆柱齿轮副精度要求包括中心距偏差、轴线平行度偏差、侧隙和齿厚以及轮齿接触斑点。

(2) 齿轮加工误差按形成和影响工作性能的不同类型来分，主要有径向误差、切向误差、轴向误差和展成面误差。影响齿轮传动准确性的加工误差主要是由几何偏心和运动偏心等因素引起的，以一转为周期的长周期误差；影响齿轮传动平稳性的加工误差主要是由刀具误差及机床传动链的误差引起的，以齿轮一齿为周期的短周期误差；影响载荷分布均匀性的加工误差主要是由机床导轨和齿坯轴线的安装不垂直等误差引起的，改变齿宽方向接触精度的轴向误差。

(3) 新国标对渐开线圆柱齿轮的精度等级规定为：轮齿同侧齿面偏差精度等级从高到低依次为 0，1，2，…，12，各有 13 个等级；径向综合偏差的精度等级从高到低依次为 4，5，…，12 共 9 个等级。精度等级的确定方法有计算法和类比法。大多数情况下采用类比法。

(4) 齿坯是指轮齿在加工前用来制造齿轮的工件，齿坯的尺寸偏差和形位误差直接影响着齿轮的加工精度和检验方法，也影响着齿轮副的接触条件和运行状况，在齿轮的设计与制造过程中均应加以严格控制。

(5) 侧隙不是误差而是齿轮的一项使用要求。侧隙大小的获得，主要决定于齿厚和中心距。确定侧隙时，采用"基中心距制"，就是在固定中心距极限偏差的情况下，通过改变齿厚偏差来获得需的侧隙。

(6) 齿轮精度等级的选择应考虑齿轮传动的用途、使用要求、工作条件、生产批量以及其他技术要求，在满足使用要求的前提下，应尽量选择较低精度。

习题与思考题

一、判断题

1. 高速动力齿轮对传动平稳性和载荷分布均匀性都要求很高。（　　）

2. 齿轮传动的振动和噪声是由于齿轮传递运动的不准确性引起的。（　　）

3. 圆柱齿轮根据不同的传动要求，对 3 个公差组可以选用不同的精度等级。（　　）

4. 齿轮副的接触斑点是评定齿轮副载荷分布均匀性的综合指标。（　　）

5. 几何偏心主要影响齿轮的切向误差。（　　）

二、选择题

1. 公法线平均长度偏差用来评定齿轮的（　　）指标。
   A. 传递运动的准确性　　　　　　　　B. 传动的平稳性
   C. 载荷分布的均匀性　　　　　　　　D. 齿侧间隙

2. 影响齿轮载荷分布均匀性的误差项目有（　　）。
   A. 切向综合误差　　　　　　　　　　B. 齿形误差
   C. 齿向误差　　　　　　　　　　　　D. 一齿径向综合误差

3. 影响齿轮传动平稳性的误差项目有（　　）。
   A. 一齿切向综合误差　　　　　　　　B. 齿圈径向跳动
   C. 基节偏差　　　　　　　　　　　　D. 齿距累积误差

4. 单件、小批量生产直齿圆柱齿轮 7FLGB 10095—2008，其第 I 公差组的检验组应选用（　　）。
   A. 切向综合公差　　　　　　　　B. 齿距累积公差
   C. 径向综合公差和公法线长度变动公差　　D. 齿圈径向跳动公差

5. 齿轮公差项目中属综合性项目的有（　　）。
   A. 一齿切向综合公差　　　　　　　　B. 一齿径向公差
   C. 齿圈径向跳动公差　　　　　　　　D. 齿距累积公差

三、填空题

1. 齿轮传动准确性的评定指标规有_____、_____、_____、_____。

2. 按 GB 10095—2008 的规定，圆柱齿轮的精度等级分为_____个等级，其中_____级是制定标准的基础级。

3. 齿轮副的侧隙可分为_____和_____两种。保证侧隙（即最小侧隙）与齿轮的精度_____（有关或无关）。

4. 齿轮精度指标 F_r 的名称是_____，属于_____公差组，是评定齿轮_____的单项指标。

5. 当选择 F_i'' 和 F_w 组合验收齿轮时，若其中只有一项超差，则考虑到径向误差与切向误差相互补偿的可行性，可按_____合格与否评定齿轮精度。

四、问答题

1. 当齿轮的用途和工作条件不同时，其要求的侧重点有何不同？

2. 齿轮轮齿同侧齿面的精度检验项目有哪些？它们对齿轮传动主要有何要求？

3. 切向综合偏差有什么特点和作用？

4. 径向综合偏差(或径向跳动)与切向综合偏差有何区别？用在什么场合？
5. 齿轮精度等级的选择主要有哪些方法？
6. 如何考虑齿轮的检验项目？单个齿轮有哪些必检项目？
7. 齿轮副的精度项目有哪些？
8. 齿轮副侧隙的确定主要有哪些方法？齿厚极限偏差如何确定？
9. 对齿坯有哪些精度要求？

参 考 文 献

[1] 王长春，孙步功. 互换性与测量技术基础 [M]. 北京：北京大学出版社，2010.

[2] 任晓莉，中建华. 互换性与测量技术测量 [M]. 北京：北京理工大学出版社，2007.

[3] 李晓沛. 简明公差标准应用手册 [M]. 上海：上海科学技术出版社，2005.

[4] 马海荣. 几何量精度设计与检测 [M]. 北京：机械工业出版社，2004.

[5] 郑凤琴. 互换性及测量技术 [M]. 南京：东南大学出版社，2000.

[6] 魏斯亮. 互换性与技术测量 [M]. 北京：北京理工大学出版社，2007.

[7] 韩进宏. 互换性与技术测量 [M]. 北京：机械工业出版社，2004.

[8] 黄云清. 公差配合与测量技术 [M]. 北京：机械工业出版社，1995.

[9] 廖念钊. 互换性与测量技术测量 [M]. 北京：计量出版社，2000.

[10] 李柱. 互换性与测量技术基础 [M]. 上册. 北京：计量出版社，1984.

[11] 甘永立. 互换性与测量技术 [M]. 上海：上海科学技术出版社，2001.

[12] 王伯平. 互换性与技术测量 [M]. 北京：机械工业出版社，2004.

[13] 黄镇昌. 互换性与测量技术 [M]. 广州：华南理工大学出版社，2001.

[14] 柳晖. 互换性与技术测量基础 [M]. 上海：华东理工大学出版社，2006.

[15] 景旭文. 互换性与测量技术基础 [M]. 北京：中国标准出版社，2002.

[16] 方仲彦. 质量工程与计量技术基础 [M]. 北京：清华大学出版社，2002.

[17] [日]田口玄一. 制作阶段的质量工程学 [M]. 缪以德，译. 北京：兵器工业出版社，1992.

[18] 韩之俊. 测量质量工程学 [M]. 北京：中国计量出版社，2000.

[19] 张根保. 现代质量工程 [M]. 北京：机械工业出版社，2000.

北京大学出版社教材书目

◇ 欢迎访问教学服务网站 www.pup6.cn，免费查阅下载已出版教材的电子书(PDF 版)、电子课件和相关教学资源。

◇ 欢迎征订投稿。联系方式：010-62750667，童编辑，13426433315@163.com，pup_6@163.com，欢迎联系。

序号	书　名	标准书号	主　编	定价	出版日期
1	机械设计	978-7-5038-4448-5	郑　江，许　瑛	33	2007.8
2	机械设计	978-7-301-15699-5	吕　宏	32	2009.9
3	机械设计	978-7-301-17599-6	门艳忠	40	2010.8
4	机械原理	978-7-301-11488-9	常治斌，张京辉	29	2008.6
5	机械原理	978-7-301-15425-0	王跃进	26	2010.7
6	机械原理	978-7-301-19088-3	郭宏亮，孙志宏	36	2011.6
7	机械原理	978-7-301-19429-4	杨松华	34	2011.8
8	机械设计基础	978-7-5038-4444-2	曲玉峰，关晓平	27	2008.1
9	机械设计课程设计	978-7-301-12357-7	许　瑛	35	2009.5
10	机械设计课程设计	978-7-301-18894-1	王　慧，吕　宏	30	2011.5
11	机电一体化课程设计指导书	978-7-301-19736-3	王金娥　罗生梅	35	2012.1
12	机械工程专业毕业设计指导书	978-7-301-18805-7	张黎骅，吕小荣	22	2012.5
13	机械创新设计	978-7-301-12403-1	丛晓霞	32	2010.7
14	机械系统设计	978-7-301-20847-2	孙月华	32	2012.7
15	机械设计基础实验及机构创新设计	978-7-301-20653-9	邹旻	28	2012.6
16	TRIZ 理论机械创新设计工程训练教程	978-7-301-18945-0	蒯苏苏，马履中	45	2011.6
17	TRIZ 理论及应用	978-7-301-19390-7	刘训涛，曹　贺 陈国晶	35	2011.8
18	创新的方法——TRIZ 理论概述	978-7-301-19453-9	沈萌红	28	2011.9
19	机械 CAD 基础	978-7-301-20023-0	徐云杰	34	2012.2
20	AutoCAD 工程制图	978-7-5038-4446-9	杨巧绒，张克义	20	2011.4
21	工程制图	978-7-5038-4442-6	戴立玲，杨世平	27	2012.2
22	工程制图	978-7-301-19428-7	孙晓娟，徐丽娟	30	2012.5
23	工程制图习题集	978-7-5038-4443-4	杨世平，戴立玲	20	2008.1
24	机械制图(机类)	978-7-301-12171-9	张绍群，孙晓娟	32	2009.1
25	机械制图习题集(机类)	978-7-301-12172-6	张绍群，王慧敏	29	2007.8
26	机械制图(第 2 版)	978-7-301-19332-7	孙晓娟，王慧敏	38	2011.8
27	机械制图习题集(第 2 版)	978-7-301-19370-7	孙晓娟，王慧敏	22	2011.8
28	机械制图与 AutoCAD 基础教程	978-7-301-13122-0	张爱梅	35	2011.7
29	机械制图与 AutoCAD 基础教程习题集	978-7-301-13120-6	鲁　杰，张爱梅	22	2010.9
30	AutoCAD 2008 工程绘图	978-7-301-14478-7	赵润平，宗荣珍	35	2009.1
31	AutoCAD 实例绘图教程	978-7-301-20764-2	李庆华，刘晓杰	32	2012.6
32	工程制图案例教程	978-7-301-15369-7	宗荣珍	28	2009.6
33	工程制图案例教程习题集	978-7-301-15285-0	宗荣珍	24	2009.6
34	理论力学	978-7-301-12170-2	盛冬发，闫小青	29	2012.5
35	材料力学	978-7-301-14462-6	陈忠安，王　静	30	2011.1
36	工程力学(上册)	978-7-301-11487-2	毕勤胜，李纪刚	29	2008.6
37	工程力学(下册)	978-7-301-11565-7	毕勤胜，李纪刚	28	2008.6

38	液压传动	978-7-5038-4441-8	王守城，容一鸣	27	2009.4
39	液压与气压传动	978-7-301-13129-4	王守城，容一鸣	32	2012.1
40	液压与液力传动	978-7-301-17579-8	周长城等	34	2010.8
41	液压传动与控制实用技术	978-7-301-15647-6	刘　忠	36	2009.8
42	金工实习(第 2 版)	978-7-301-16558-4	郭永环，姜银方	30	2012.5
43	机械制造基础实习教程	978-7-301-15848-7	邱兵，杨明金	34	2010.2
44	公差与测量技术	978-7-301-15455-7	孔晓玲	25	2011.8
45	互换性与测量技术基础(第 2 版)	978-7-301-17567-5	王长春	28	2010.8
46	互换性与技术测量	978-7-301-20848-9	周哲波	35	2012.6
47	机械制造技术基础	978-7-301-14474-9	张鹏，孙有亮	28	2011.6
48	先进制造技术基础	978-7-301-15499-1	冯宪章	30	2011.11
49	机械精度设计与测量技术	978-7-301-13580-8	于峰	25	2008.8
50	机械制造工艺学	978-7-301-13758-1	郭艳玲，李彦蓉	30	2008.8
51	机械制造工艺学	978-7-301-17403-6	陈红霞	38	2010.7
52	机械制造工艺学	978-7-301-19903-9	周哲波，姜志明	49	2012.1
53	机械制造基础(上)——工程材料及热加工工艺基础(第 2 版)	978-7-301-18474-5	侯书林，朱　海	40	2011.1
54	机械制造基础(下)——机械加工工艺基础(第 2 版)	978-7-301-18638-1	侯书林，朱　海	32	2012.5
55	金属材料及工艺	978-7-301-19522-2	于文强	44	2011.9
56	工程材料及其成形技术基础	978-7-301-13916-5	申荣华，丁　旭	45	2010.7
57	工程材料及其成形技术基础学习指导与习题详解	978-7-301-14972-0	申荣华	20	2009.3
58	机械工程材料及成形基础	978-7-301-15433-5	侯俊英，王兴源	30	2012.5
59	机械工程材料	978-7-5038-4452-3	戈晓岚，洪　琢	29	2011.6
60	机械工程材料	978-7-301-18522-3	张铁军	36	2012.5
61	工程材料与机械制造基础	978-7-301-15899-9	苏子林	32	2009.9
62	控制工程基础	978-7-301-12169-6	杨振中，韩致信	29	2007.8
63	机械工程控制基础	978-7-301-12354-6	韩致信	25	2008.1
64	机电工程专业英语(第 2 版)	978-7-301-16518-8	朱　林	24	2012.5
65	机床电气控制技术	978-7-5038-4433-7	张万奎	26	2007.9
66	机床数控技术(第 2 版)	978-7-301-16519-5	杜国臣，王士军	35	2011.6
67	数控机床与编程	978-7-301-15900-2	张洪江，侯书林	25	2011.8
68	数控加工技术	978-7-5038-4450-7	王彪，张兰	29	2011.7
69	数控加工与编程技术	978-7-301-18475-2	李体仁	34	2012.5
70	数控编程与加工实习教程	978-7-301-17387-9	张春雨，于雷	37	2011.9
71	数控加工技术及实训	978-7-301-19508-6	姜永成，夏广岚	33	2011.9
72	现代数控机床调试及维护	978-7-301-18033-4	邓三鹏等	32	2010.11
73	金属切削原理与刀具	978-7-5038-4447-7	陈锡渠，彭晓南	29	2012.5
74	金属切削机床	978-7-301-13180-0	夏广岚，冯凭	32	2008.5
75	精密与特种加工技术	978-7-301-12167-2	袁根福，祝锡晶	29	2011.12
76	逆向建模技术与产品创新设计	978-7-301-15670-4	张学昌	28	2009.9
77	CAD/CAM 技术基础	978-7-301-17742-6	刘军	28	2012.5
78	CAD/CAM 技术案例教程	978-7-301-17732-7	汤修映	42	2010.9
79	Pro/ENGINEER Wildfire 2.0 实用教程	978-7-5038-4437-X	黄卫东，任国栋	32	2007.7
80	Pro/ENGINEER Wildfire 3.0 实例教程	978-7-301-12359-1	张选民	45	2008.2
81	Pro/ENGINEER Wildfire 3.0 曲面设计实例教程	978-7-301-13182-4	张选民	45	2008.2
82	Pro/ENGINEER Wildfire 5.0 实用教程	978-7-301-16841-7	黄卫东，郝用兴	43	2011.10
83	Pro/ENGINEER Wildfire 5.0 实例教程	978-7-301-20133-6	张选民，徐超辉	52	2012.2
84	SolidWorks 三维建模及实例教程	978-7-301-15149-5	上官林建	30	2009.5

85	UG NX6.0 计算机辅助设计与制造实用教程	978-7-301-14449-7	张黎骅，吕小荣	26	2011.11
86	Cimatron E9.0 产品设计与数控自动编程技术	978-7-301-17802-7	孙树峰	36	2010.9
87	Mastercam 数控加工案例教程	978-7-301-19315-0	刘　文，姜永梅	45	2011.8
88	应用创造学	978-7-301-17533-0	王成军，沈豫浙	26	2012.5
89	机电产品学	978-7-301-15579-0	张亮峰等	24	2009.8
90	品质工程学基础	978-7-301-16745-8	丁　燕	30	2011.5
91	设计心理学	978-7-301-11567-1	张成忠	48	2011.6
92	计算机辅助设计与制造	978-7-5038-4439-6	仲梁维，张国全	29	2007.9
93	产品造型计算机辅助设计	978-7-5038-4474-4	张慧姝，刘永翔	27	2006.8
94	产品设计原理	978-7-301-12355-3	刘美华	30	2008.2
95	产品设计表现技法	978-7-301-15434-2	张慧姝	42	2012.5
96	产品创意设计	978-7-301-17977-2	虞世鸣	38	2012.5
97	工业产品造型设计	978-7-301-18313-7	袁涛	39	2011.1
98	化工工艺学	978-7-301-15283-6	邓建强	42	2009.6
99	过程装备机械基础	978-7-301-15651-3	于新奇	38	2009.8
100	过程装备测试技术	978-7-301-17290-2	王毅	45	2010.6
101	过程控制装置及系统设计	978-7-301-17635-1	张早校	30	2010.8
102	质量管理与工程	978-7-301-15643-8	陈宝江	34	2009.8
103	质量管理统计技术	978-7-301-16465-5	周友苏，杨　飒	30	2010.1
104	人因工程	978-7-301-19291-7	马如宏	39	2011.8
105	工程系统概论——系统论在工程技术中的应用	978-7-301-17142-4	黄志坚	32	2010.6
106	测试技术基础(第2版)	978-7-301-16530-0	江征风	30	2010.1
107	测试技术实验教程	978-7-301-13489-4	封士彩	22	2008.8
108	测试技术学习指导与习题详解	978-7-301-14457-2	封士彩	34	2009.3
109	可编程控制器原理与应用(第2版)	978-7-301-16922-3	赵　燕，周新建	33	2010.3
110	工程光学	978-7-301-15629-2	王红敏	28	2012.5
111	精密机械设计	978-7-301-16947-6	田　明，冯进良等	38	2011.9
112	传感器原理及应用	978-7-301-16503-4	赵　燕	35	2010.2
113	测控技术与仪器专业导论	978-7-301-17200-1	陈毅静	29	2012.5
114	现代测试技术	978-7-301-19316-7	陈科山，王燕	43	2011.8
115	风力发电原理	978-7-301-19631-1	吴双群，赵丹平	33	2011.10
116	风力机空气动力学	978-7-301-19555-0	吴双群	32	2011.10
117	风力机设计理论及方法	978-7-301-20006-3	赵丹平	32	2012.1